Wichard Woyke

Opposition und Verteidigungspolitik im gaullistischen Frankreich

Wichard Woyke

Opposition und Verteidigungspolitik im gaullistischen Frankreich 1958-1973

Leske Verlag + Budrich GmbH · Opladen 1975

Wichard Woyke
Opposition und Verteidigungspolitik im gaullistischen Frankreich 1958 - 1973
1. Auflage 1975
Gesamtherstellung: Difo-Druck, Bamberg

ISBN-13: 978-3-8100-0042-2 e-ISBN-13: 978-3-322-86014-9
DOI: 10.1007/978-3-322-86014-9

0 Einleitung

Die vorliegende Arbeit befaßt sich mit der Opposition gegen die Verteidigungspolitik der gaullistischen Regierungen in der V. Republik in der Zeit von 1958 bis 1973. Dabei handelt es sich vor allem darum, das Verhalten der parlamentarischen Opposition aufzuzeigen. Daneben werden aber auch andere Oppositionsformen - wie z.B. außerparlamentarische, innerparteiliche usw. - dargestellt, wie es zum Verständnis des Gesamtthemas notwendig erscheint.

Die Verteidigungspolitik, die vom Gründer der V. Republik, Charles de Gaulle, als "domaine reservé" angesehen und auch praktiziert wurde, war in der Außenpolitik Frankreichs sowohl Mittel als auch Zweck. Verteidigungspolitik diente de Gaulle und seinen Anhängern aber hauptsächlich zur Absicherung ihrer außenpolitischen Ziele, die wiederum von de Gaulle vorherbestimmt waren. Das bedeutet, daß französische Verteidigungspolitik nur in engem Zusammenhang mit Außenpolitik gesehen werden kann.
Verteidigungspolitik, Sicherheitspolitik, Wehrpolitik und Militärpolitik werden in zunehmendem Maße in der Öffentlichkeit und insbesondere durch die ungenaue Verbreitung in den Massenmedien oftmals als Synonyme angesehen. Deshalb soll zuallererst eine Klärung der Begriffe und deren Abgrenzung voneinander vorgenommen werden.
Da Verteidigungspolitik sich in der internationalen Umwelt vollzieht, d.h. daß sie nach außen und nicht nach innen gerichtet ist, wird die Entwicklung der internationalen Politik nach dem 2. Weltkrieg aufgezeigt. Die Position Frankreichs im internationalen System zu Beginn des Untersuchungszeitraumes, die unmittelbar darauf folgt, bildet den Ausgangspunkt für jede Verteidigungspolitik.

Im semipräsidentiellen und semiparlamentarischen Regierungssystem der V. Republik vollzieht sich der verteidigungspolitische Meinungs- und Willensbildungsprozeß vor allem auf fünf Ebenen:

1. in der heterogenen Wählerschaft
2. in den politischen und gesellschaftlichen Organisationen - hier insbesondere in den Parteien und in den mit Verteidigungspolitik befaßten wissenschaftlichen Einrichtungen
3. in den Massenmedien
4. im Parlament und
5. in der Regierung

Zwischen allen Ebenen findet mehr oder weniger starke permanente Kommunikation statt, so daß auf allen Ebenen eine wechselseitige Interdependenz zu beobachten ist. Insbesondere kann man aber feststellen, daß sich auf allen Ebenen Führungsgruppen etabliert haben, die das Denken der übrigen Gesellschaftsmitglieder wesentlich beeinflussen. In der parlamentarischen Opposition sind die für die Verteidigungspolitik zuständigen Führungsgruppen in den jeweiligen Parteivorständen sowie in den Parteispezialisten für Verteidigungspolitik anzutreffen, die ein eindeutiges Übergewicht haben und von den übrigen Organisationsmitgliedern als kompetent für Verteidigungspolitik angesehen werden. Deshalb muß sich das Oppositionsverhalten im Zeitraum von 1958 bis 1973 vor allem mit ihnen befassen, ohne allerdings andere Gruppen und Institutionen zu sehr zu vernachlässigen.
Politisches Denken und Handeln wird vor allem von zwei Faktoren bestimmt: "den im Sozialisationsprozeß erworbenen Bewußtseinsinhalten und Verhaltensdispositionen sowie der konkreten sozialen Umwelt, einschließlich bestimmter objektiver sozio-ökonomischen Gegebenheiten, in der sie leben. Beide Faktoren bilden eine dialektische Einheit. Einerseits prägt die konkrete Umwelt der Individuen den Sozialisationsprozeß, den sie durchlaufen und damit ihre Bewußtseinsinhalte und Verhaltensdispositionen, andererseits beeinflussen die im Sozialisationsprozeß erworbenen Bewußtseinsinhalte (Wert- und Normensystem, Selbst- und Weltverständnis) und Verhaltensdispositionen entscheidend die Perzeption und Interpretation der eigenen Interessen sowie die Reaktionen auf die Herausforderungen der konkreten Umwelt. Wenn man die innergesellschaftlichen Faktoren ermitteln will, die das außenpolitische Denken und Handeln von Personen bestimmen, dann muß man vor allem wissen, aus welchen sozialen Schichten und Klassen sie stammen, welchen Sozialisationsprozeß sie durchlaufen haben und welches Normen- und Wertsystem sie besitzen".[1] Die Aussage über die Bestimmungsfaktoren für Individuen im Bereich der Außenpolitik lassen sich einschränkungslos auf die Verteidigungspolitik übertragen.

Da die parlamentarische Opposition sich im wesentlichen aus PCF, SFIO (später PS) und RRRS zusammensetzt, d.h. kommunistische und nichtkommunistische Linke, können die Norm- und Wertsysteme der Parteiführungen als bekannt vorausgesetzt werden. Verteidigungs-

politisches Denken und Verhalten der Führungsgruppen "wird jedoch innergesellschaftlich ebenfalls von der bestehenden Machtstruktur der Gesellschaft, der innenpolitischen Konstellation, den Organisationsstrukturen des politischen Systems sowie den Erwartungen und Haltungen anderer Handelnder beeinflußt".[2]
Deshalb werden die Möglichkeiten zur Oppositionsausübung im Rahmen des politischen Systems der V. Republik im Bereich der Verteidigungspolitik untersucht, um dann die verschiedenen französischen Verteidigungskonzeptionen - sowohl die der Regierung wie die der Opposition - aufzuzeigen.
Daran schließt sich die empirische Untersuchung der verschiedenen Oppositionspraktiken im Bereich der Verteidigungspolitik in der Zeit von 1958 bis 1965 an. Der Einschnitt 1965 wurde gewählt, weil mit der Präsidentenwahl vom Dezember 1965 das erste Septennat de Gaulles abgeschlossen wurde, und die V. Republik in eine neue Entwicklungsphase eintrat.
Die empirische Untersuchung wird mit dem Zeitraum ab Januar 1966 bis zum Sommer 1973 fortgesetzt. Ziel dieser Arbeit ist nicht nur das Verhalten der Opposition über die Probleme der Verteidigungspolitik aufzuzeigen, sondern auch die Alternativen der Opposition auf ihre Realisierung hin zu überprüfen. In einer Zeit, in der der chilenische Marxist Allende mit seinem ehrgeizigen Versuch der Volksfront nicht zuletzt an den Militärs gescheitert ist, muß es gerade für eine parlamentarische Opposition, die sich im Sommer 1972 zu einer Volksfront zusammengefunden hat, von besonderer Bedeutung sein, sich über ihr Verhältnis zum Militär und damit zur gesamten Verteidigungspolitik bewußt zu werden. Der Klärungsprozeß kann nur dadurch erfolgreich abgeschlossen werden, wenn sich die Parteien auf eine Verteidigungspolitik verständigen können, in der sie der Armee klar umrissene Aufgaben erteilen. Inwieweit die Perzeption der Verteidigungspolitik der Opposition gelungen ist, zeigt das Schlußkapitel über 'Möglichkeiten und Grenzen der oppositionellen Verteidigungspolitik'.

0.1 Außenpolitik, Verteidigungspolitik, Sicherheitspolitik - Versuch einer Abgrenzung

Der Versuch, eine Theorie der Verteidigungspolitik zu entwickeln, ist bisher noch nicht unternommen worden. Deshalb ergibt sich sowohl für die Wissenschaft als auch für die Öffentlichkeit die Schwierigkeit, einen Konsensus über den Begriff Verteidigungspolitik zu erzielen. Begriffe wie Militärpolitik, Sicherheitspolitik, Wehrpolitik und Rüstungspolitik werden oft synonym für Verteidigungspolitik verwandt, obwohl ihnen jeweils ein anderer Inhalt zu Grunde liegt und sie nur in den seltensten Fällen tatsächlich übereinstimmen. Deshalb soll zunächst einmal eine Erläuterung der Begriffe sowie deren Abgrenzung vorgenommen werden, um schließlich den Inhalt der Verteidigungspolitik des gaullistischen Frankreichs der V. Republik aufzuzeigen.

Verteidigungspolitik kann nicht losgelöst gesehen werden von Sicherheitspolitik, Rüstungspolitik, Militärpolitik, Wehrpolitik und erst recht nicht von Außenpolitik. Diese Politiken bedingen sich gegenseitig und so werden auch ihre Grenzen fließend.

Eine Sicherheitspolitik muß Gewähr leisten für das Überleben des Staates und seiner Bürger, wobei Überleben im weitesten Sinne aufzufassen ist - physisch, politisch, sozial und moralisch. Nationale Sicherheit ist gemäß Arnold Wolfers ein Gut, "von dem eine Nation mehr oder weniger besitzen und um dessen Besitz sie sich mehr oder weniger intensiv bemühen kann. In dieser Hinsicht hat es viel mit Macht und Reichtum gemeinsam, zwei anderen Werten, die für die internationale Stellung einer Nation von großer Bedeutung sind. Während jedoch Reichtum den materiellen Besitz einer Nation und Macht ihre Fähigkeit, die Tätigkeit anderer zu bestimmen,anzeigt, bezeichnet Sicherheit im objektiven Sinne das Nichtvorhandensein von Gefahren für erworbene Werte und im subjektiven Sinne das Vorhandensein von Furcht, daß diese Werte gefährdet sein könnten".[3] Damit wird deutlich, daß Sicherheitspolitik nicht nur militärisch gesehen werden darf. Eine Identität von Volk und politischer Führung, die durch die Erreichung einer gewissen im jeweiligen politischen System unterschiedlichen Lebensqualität erzielt wird, ist eine der inneren Voraussetzungen für die Sicherheitspolitik. Sicherheitspolitik kann hier nicht als Politik der Unterdrückung bestimmter Gruppen innerhalb des Volkes zur Stabilisierung der eigenen Herrschaft verstanden werden, sondern als Maßnahme zur Gewährleistung der Unversehrtheit der eigenen Lebensformen und Gesellschaftsordnung. Sicherheitspolitik geht hier von der Voraussetzung aus, daß die äußere Gefahr, d.h. die Gefährdung des eigenen Territoriums durch einen Staat bzw. eine Staatengruppe die innere Gefahr, d.h. durch eventuell unterdrückte Minderheiten oder ähnlichem erheblich übersteigt. Sicherheitspolitik besteht daher aus mehreren Komponenten. Neben der Innen-, Sozial-, Gesellschafts-, Wirtschafts- und Finanzpolitik und sogar Bildungspolitik, die nicht zuletzt auch die Werte eines Staates vermitteln soll, ist aber vor allem die Verteidigungspolitik ein Mittel, um eine effektive Sicherheitspolitik betreiben zu können. Unter der Voraussetzung, daß in allen oben aufgeführten Bereichen Politik im Interesse der nationalen Sicherheitspolitik betrieben wird, spielt Verteidigungspolitik in diesem Katalog die wichtigste Rolle. Im allgemeinen basiert nämlich Sicherheitspolitik zuallererst auf militärischer Macht, die wiederum sehr kostspielig ist. Das bedeutet aber wiederum, daß diese Finanzmittel "konstruktiven Zwecken bzw. den nichtmilitärischen Sicherheitsbedürfnissen der Nation verloren"[4] geht. Durch überhöhte Rüstungsausgaben können gerade die wesentlichen Voraussetzungen für die nationale Sicherheit, nämlich die Widerstandsfähigkeit und der Verteidigungswillen der Bevölkerung, untergraben werden. Hier muß also eine optimale Kombination von minimal unbedingt erforderlichen Rüstungsausgaben mit maximal erreichbarer Staatszustimmung erreicht werden, wenn eine wirksame Sicherheitspolitik betrieben werden soll.

Während die Sicherheitspolitik in dem von uns genannten Sinn zum größten Teil losgelöst von internationalen Beziehungen betrieben werden kann, muß ein nach außen gerichtetes Mittel der Sicherheitspolitik, die Verteidigungspolitik, immer im Zusammenhang mit der internationalen Politik gesehen werden. Verteidigungspolitik bedeutet, daß eine internationale Lage vorliegen muß, die es für einen Staat notwendig macht, sich zu verteidigen. Das heißt, daß sich der Staat subjektiv durch eine Aggression bedroht fühlt, und um dieser Aggression entgegentreten zu können, sich ein Verteidigungspotential schaffen muß. Doch diese Verteidigungsbereitschaft einer Nation wirkt oft als Angriffsdrohung für eine andere. Insbesondere sind es die Mittel der Verteidigungspolitik, die als eine Friedensgefährdung angesehen werden. So spielt das Problem der 'notwendigen' Rüstung ebenso eine Rolle wie die Tatsache, daß Staaten durch militärische Bündnisse ihre Verteidigungsfähigkeit zu erhöhen versuchen, um damit einen potentiellen Feind abzuschrecken. Ebenso kann die Waffenhandelspolitik als ein Mittel der Verteidigungspolitik angesehen werden, denn durch sie soll nicht selten versucht werden, befreundete und neutrale Staaten in den Stand zu setzen, sich dem Zugriff des feindlichen Lagers zu entziehen und somit es nicht zu vergrößern. Neben der Konstellation der internationalen Politik ist aber die Verteidigungspolitik eines Landes auch von seinem Stellenwert in der internationalen Politik abhängig. Eine Supermacht wie die USA muß notwendigerweise eine andere Verteidigungspolitik betreiben als z.B. eine Mittelmacht wie Frankreich oder ein Zwergstaat wie Monaco. Damit wird gleichzeitig die Priorität der Verteidigungspolitik angesprochen, die sich aufgrund der o.a. Faktoren in den einzelnen Ländern unterscheiden muß. So steht also einem einzelnen Land keineswegs eine unbegrenzte Anzahl von Möglichkeiten zur Ausübung seiner Verteidigungspolitik zur Verfügung, sondern es ist durch bestimmte Prämissen für eine bestimmte Verteidigungspolitik prädeterminiert.

Somit wird deutlich, daß Verteidigungspolitik nur im Zusammenhang mit Außenpolitik gesehen werden kann. Da im Atomzeitalter jeder einzelne Staat durchdringbar geworden ist und damit seine Schutzfunktion als Nationalstaat nicht mehr gewährleisten kann[5] - es sei denn, er ist eine Supermacht - ist der einzelne Staat gezwungen, Allianzen einzugehen, um auf diesem Wege die verlorengegangene Schutzfunktion zurückzugewinnen. Nun wird aber eine Allianz nur mit Staaten eingegangen werden können, mit denen auch eine Übereinstimmung in der Analyse der internationalen Politik erzielt und eine gemeinsame Schlußfolgerung gezogen wird. Das bedeutet, daß in der Außenpolitik weitgehende Übereinstimmung zwischen Allianzmitgliedern bestehen muß. Somit besteht eine Interdependenz zwischen Außen- und Verteidigungspolitik, wobei jede Funktion der anderen sein kann.

Verteidigungspolitik erhält ihre Legitimation aus dem Naturrecht, wenn man einmal die Selbstverteidigungsrechte eines Individuums

auf ein politisches System überträgt, das sein Fortbestehen sichern muß. Wenn in der Regel nun ein politisches System sich als verteidigungswert ansieht, so muß es automatisch von einem anderen politischen System, gegen das sich seine Verteidigungsfähigkeit richtet, als Bedrohung des eigenen Systems angesehen werden. Damit wird die Schwierigkeit in der Terminologie offensichtlich. Die vom Staat A subjektiv praktizierte Verteidigungspolitik kann vom Staat B subjektiv als Aggressions- oder Drohpolitik empfunden werden. Eine objektive Definition von Verteidigungspolitik scheint somit unmöglich. Auch findet sich in der Literatur keine Einheitlichkeit darüber, wo nun Verteidigungspolitik ihre Abgrenzung findet, so daß oft unter Verteidigungspolitik auch andere Politiken subsumiert werden. Bildungs- und Forschungspolitik kommen mittel- und unmittelbar auch der Rüstungspolitik zugute und sind somit auch wiederum ein Teil der Verteidigungspolitik. In der vorliegenden Arbeit wird Verteidigungspolitik verstanden als eine Kombination von Bündnispolitik, Strategie und Abrüstungspolitik. Sie soll sich dadurch unterscheiden von Sicherheitspolitik, die bei großzügiger Auslegung alle politischen Probleme umfaßt, "die sich mit der Wahrung eines Bestandes eines staatlichen Gemeinwesens nach innen und außen, dessen Lebensformen und inneren Werten, mit dessen guten Beziehungen zur Umwelt beschäftigen, kurz: mit der Wahrung der inneren und äußeren Stabilität".[6]
Den gesamten Komplex der Sicherheitspolitik zu untersuchen, heißt auch die Innen-, Wirtschafts- und Gesellschaftspolitik mit all ihren Unterbereichen in die Analyse miteinzubeziehen. Diese umfangreiche Arbeit kann und soll in der vorliegenden Studie nicht geleistet werden. Schließlich fällt die Rüstungspolitik im weiteren Sinn, d.h. mit welchen Mitteln eine Armee durch ihre politische Führung ausgestattet wird, in den Bereich der Verteidigungspolitik. Die Frage, ob eine Armee mit Atomwaffen ausgestattet wird, ist nicht nur eine verteidigungspolitische, sondern vor allem auch eine die Außenpolitik und internationale Politik unmittelbar berührende Frage. So wurde auch im Selbstverständnis der regierenden Gaullisten die Verteidigungspolitik als eine Kombination von Bündnispolitik, Strategie, Rüstungs- und Abrüstungspolitik verstanden, die aber immer in engstem Zusammenhang mit Außenpolitik gesehen wurde und auch heute noch gesehen werden muß.

Die Schwierigkeit, die verschiedenen Begriffe eindeutig voneinander zu trennen, geht aus der Definition Bestes über Militärpolitik hervor, in der es heißt: "Was den m i l i t ä r p o l i t i s c h e n Aspekt der Verteidigungspolitik betrifft, so kann man sich gewiß darauf einigen, daß Verteidigungspolitik nur dort keinen militärpolitischen Charakter hat, wo sie noch nicht international wirksam ist. Das Votum der Volksvertretung eines Staates zur Rüstung ... ist durch seine internationale Bedeutung Militärpolitik. Abstrakt gesehen, ist die eigene Rüstung, wenn sie keine verteidigungspolitische (oder auch sicherheitspolitische) Rechtfertigung hat, nicht Gegenstand der Verteidigungspolitik (bzw. Sicherheitspolitik). Sie ist in diesem Fall lediglich Militärpolitik".[7]

Diese Definition wird aber bereits wieder relativiert, wenn Beste sagt: "Dies hat aber keine praktische Bedeutung, weil kein Staat die von ihm vollzogene Rüstung anders als verteidigungs- oder sicherheitspolitisch begründet. Die Umwelt sieht die Rüstung eines Staates dagegen auch dann verteidigungs- bzw. sicherheitspolitisch, wenn sie verteidigungs- oder sicherheitspolitisch n i c h t gerechtfertigt erscheint. Die politische Entscheidung für oder gegen ein Bündnis ... ist einfacher einzuordnen. Eine solche Entscheidung ist allein schon durch den internationalen Gegenstand Militärpolitik. So ist praktisch fast die gesamte Verteidigungspolitik unter militärpolitischen Vorzeichen zu sehen und entsprechend zu definieren".[8]

Damit wird deutlich, daß Militärpolitik Teil der Verteidigungspolitik sein kann, und daß beide voneinander nicht sauber abgrenzbar sind.

Die Franzosen haben aber unter Verteidigungspolitik mehr als Politik für und mit einer Armee verstanden, wie auch bereits aus dem Kompetenzbereich des 'Ministers für nationale Landesverteidigung' hervorgeht. Deshalb wird auch in der vorliegenden Arbeit Verteidigungspolitik hauptsächlich als Bündnispolitik, Strategie sowie (Ab-)Rüstungspolitik in engem Zusammenhang mit Außenpolitik verstanden.

Auch die parlamentarische Opposition mit Ausnahme der PCF verstand Verteidigungspolitik in o.a. Sinn. Für die Kommunisten dagegen muß Verteidigungspolitik anders definiert werden. Sie kennen nur den Begriff Militärpolitik, der ein organischer Bestandteil der Politik

ist, die die Verwirklichung der Ziele und Aufgaben der Klassen, Parteien und Staaten auf militärischem Gebiet umfaßt:
"Die Militärpolitik ist der Politik der betreffenden Klassen, Parteien und Staaten untergeordnet und dient ihrer Durchsetzung. Charakter und Inhalt der Militärpolitik sowie Art und Weise ihrer Verwirklichung sind vom Wesen der Klassen, Parteien und Staaten sowie vom Charakter ihrer Politik abhängig. Die marxistisch-leninistische Partei bestimmt, abhängig von der jeweiligen historischen Epoche des Kampfs um den Sozialismus und Kommunismus sowie unter Berücksichtigung der Strategie und Taktik des Klassengegners, Inhalt, Formen und Methoden der Militärpolitik der Arbeiterklasse und des sozialistischen Staates. Im Unterschied zur Militärpolitik aller anderen Klassen, Parteien und Staaten befindet sich allein die Militärpolitik der Arbeiterklasse, ihrer marxistisch-leninistischen Partei und der sozialistischen Staaten in Übereinstimmung mit den Zielen und Interessen der Völker und beruht auf wissenschaftlichen Grundlagen: dem M a r x i s m u s - L e n i n i s m u s, dem M i l i t ä r p r o g r a m m und der sozialistischen Militärwissenschaft ..."[9]
Der monopolistische Anspruch, die Arbeiterklasse zu repräsentieren und damit in ihrem Namen auch die Militärpolitik der Arbeiterklasse zu betreiben, wird den französischen Kommunisten durch die Sozialisten streitig gemacht. Die Beurteilung der Verteidigungspolitik der parlamentarischen Opposition muß also aus mehreren Blickwinkeln geschehen. Einmal als Reaktion und Alternative zur gaullistischen Verteidigungspolitik und zum anderen in ihrer Stimmigkeit auf die jeweilige theoretische Ausgangsposition.

0.2 Außenpolitik - Verteidigungspolitik und die Opposition

"Die enorme Ausweitung im Bereich der internationalen Beziehungen hat zu einer Verwischung der traditionellen Abgrenzungslinien zwischen Innen- und Außenpolitik geführt. In den vergleichsweise müßigen Tagen des neunzehnten Jahrhunderts konnten alle außenpolitischen Angelegenheiten von dem Minister selbst geführt werden, der dadurch nicht unbedingt überbeansprucht wurde".[10] In dieser

Aussage des amerikanischen Politologen Joseph Frankel werden drei Probleme angesprochen:

1. die Dynamisierung der internationalen Beziehungen,
2. die Infragestellung der bisherigen Differenzierung von Innen- und Außenpolitik[11] und
3. die alleinige Kompetenz des jeweiligen Fachministers.

Ohne Zweifel besaß im 19. Jahrhundert, also im Zeitalter der Kabinetts- und Geheimdiplomatie, der jeweilige Fachminister eine besondere Bedeutung, zumal die Ressortverteilung kaum über die klassischen Ministerien (Finanz, Justiz, Außen, Innen und Krieg) hinausging. Gerade auf dem Gebiet des Militärwesens, oder um in der heutigen Terminologie der westlichen Demokratien zu sprechen, der Verteidigungspolitik, befand sich der Kriegsminister in einer hervorgehobenen Position, da er für die Sicherheit eines Staates die Verantwortung trug und der Krieg als ultima ratio der Politik als ein von allen Staaten anerkanntes legitimes Mittel angesehen wurde. In diesem, teilweise aufgeklärten absolutistischen politischen Systemen konnte sich keine institutionalisierte Opposition bilden. Erst recht war es nicht möglich, eine demokratisch legitimierte Opposition zu konstruieren, die den Entscheidungsprozeß hätte beeinflussen und somit auch die Verteidigungspolitik kontrollieren können.

Erst im Verlauf des 20. Jahrhunderts, als sich in den westlichen Ländern Staatsformen entwickeln, die eine legitimierte Opposition institutionalisierten und ihr damit die Möglichkeit gab, eine Alternative zur Regierung bilden und gegebenenfalls diese ersetzen zu können, wurde dementsprechend auch das Interesse der Opposition auf dem Gebiet der Außen- und Verteidigungspolitik größer.[12]

Opposition soll erst einmal ganz formal in Anlehnung an Dahl[13] verstanden werden als Partei bzw. Parteien, die der Regierungspartei bzw. den Regierungsparteien gegenüberstehen und nach ihrem Selbstverständnis sowie den Perzeptionen der Wähler ihr bzw. ihnen entgegenwirken.

Im republikanischen Frankreich der III. Republik, das nach der Niederlage gegen Preußen und der Niederwerfung der Pariser Kommune aus der Taufe gehoben worden war, finden wir ein Regierungssystem vor, in dem sich allmählich Parteien entwickeln.[14]

Als Folge daraus werden Parteiregierungen gebildet, nachdem vorher Wählervereinigungen diese Funktion wahrgenommen hatten. Es zeigt sich an Hand der Geschichte der III. Republik, daß in diesem Regierungssystem die jeweilige Opposition durchaus Chancen hatte, die Regierung zu beeinflussen bzw. sie abzulösen.[15] Die nicht weniger als 114 Regierungen verschiedener politischer Richtungen in den 70 Jahren des Bestehens der III. Republik geben davon Zeugnis. Daß es im republikanischen Frankreich auch für eine Opposition, die sich im Programm von der herrschenden Regierung vollkommen unterschied, möglich war, die Regierung zu übernehmen, zeigt das Beispiel der Regierung Léon Blum.[16] Mit der Übernahme der Regierung durch die Sozialisten wurde bewiesen, daß Oppositionsparteien nicht nur mit Regierungen konkurrieren konnten, sondern daß es auch möglich war, eine Regierung unterschiedlicher politischer Richtung abzulösen. Die Strategie der Regierungsablösung wird natürlich nicht immer erfolgreich sein können. Deshalb stellt sich die Frage nach anderen Oppositionsformen oder anderen Strategien der Opposition, mit denen sie ihre Zielvorstellungen zu verwirklichen sucht. Gemäß Dahl können dazu folgende Strategien angewandt werden:

a) die Regierungsbeteiligung
b) Mitbeteiligung an der Entscheidung über informelle Gruppen
c) vielfältige Kontra-Aktivität (was vor allem in aussichtsloser Position geschieht)
   1. über pressure-groups
   2. über Flügel einer Regierungspartei bzw. einen Koalitionspartner
   3. durch Ausnutzung parlamentarischer Rechte
   4. über die Verfassungsgerichtsbarkeit
   5. auf Länder- oder lokaler Ebene
   6. durch Wahlerfolge
   7. durch Mobilisierung der öffentlichen Meinung
d) interne Differenzaustragung auf der Basis einer Allparteienregierung bzw. einer Großen Koalition (bes. während internationaler Krisen)[17]

Es wird selten nur einer dieser Faktoren einzeln auftreten, sondern eine Opposition wird immer versuchen, auf mehreren Wegen zum Ziel zu gelangen. Es muß aber als sicher gelten, daß zu jeweils einem bestimmten Zeitpunkt, einer dieser oben aufgeführten Fakto-

ren als dominant anzusehen ist. Wenn sich nun im Verlauf dieses Jahrhunderts die Opposition in allen westlichen Demokratien institutionalisiert und verfassungsrechtlich abgesichert hat und sie der Regierung als Einheit gegenübersteht, so wird von Opposition fast immer im Zusammenhang mit Innenpolitik gesprochen. Diese Einengung erklärt sich dadurch, daß es in der Politikwissenschaft eine starre Untergliederung in Außenpolitik bzw. internationale Politik, Innenpolitik und vergleichende Regierungslehre gegeben hat. Von den Vertretern der Regierungslehre wurde die Opposition in zahlreichen theoretischen und empirischen Arbeiten immer wieder aufgegriffen, wie es z.B. die Länderstudien in Dahls Buch zeigen. Hauptsächlich wurden die Zusammenhänge von Regierungssystem und Opposition sowie der Komplex Parteienstruktur und Opposition untersucht. Ein vollständiger Mangel herrschte jedoch bis zu Beginn der 70er Jahre auf dem Forschungsgebiet Opposition und Außenpolitik, wenn man einmal von dem Beitrag Heino Kaacks absieht.[18] Diese Tatsache ist insofern nicht erstaunlich, denn Außenpolitik gilt im Bewußtsein der Öffentlichkeit und auch bei einigen Politologen als traditionelle Domäne der Exekutive und nicht des Parlaments, geschweige denn der Opposition. Der Bismarcksatz, daß die Außenpolitik durch die 300 Schafsköpfe des Reichstags noch mehr verwirrt werde,[19] hat(te) in Deutschland und auch in anderen Staaten erstaunlicherweise lange Gültigkeit.
Nun ist in letzter Zeit aber nicht nur die zu lange andauernde Differenzierung von Außen- und Innenpolitik in Frage gestellt worden,[20] sondern auch die liebgewordene Vorstellung, daß Außenpolitik traditionell Angelegenheit der Regierung ist. Der deutsche Bundestag dokumentierte diese Infragestellung der alleinigen Regierungskompetenz auf außenpolitischem Gebiet im Frühjahr 1963 recht deutlich, als er dem von der deutschen und französischen Regierung ausgehandelten Freundschaftsvertrag eine Präambel voranstellte, die diesen Vertrag in de Gaulles Augen wertlos machte. Es ist zweifellos richtig, "daß der langfristig bindende, oft folgenschwere Prozeß der außenpolitischen Entscheidung sich aus technischen Gründen und Gepflogenheiten der internationalen Bühne entsprechend teilweise dem Postulat der öffentlichen Kontrolle entziehen muß".[21] Aber immerhin haben es verschiedene Oppositionsparteien verstanden, die Regierung zu zwingen, auch in der Außen-

politik dem parlamentarischen Anspruch auf Kontrolle zu genügen, wenn auch die Kontrollmöglichkeiten auf dem Gebiet der Außenpolitik recht schwach sind.[22] Wenn es inzwischen auch ein Gemeinplatz geworden ist, daß die linkage-Diskussion zum etablierten Gegenstand der Theorie der internationalen Politik geworden ist, so sei in diesem Zusammenhang nur an die Interdependenz von Verteidigungs- und Außenpolitik erinnert. Da dieser Zusammenhang unleugbar besteht, muß erst einmal kurz auf die Möglichkeiten der Opposition eingegangen werden, in welchem Maße und auf welche Weise sie außenpolitische Prozesse nachvollziehen bzw. korrigieren kann.

Um überhaupt einen politischen Prozeß und insbesondere einen außenpolitischen Prozeß, auf den nicht nur innerstaatliche sondern außerstaatliche, von der Regierung nicht in allen Fällen steuerbare Faktoren einwirken, richtig analysieren zu können, benötigt ein politischer Akteur Informationen in ausreichender Anzahl. Im Zeitalter der Geheimdiplomatie waren die Nachrichtenflüsse für die Öffentlichkeit im Gegensatz zu heute geradezu spärlich. Die Regierung besaß damals eindeutig das Informationsmonopol über auswärtige Angelegenheiten; institutionalisiert durch das System der Botschafter. Zwar existiert auch heute noch das Botschaftersystem, jedoch hat es seine Monopolstellung fast vollständig eingebüßt. War früher der Botschafter der Überbringer einer Demarche, die als Maximum die Entscheidung über Frieden und Krieg beinhalten konnte, so hat die Entwicklung der Nachrichtentechnik (Presse, Funk, Fernsehen, Fernschreiber, Telefon, Satellitentechnik usw.) diese Funktion doch erheblich relativiert. Die Entscheidung, die von einer Regierung getroffen wird, erfährt nicht mehr allein die die Entscheidung betreffende andere Regierung - wie es etwa bei den Geheimverträgen Bismarcks der Fall war - sondern auch die Öffentlichkeit beider die Entscheidung unmittelbar betreffenden Länder sowie die mittelbar betreffenden politischen Einheiten. Somit lassen sich bestimmte getroffene Entscheidungen oder auch noch zu treffende Entscheidungen nicht mehr länger verheimlichen, bis sie einer anderen Regierung überbracht werden, sondern sie werden teilweise durch Indiskretionen mit Hilfe der Nachrichtentechnik verbreitet, wovon aber nicht zuletzt die Opposition profitieren kann. Das bedeutet aber auch, daß die Oppositionspartei(en) eines anderen Landes Informationen über die ihr Land betreffende Entscheidung erhalten kann (können), die ihr (ihnen) früher nicht zugäng-

lich war(en). Damit soll die Aufgabe des Botschafters nicht herabgesetzt werden, denn es gibt genügend Informationen für einen Botschafter durch eine auswärtige Regierung, die der Opposition und der Öffentlichkeit nicht zugänglich werden. So kann z.B. über das Zustandekommen einer Entscheidung oder über die Abstimmungsergebnisse in einem Kabinett ein Botschafter informiert werden,[23] während der Öffentlichkeit nur die getroffene Entscheidung bekannt gegeben wird. In diesem Fall befindet sich die Opposition natürlich in einem erheblichen Informationsrückstand gegenüber der Regierung. Aber allein die Möglichkeit der Veröffentlichung einer Entscheidung unmittelbar nach ihrem Zustandekommen zeigt die verbesserte Lage der Opposition gegenüber früher.
Eine Möglichkeit, den Informationsvorsprung der Regierung zu verringern, bietet die Dynamisierung der internationalen Beziehungen. Durch die Gründung von internationalen Zusammenschlüssen von weltanschaulich ähnlichen Parteien[24] ist die Basis für übernationale Zusammenarbeit gegeben. Wenn sich nun für eine in Opposition stehende Partei eine günstige Konstellation ergibt, d.h. wenn die dem internationalen Zusammenschluß angehörende Partei eines anderen Landes dort die Regierung stellt, so ist es der heimischen Opposition eher möglich auch die Informationen zu erhalten, die sonst nur die eigene Regierung bekäme. Voraussetzung dafür ist natürlich auch eine wirklich echte Kooperation der Bruderparteien.
Eine weitere Möglichkeit, den Informationsvorsprung der Regierung zu relativieren, besteht sowohl im parlamentarischen als auch im präsidentiellen System durch den Föderalismus. Die französische Opposition muß aber auf dieses Instrumentarium verzichten, da Frankreich ein zentralistisch regierter Staat ist. Soll in einem föderativen Staat eine außenpolitische Entscheidung getroffen werden, so hat die Opposition mit Hilfe der zweiten Kammer - wenn sie dort auch noch die Mehrheit stellt und die zweite Kammer echte Kontrollmöglichkeiten hat, verstärkt sich die Stellung der Opposition erheblich - die Möglichkeit, von der Regierung die für diese außenpolitische Entscheidung wichtigen Informationen zu verlangen. Gerade während der Aufrüstungsphase der Bundesrepublik Deutschland waren es die Regierungschefs der in Opposition zum Bund stehenden Stadtstaaten, die sich für eine Aufrüstung eingesetzt hatte. ten. Dies geschah nicht zuletzt darum, weil sie gegenüber den an-

deren Oppositionspolitikern ihrer Partei einen Informationsvorsprung besaßen, den sie aufgrund ihrer Stellung als Regierungschefs erhalten hatten.[25]
Ein weiterer Weg für Oppositionsparteien, den Informationsvorsprung der Regierung zu relativieren, besteht durch die Einrichtung von Gesellschaften und Stiftungen, die sich mit internationaler Politik befassen. In der Bundesrepublik ist z.B. die Friedrich-Ebert-Stiftung zu einer unentbehrlichen Informationsstelle für die damalige Oppositionspartei SPD geworden. Gerade in informellen Gesprächen mit auswärtigen Politikern werden manchmal Informationen geliefert, die selbst für eine Regierungspartei oft wertvoll sind. In der Regel werden auch die Gesellschaften für Auswärtige und Internationale Politik, die Begegnungsort der Wissenschaft mit der praktischen Politik sind, eine wichtige Informationsquelle gerade für Politiker der Opposition sein. Da Verteidigungspolitik als Funktion der Außenpolitik verstanden wird, muß eine Opposition als Voraussetzung der Beurteilung einer regierungsamtlichen Verteidigungspolitik auch die Außenpolitik in ihre Analyse einbeziehen. Die genannten Faktoren erleichtern es heute einer Opposition, die Verteidigungspolitik einer Regierung besser zu beurteilen.

1 Frankreich und das internationale System

Verteidigungspolitik ist notwendigerweise nach außen gerichtet und bezieht damit als wesentlichen Faktor die äußere Staatenumwelt in ihr Kalkül ein. Daher soll zunächst die Stellung Frankreichs innerhalb dieser Umwelt analysiert werden.

1.1 Das internationale System 1945 - 1958

Mit dem Ende des 2. Weltkriegs finden wir ein vollständig verwandeltes Staatensystem vor, das sich von dem System der Zwischenkriegszeit fundamental unterscheidet. War das Zwischenkriegszeitsystem durch den Begriff 'Kollektive Sicherheit' gekennzeichnet, wenngleich sie in Reinkultur nie existierte,[1] und auch in der Zwischenzeit beider Weltkriege nicht funktionierte, so wird hieran schon deutlich, daß sich in etwa gleich starke Staaten gegenüberstanden, die um die zumindestens europäische Hegemonie kämpften. Das Zwischenkriegszeitsystem war weiterhin dadurch gekennzeichnet, daß die Nationalstaaten Europas das zentrale Feld der Politik unseres Erdballs bildeten. Nach dem 2. Weltkrieg waren es die transatlantischen Streitkräfte Amerikas und des eurasischen Rußlands, die ihre Herrschaft auf dem europäischen Kontinent errichteten, den die Europäer, insbesondere die Deutschen, zu Grunde gerichtet hatten.[2] Der endgültige Zusammenbruch des europäischen Staatensystems war vollzogen. Hatte dieses Europa noch bis 1945 ein Maximum an Macht mit der weltweiten Expansion des Imperialismus und damit natürlich auch eine lange Zeit ein Monopol an industrieller Macht aufzuweisen, so hatte es nun der größte materielle Verlust seiner Geschichte getroffen. Die nicht weniger als 25 Millionen Kriegstoten hatten notwendigerweise ein Absinken der industriellen Produktion zur Folge. Der Mangel an Devisen verhinderte den schnellen Wiederaufbau des zerstörten Kontinents, so daß amerikanische Kredite aufgenommen werden mußten, was aber wiederum auch einen weiteren politischen Machtverlust mit sich brachte.
Die hervorstechendste Strukturänderung des internationalen Systems zeigt sich im Aufstieg der USA und der UdSSR zu Welthegemonialmächten, der sich auf Kosten Europas vollzog. Zwar hatte die Sowjetunion einen Verlust von etwa 10 % der Gesamtbevölkerung und neben

dem menschlichen einen gewaltigen ökonomischen und materiellen Verlust erlitten; doch hatte sie den Krieg militärisch intakt überstanden.[3] Die UdSSR war die größte europäische Militärmacht und stand mit ihren Truppen zum ersten Mal in ihrer Geschichte in Mitteleuropa an Werra und Elbe. Die Chance zur Konsolidierung ihres Herrschaftsbereichs war somit gegeben. Der anderen Welthegemonialmacht, den USA, waren bessere Startchancen zu ihrem gewaltigen Aufstieg beschieden. Der Verlust von etwa 300.000 Kriegstoten bedeutete keinerlei Schwächung der industriellen Produktion. Um den eklatanten Unterschied zwischen den USA und Europa aufzuzeigen, seien nur einige Zahlen genannt. Im Jahr 1945 hatten die USA 66 % der Welttonnage der Handelsmarine zu verzeichnen, besaßen sie einen 50 %igen Anteil an der Weltenergiewirtschaft, die Hälfte der Goldreserven der Welt sowie einen Überschuß der Handelsbilanz in der Zeit von 1939 - 1945 von 40,7 Mrd US-Dollar.[4] Diese gewaltige ökonomische Potenz erklärt auch z.T. den Bruch mit der langen Tradition des amerikanischen Isolationismus. Spätestens mit der Truman-Doktrin vom 12.3.1947 wurde das Engagement der USA in die Weltpolitik vollzogen.[5]
Die beiden Supermächte füllten das nun in Europa entstandene Machtvakuum aus, wobei die USA zunächst noch das Konzept der 'einen Welt' mit dem Zentrum UNO verfolgten.[6] In der UdSSR hatte sich bei der politischen Führung das Konzept der Konsolidierung des Machtbereichs, also jenes von der Roten Armee besetzten Bereichs, durchgesetzt. In Bezug auf Westeuropa bedeutete dies: abwarten.

Ein drittes Strukturänderungsmerkmal des internationalen Systems nach 1945 zeigte sich in der Emanzipation der Kolonialvölker,[7] die zwar schon in Ansätzen in der Zwischenkriegszeit zu bemerken war; jedoch durch zwei Faktoren besonders beschleunigt wurde. Einmal ermöglichte die Paralyse der europäischen Expansion während des Krieges den Kolonien, größere Forderungen an die in Kriegsschwierigkeiten geratenen Kolonialmächte zu stellen, um sie zu größeren Konzessionen zu zwingen. Zum anderen förderte die zunehmende Verstärkung der national und religiös fundierten Befreiungsgruppen den Emanzipationsprozeß der Kolonialvölker! Nicht zuletzt erhielten gerade diese Gruppen von totalitären Staaten Unterstützung.
Schließlich muß noch die grundlegende Wandlung der Weltpolitik

genannt werden, die nach 1945 zu einer Globalisierung der internationalen Politik führte. Sie wurde durch folgende Faktoren bewirkt: einmal durch die politisch-historische Entwicklung, die zu universellen Koalitionen führte, zum anderen durch die Universalisierung der industriellen Gesellschaft, die sich durch eine wachsende Interdependenz auf wirtschaftlichem und technologischem Gebiet vollzog und schließlich durch die moderne nukleare Waffentechnik, die eine Veränderung der Strategie bewirkte und das Friedensproblem schlaglichtartig universalisierte. Das individuelle europäische Staatensystem ist 1945 durch ein globales internationales System ersetzt worden, das sich durch die Dominanz zweier Weltmächte in Form einer bipolaren Struktur auszeichnet.
Die Kriegskoalition der späteren Welthegemonialmächte, die sich in der gemeinsamen Bekämpfung des von Hitler beherrschten Deutschlands einig war, wurde schon während der Konferenz von Potsdam brüchig, als es um die weitere Behandlung Deutschlands ging. Wann immer man auch den Beginn des Kalten Kriegs festsetzen will, so bleibt doch festzustellen, daß spätestens mit der Truman-Doktrin sich ein Dualismus entwickelte, der den Gegensatz nicht nur zweier Blöcke besiegeln sollte, sondern auch noch die unterschiedlichen politischen Systeme deutlich werden ließ. Die Spaltung Deutschlands - und damit Europas - vollzog sich in Etappen, wobei die beiden Supermächte zuerst noch an eine Verwirklichung ihrer Konzeption glaubten.
Die Vertiefung der Spaltung korreliert mit der Blockbildung zweier politischer Systeme, die sich diametral gegenüberstehen. Im sogenannten Ostblock werden gleich nach Kriegsende separate Beistands- und Freundschaftsverträge zwischen einzelnen Staaten abgeschlossen,[8] während in der sogenannten freien oder westlichen Welt der 1948 abgeschlossene Brüsseler Pakt die europäische Säule für die 1949 gegründete NATO bildet,[9] die von den westlichen Staaten als Reaktion auf die sowjetischen Einmischungen in Europa und Asien angesehen wurde.[10]
Die UdSSR konsolidierte Ende der 40er Jahre ihren Machtbereich, indem in allen osteuropäischen Staaten allmählich kommunistische Regierungen eingesetzt wurden. Durch den Zusammenschluß zur Kominform im Jahr 1947 wurden diese Regierungen unter Moskauer Aufsicht gestellt. Spätestens mit der Gründung der beiden deutschen Teil-

staaten Ende 1949 wurde die Spaltung Europas zum Tatbestand[11] und Churchills Wort vom 'Eisernen Vorhang' erhielt seine unerwünschte Berechtigung.
Mittlerweile wurde auch den Politikern, die immer noch die Spaltung zu überwinden hofften, klar, daß der Dualismus der Supermächte auf dem Antagonismus von zwei Systemen beruhte, nämlich "auf dem Gegensatz zwischen Demokratiebegriff bürgerlich-liberaler Art und dem Demokratiebegriff kommunistischer Prägung. Das heißt: auf der einen Seite herrscht die Vorstellung, daß sich das Volk frei organisieren könne, sich im Mehrparteiensystem und einem zu alternativer Führung fähigen Regierungsystem Organe schaffe, die die pluralistische Wirklichkeit des Staates ausdrücken. Auf der anderen Seite steht die Vorstellung, daß die kommunistische Partei als Vertreterin von ökonomischen Gesetzen, die als wissenschaftlich erkannt und damit unumstößlich sind,die Vormundschaft über ein Volk übernimmt, dessen Bewußtsein noch nicht so fortgeschritten ist, daß es in jeder Phase nach seinen 'wahren' Interessen entscheidet".[12]
Dieser Antagonismus beherrschte in den fünfziger Jahren ganz eindeutig die Weltpolitik. Die in Yalta getroffene Interessenssphärenabsteckung verstärkte sich zunehmend.
Durch die erste sowjetische Kernwaffenexplosion von 1949 wurde das amerikanische Kernwaffenmonopol gebrochen. Seit dieser Zeit befanden sich die beiden Supermächte auf dem Weg zum atomaren Patt. So mußte 1954 die Sowjetunion der US-Intervention in Guatemala tatenlos zusehen. Andererseits waren die USA gezwungen, während des Aufstands vom 17. Juni 1953 in der DDR und während des Ungarn-Aufstands von 1956, verbal zu protestieren, da ein militärisches Eingreifen mit größter Wahrscheinlichkeit zum Ausbruch eines Atomkriegs geführt hätte, der aber wiederum für beide Supermächte zu große Verluste bedeutet hätte. In der Zeit von 1950 bis 1958 versuchten beide Supermächte in Zusammenarbeit mit den anderen ehemaligen Großmächten eine Lösung für das Deutschlandproblem zu finden. Die Zusammenarbeit resultierte jedoch nicht aus ihrem freien Willen, sondern aus der beiderseitigen Notwendigkeit, den gefährlichsten Krisenpunkt der internationalen Politik zu beseitigen.
Auf den Gipfelkonferenzen der Regierungschefs und der Außenminister konnten sich die Großmächte lediglich über eine Einigung in der österreichischen Frage verständigen, weil Österreich im stra-

tegischen Konzept beider Weltmächte eine wesentlich geringere Bedeutung als Deutschland hatte. Andererseits verdient aber auch das Zusammengehen der USA mit der UdSSR in bezug auf das britisch-französisch-israelische Suez-Abenteuer im Herbst 1956 erwähnt zu werden, zumal gerade hier die partielle Kooperation der beiden Supermächte einen wichtigen Aspekt in der gaullistischen Verteidigungspolitik abgeben sollte.
Im Westen wurde besonders seitens der Amerikaner unter dem damaligen Außenminister Dulles die 'containment-policy'[13] durchgeführt, die sich während der Amtszeit von Außenminister Dulles zu bewähren schien, deren nachteilige Folgen für die USA aber gerade zu Beginn der siebziger Jahre überaus deutlich wurden. Als die beiden Blöcke ihre jeweilige Ideologie dem Gegner noch vollständig aufzuzwingen versuchten,[14] entstand im internationalen Staatensystem eine Bewegung, die unter dem Schlagwort 'Dritte Welt' bekannt wurde. Mit der Bandung-Konferenz von 1955 wurde deutlich, daß eine neue Staatengruppe in den Überlegungen der politischen Strategien der beiden Supermächte einen wichtigen Platz einnehmen mußten.

1.2 Das internationale System bei der Konstituierung der V. Republik

Wesentliches Kennzeichen und gleichzeitig sichtbarste Veränderung der Strukturprinzipien des internationalen Systems war das 'Gleichgewicht des Schreckens'. Mit dem ersten Sputnik vom 4. Oktober 1957 dokumentierte die UdSSR nicht nur, daß ihr die Umwandlung von einem Agrarstaat zu einem modernen, leistungsfähigen Industriestaat gelungen war, sondern sie machte vor allem den in vornehmer Selbstzufriedenheit lebenden Amerikanern klar, daß auch sie im Besitz von Interkontinentalraketen war. Damit war die amerikanische nuklear-strategische Überlegenheit nicht mehr gegeben.[15] Dieser sowjetische Überraschungserfolg versetzte mehreren USA-Politikern einen Schock, so daß von ihnen eine strategische Unterlegenheit - eine sogenannte Raketenlücke - gesehen wurde, die es unmittelbar zu schließen galt.[16] Zum ersten Mal in der Geschichte der USA konnte der eigene Kontinent von fremden Verbänden vernichtet werden, ohne daß eine Invasion hätte vorangehen müssen. Die Sowjetunion war, nuklear-strategisch gesehen, nicht länger eine reagierende Macht, sondern konnte nun ebenso die agierende sein. Damit hatte sich die hegemoniale Bipolarität der beiden Weltmächte vom Status quo plus für die USA zu einer echten Bipolarität gewandelt.

Sowohl die USA als auch die UdSSR waren unangefochtene Führungsmächte in ihren jeweiligen Blöcken, deren Kern noch immer NATO und Warschauer Pakt bildeten. Überhaupt kann man in dieser Zeit feststellen, daß nicht die Roosevelt'sche Idee der 'Einen Welt' ihrer Verwirklichung immer näher rückte, sondern daß sich das internationale System immer stärker durch Regionalisierungstendenzen auszeichnete.
Nicht nur die bedeutsamen militärpolitischen Allianzen wie NATO und Warschauer Pakt, CENTO und SEATO, sondern vor allem wirtschaftliche Zusammenschlüsse wie EWG, EFTA, LAFTA und RgW geben Zeugnis von der Regionalisierung. Damit verbanden sich auch Tendenzen in den neuen Gemeinschaften, die die Führungsrolle der jeweiligen Supermacht in ihrem Block in Frage stellten. So hatten die Aufstände in Polen und Ungarn 1956, die nicht zuletzt durch einen Versuch des nationalen Kommunismus die sowjetische Suprematie in Frage gestellt hatten, sehr stark dazu beigetragen, daß der Höhepunkt der Blockbildung 1958 erreicht war.[17] Zusätzlich wurde die Infragestellung der UdSSR als Welthegemonialmacht und als Lehrmeister des Marxismus-Leninismus durch den aufkommenden Konflikt mit der Volksrepublik China gefährdet.[18]
Auch die USA, die ihre Kräfte bis zu diesem Zeitpunkt hauptsächlich auf Europa konzentriert hatten, mußten sich als Führungsmacht der westlichen Welt in Frage stellen lassen. Mit dem Regimewechsel in Frankreich kehrte General de Gaulle an die Macht zurück. Eine seiner ersten außenpolitischen Maßnahmen waren die Reformvorschläge für die NATO, die auf eine Mitbestimmung Frankreichs bei weltpolitischen Fragen hinausliefen.[19]
Durch die internen Blockschwierigkeiten einerseits und durch das Einholen des amerikanischen Vorsprungs durch die Sowjetunion andererseits, standen sich zwei Weltmächte gegenüber, die sich gegenseitig nur abschrecken, aber wegen der nicht zu verantwortenden potentiellen Verluste nicht angreifen konnten. Das entstandene atomare Patt führte zu der von Chrutschow proklamierten 'Friedli-

chen Koexistenz'. Danach sollte eine friedliche Zusammenarbeit zwischen zwei diametral entgegengesetzten politischen Systemen auf ökonomischem, politischem und kulturellem Gebiet möglich sein.[20] Es wäre jedoch trügerisch, annehmen zu wollen, daß sich die beiden Hegemonialmächte 1958 bereits auf dem Weg zur 'Friedlichen Koexistenz' befanden, obwohl Versuche dazu unternommen wurden. Die Nahostkrise vom Juli 1958, die mit der amerikanischen Intervention im Libanon ihren Höhepunkt erreichte,[21] die Quemoy-Krise vom Spätsommer 1958[22] sowie das Berlin-Ultimatum Chrutschows vom 10. November 1958,[23] zeigten mit aller Deutlichkeit den fortbestehenden Antagonismus der beiden Supermächte und ließen die These von der 'Friedlichen Koexistenz' absurd erscheinen.

1.2.1 Frankreichs Stellung im internationalen System 1945 bis 1958

Für die Siegermacht Frankreich war das Zentralproblem der unmittelbaren Nachkriegszeit die deutsche Frage. Während die UdSSR, Großbritannien und die USA über die Anwendung der Abkommen von Yalta und Potsdam verhandelten, versuchte Frankreich den Inhalt dieser Abkommen zu modifizieren. Ziel seiner Politik war es, jegliche Zentralisierungstendenzen bereits im Keim zu ersticken. Die französische Politik, die erstens in sich widersprüchlich war und zweitens auch noch die teilweise Isolierung gegenüber den Alliierten zur Folge hatte, konnte sich nur negativ auswirken: "Sie komplizierte die Fronten, ohne dadurch neue Kompromißchancen zu eröffnen. Der Versuch Frankreichs, seine Ziele gegenüber Deutschland durchzusetzen, seine Unabhängigkeit zu wahren und zugleich die Spaltung Europas zu verhindern, konnte nur Erfolg haben, wenn es gelang, die Interessengegensätze zwischen den USA einerseits und der Sowjetunion andererseits zu vermindern. Die spezifischen Ziele der französischen Deutschlandpolitik führten aber gerade dazu, neue Meinungsverschiedenheiten einzuführen. Damit wurde das genaue Gegenteil dessen bewirkt, was allein die Pariser Politik zum Erfolg hätte führen können: die Aufrechterhaltung einer gewissen Aktionseinheit unter den Alliierten. Aber auch diese Aktionseinheit hätte sich letzten Endes gegen Frankreich ausgewirkt. Was immer es also unternahm, stets saß es am kürzeren Hebelarm".[24]

Die autonome Politik Frankreichs, 1944 noch so sichtbar durch den französisch-sowjetischen Vertrag dokumentiert,[25] war bereits 1946 sehr in Frage gestellt und spätestens ab 1947 nicht mehr vorhanden. Da Frankreich aufgrund seiner katastrophalen wirtschaftlichen Lage ohne die Hilfe der USA nicht wieder aufgebaut werden konnte, mußte es am 28.5.1946 das Wirtschaftsabkommen mit den USA schließen, "das Frankreich doch in eine gewisse Abhängigkeit brachte".[26] "In dem Maße, wie sich im Frühjahr 1947 der Ost-West-Konflikt verschärfte (Truman-Doktrin, Scheitern der Moskauer Außenministerkonferenz) und Frankreich in den Sog der amerikanischen Hegemonialpolitik geriet, brach auch seine Deutschlandpolitik zusammen".[27] Das Ergebnis dieser Mißerfolge der französischen Politik in bezug auf ihre Zielsetzung war ein Umschwenken auf die Politik der Angelsachsen, das durch die Verschärfung des Ost-West-Konflikts forciert wurde. Es zeigte sich deutlich, daß für Frankreich die Politik des Lavierens zwischen Ost und West nicht länger möglich war, sondern daß sich Frankreich eindeutig für eine Seite oder zu einem 'Block' bekennen mußte.[28] Die Wendung in der französischen Haltung zeigte sich darin, daß nicht mehr länger die Sowjetunion oder Deutschland als der potentielle Gegner angesehen wurde, sondern daß ab 1947/48 nur noch die UdSSR als potentiell gefährlicherer Gegner angenommen wurde.[29] Die Westorientierung der IV. Republik läßt sich an den folgenden Ereignissen ablesen: Annahme des Marshallplans (1947), Unterzeichnung des Brüsseler Pakts (1948), gemeinsame Unterstützung mit den USA und Großbritannien für Berlin anläßlich der Blockade (1948/49), Eintritt in die NATO (1949) und Unterzeichnung der EGKS (1950).

Inzwischen hatte die zunehmende Verschärfung des Ost-West-Konflikts Frankreich vollständig in den "Westblock" integriert. Um das für Frankreich noch immer nicht gelöste Zentralproblem Deutschland zum Abschluß zu bringen, schlug der französische Außenminister Schuman die Gründung einer europäischen Gemeinschaft für Kohle und Stahl vor.[30] Der Leitgedanke dieses Plans war als Grundlage für eine europäische Friedensordnung gedacht. Danach ermöglichte nur ein organisiertes Europa den Weltfrieden, dessen Basis die deutsch-französische Aussöhnung bilden sollte, auf der wiederum die Montanunion aufgebaut werden sollte.[31] Ein unausgesprochener Gedanke war jedoch auch in diesem Projekt vorhanden. Durch die supranationale Politik konnte Frankreich auf einem Teilgebiet die

Politik der Bundesrepublik mitbestimmen und sich auf diese Weise zur kontinentalen Führungsmacht Europas entwickeln.
Der Ausbruch des Korea-Krieges am 25. Juni 1950 bedeutete eine gefährliche Veränderung des internationalen Systems zu Lasten des Westens. Die damit zusammenhängende Verschlechterung der Ost-West-Beziehungen machte die deutsche Wiederaufrüstung, insbesondere nach amerikanischer Ansicht, notwendig. Die von den Amerikanern geforderte und von den Franzosen heftig abgelehnte deutsche Aufrüstung sollte das schwerste Problem der französischen Außenpolitik von 1950 bis 1955 werden und die Beziehungen zwischen Frankreich und seinen Partnern stark belasten. Schließlich akzeptierte Frankreich Ende 1954 doch noch die Lösung, gegen die es jahrelang gekämpft hatte, nämlich den Beitritt der Bundesrepublik zur NATO.

Neben der mißglückten Deutschlandpolitik war es der Entkolonialisierungsprozeß, der Frankreichs Position international verschlechterte.
Kaum war der 2. Weltkrieg beendet, als mit der Bombardierung Haiphongs durch die französische Luftwaffe am 11. November 1946 der erste Indochinakrieg begann.[32] Seit diesem Tage stand die IV. Republik im permanenten Kriegszustand, der der Bevölkerung aber erst während des Algerienkrieges bewußt geworden ist. Frankreich konnte aber gerade durch den Ausbruch des Indochinakrieges seine Position gegenüber den USA verbessern, da die Amerikaner jetzt eine günstige Gelegenheit sahen, ihre 'containment-Politik' durchzuführen. Bereits 1950 übernahmen die Amerikaner 50 % der französischen Kriegskosten.[33] Doch auch die Amerikaner konnten durch ihre Hilfe den Franzosen nicht mehr zum Sieg verhelfen. Die militärische Niederlage von Dien Bien Phu im Mai 1954 machte auch der Bevölkerung im Mutterland die politische Katastrophe bewußt.[34]
Der neugewählte Ministerpräsident, Pierre Mendès-France, konnte auf der Genfer Indochinakonferenz nur noch einen optischen Erfolg für Frankreich erringen. Das Ergebnis des 1. Indochinakrieges erbrachte jedoch den Verlust sämtlicher Einflußnahme Frankreichs in Südostasien und bedeutete den vollständigen Rückzug Frankreichs aus diesem Gebiet. Sowohl Vietnam als auch Kambodscha und Laos schieden aus der 1946 geschaffenen 'Union Française' aus, obwohl die französische Verfassung weiterhin Gültigkeit besaß und diese Länder als Mitglieder anerkannte.

Kaum war der 1. Indochinakrieg beendet, als die französische Außenpolitik durch die drei afrikanischen Mahgreb-Staaten Marokko, Tunesien und Algerien sehr stark belastet wurde. Die Entkolonisierung dieser Völker konnte nicht mehr aufgehalten werden, aber Frankreich weigerte sich zunächst, diese Entwicklung anzuerkennen. Mit Tunesien und Marokko wurden zwar im März 1956 Unabhängigkeitsabkommen geschlossen, aber Algerien wurde weiterhin als französisches Land angesehen.
Auf der anderen Seite erhielten die Befreiungsbewegungen in Algerien Unterstützung aus ganz Nordafrika, was Frankreich u.a. dazu veranlaßte, unter der sozialistischen Regierung Guy Mollet das Suezabenteuer zu beginnen, um auch die algerische Exilregierung in Kairo zu treffen.[35]
Es bleibt festzustellen, daß die IV. Republik zwei sich widersprechende Probleme während ihres Bestehens lösen wollte, beide aber nicht lösen konnte. Frankreich wollte zum einen Großmacht bleiben, auf gleicher Stufe mit den USA und der UdSSR stehen, und zum anderen eine unabhängige europäische Macht sein. Davon ist eine einseitige Abhängigkeit von den USA geblieben, die mit der Erkenntnis verbunden war, doch nur eine mittlere Macht darzustellen.

1.2.2 Frankreichs Stellung im internationalen System bei der Machtübernahme de Gaulles

Als die Nationalversammlung am 1. Juni 1958 General de Gaulle die Investitur erteilte und ihn nach etwas mehr als zwölfjähriger Abwesenheit wieder an die Spitze der französischen Regierung stellte, "legte Frankreich seine Zukunft in die Hände eines Mannes, der bereits integraler Bestandteil der nationalen Legende geworden war".[36] Gemäß de Gaulle stellte sich die Situation seines Landes zum Zeitpunkt der Investitur folgendermaßen dar: "Die Abwertung des Staates beeinflußt die Bindung der assoziierten Völker, den Zweifel der Armee im Kampf, den staatlichen Zerfall und den Verlust der Unabhängigkeit. Seit zwölf Jahren ist Frankreich, das mit schweren Problemen belastet ist, die durch das Parteienregime nicht zu meistern sind, in diesen verheerenden Prozeß verstrickt".[37]
Wenngleich diese typisch gaullistische Sicht den Prozeß zu einseitig zeichnet, so ist die Kritik im Kern doch berechtigt.

Es ist zweifellos richtig, daß bei der Machtübernahme de Gaulles Frankreich keineswegs unabhängig war. Im Jahr 1958 besaß Frankreich zwar eine Armee, die für den Kolonialkrieg in Algerien einigermaßen gut ausgebildet war, aber es verfügte über weniger Divisionen als die Bundesrepublik, die den stärksten Beitrag zur NATO-Verteidigung in Europa-Mitte leistete. Somit sank Frankreichs strategischer Wert innerhalb der NATO seit deren Gründung kontinuierlich, da 1958 fast drei Viertel der französischen Einheiten im Algerienkrieg gebunden waren.[38] Und gerade das Problem der Dekolonialisierung, das in Algerien drastisch offenbar wurde, schwächte Frankreichs Stellung in der NATO und rief besonders im Verhältnis zu den USA heftige Dispute hervor, "daß der Ausdruck 'Atlantische Allianz' von vielen Franzosen mit ziemlich bitterer Ironie ausgesprochen wurde".[39] Außerdem brachte der Algerienkrieg andere NATO-Staaten in Opposition zu Frankreich, die sich in den Generalversammlungen der UNO ausdrückte.
Wenngleich auf dem Gebiet der Verteidigungs- und Entkolonialisierungspolitik Frankreich im internationalen System seine Stellung verschlechterte, so hat aber die IV. Republik bei der Machtübernahme de Gaulles in der Europapolitik einen Aktivposten überlassen, der von de Gaulle aber am liebsten rückgängig gemacht worden wäre.[40] Was sich mit der Montanunion von 1950 schon andeutete, erfuhr 1957 seine Fortsetzung, als sich die BeNeLux-Staaten, Italien, Frankreich und die Bundesrepublik auf die Gründung von EWG und Euratom geeinigt hatten, deren endgültiges Ziel die politische Union sein sollte. Gerade auf diesem Gebiet sind die Bemühungen der IV. Republik als Promotor immer anerkannt worden.

1.3 Der innere Zustand Frankreichs bei der Machtübernahme de Gaulles

Die Unfähigkeit der IV. Republik, die Herausforderungen der Nachkriegszeit - nämlich das Entkolonisierungsproblem sowie den Ost-West-Konflikt - befriedigend zu lösen, war auf das engste mit dem 1946 geschaffenen Regierungssystem sowie mit den gesellschaftlichen Verhältnissen verbunden. Wurde der erste Verfassungsentwurf von 1946 sogar noch von der Mehrheit der Bevölkerung abgelehnt, so bejahten die zweite abgeänderte Vorlage 9,3 Millionen Wähler, während 8,2 Millionen dagegen votierten und 8,5 Millionen Wähler sich sogar der Stimme enthielten.[41] Die Zustimmung von etwas mehr als 35 % der französischen Wahlberechtigten war einfach zu wenig, um dem Regierungssystem von Anfang an die notwendige Legitimationsbasis zu geben.

1.3.1 Das abgewirtschaftete Regierungssystem

Neben der recht schwachen Legitimationsgrundlage wurde die IV. Republik mit einem weiteren Geburtsfehler belastet. Sie mußte sich sofort nach ihrer Konstituierung mit dem Krieg in Indochina auseinandersetzen.
Jedoch lagen weitere wichtige Gründe des Scheiterns der IV. Republik im Mißverhältnis zwischen industriell prosperierender, dynamischer Gesellschaft auf der einen Seite sowie dem Anhängen und Sehnen der Parlamentarier nach dem traditionellen Parlamentarismus auf der anderen Seite, zumal die gesellschaftlichen Voraussetzungen dieses Parlamentarismusses immer stärker schwanden.[42] Es entstand eine exkluxive Klasse von Parlamentariern und Parteiführern, die die Politik monopolisiert hatten und auf diese Weise Parteien und Parlament zum Selbstzweck herabwürdigten. Die 'politische Klasse' verstand es nicht, die Dynamik der Wirtschaft und Gesellschaft für das System nutzbar zu machen. Im Gegenteil, durch ihre Verselbständigung erreichte sie einen Antiparteieneffekt, der sich sogar manchmal bis zur Systemablehnung steigerte. Das Versagen der Parteien bestand darin, daß sie die aus dem 19. Jahrhundert stammenden ideologischen Gegensätze verschärften, praktisch auch institutionalisierten, um ihre eigene Existenz zu sichern. "Sie verhinderten damit die Herausbildung eines klaren, geläuterten Staatswillens; mehr noch: Als die entscheidenden Machtträger transponierten sie ihre Gegensätze auf die Institutionen und lähmten deren Funktionieren in einem Augenblick, da die Entkolonisierung und ganz allgemein die Anpassung Frankreichs an die neuen Gegebenheiten im Innern wie nach außen hin ein Höchstmaß an Wirksamkeit und Stabilität von ihnen verlangten."[43]
Die eigentliche Krise vom Mai 1958 erwies sich somit praktisch nur als trauriger Höhepunkt eines lang anhaltenden Regierungskarussells. In der Nationalversammlung waren stets ein Viertel bis ein Fünftel der Sitze durch die Kommunisten besetzt, die nach dem Mai

1947, als systemfeindlich abgetan, zu keiner Regierungsbildung aktiv beitragen konnten. Nach den Wahlen vom Januar 1956 erhielten die Poujadisten, eine rechtsradikale Bewegung, mehr als 50 Mandate, so daß eine regierungsfähige Mehrheit aus etwa zwei Dritteln der Mitglieder des Parlaments gebildet werden mußte. So ist es kein Wunder, daß wir in der IV. Republik insgesamt 25 verschiedene Koalitionsregierungen finden, die immer mindestens aus drei Parteien bestanden. Dieses fragwürdige Schauspiel der Regierungsbildung entfremdete die IV. Republik der Bevölkerung vollends dadurch, daß sich immer wieder dieselben Politiker die Ministerposten teilten.[44] Ein Regierungswechsel bedeutete in den wenigsten Fällen auch einen deutlichen Wechsel der Koalitionsparteien.

Die permanente Krise, die mit der Verschärfung des Algerienkrieges im Frühjahr 1956 für jedermann offensichtlich wurde, zeigte auch die schlechten Institutionen auf, die von mittelmäßigen Leuten falsch gebraucht wurden.[45] Die Unfähigkeit der Parlamentarier, sich auf eine stabile Regierung zu einigen, lieferte den sichtbarsten Beweis. Die Gegensätze waren viel zu tief, als daß ein Kabinett, das eine Verbindung sowohl nach rechts als auch nach links suchte, zum Zuge kommen konnte. Den Parlamentariern der IV. Republik blieb erneut nur noch das Rückzugsgefecht, um somit die Machtübernahme de Gaulles einzuleiten. Wieder einmal, nach 1940 und 1954, als das Parlament Pétain und Mendès-France Sondervollmachten einräumte, war es auch 1958 nicht in der Lage, eine nationale Krise zu beenden, sondern es schob General de Gaulle diese Aufgabe zu. Die Nationalversammlung sah in de Gaulle den einzigen Mann, der in der Lage war, die Disziplin in der Armee, die Legalität in Algerien unmittelbar und die Autorität im Staate später wieder herzustellen.

1.3.2 Die "katastrophale" wirtschaftliche Lage

Einer der schärfsten Vorwürfe General de Gaulles bezog sich auf die Wirtschafts- und Finanzpolitik der IV. Republik. Nach de Gaulle hatte das Parteienregime den Staat heruntergewirtschaftet.[46] Ein Blick auf objektive statistische Daten hätte de Gaulle jedoch eines besseren belehren können, denn gerade auf diesem Gebiet hatte die IV. Republik einen der wenigen Aktivposten zu verzeichnen. Der

Vorwurf de Gaulles traf zwar für die letzten drei Jahre des Bestehens der IV. Republik zu, als die Inflationsrate gewaltig stieg - im Mai 1958 allein um 0,7 %[47] - aber gleichzeitig eine ökonomische Expansion eine industrielle Produktion hervorbrachte, die weit über dem Durchschnitt aller OEEC-Länger lag.[48] So konnte sich die jährliche Zuwachsrate des Sozialprodukts immer zwischen 5 und 6 % ansiedeln,[49] was auf eine kontinuierlich wachsende Wirtschaft hindeutete. Natürlich verlief mit diesem starken Wachstum eine anwachsende Inflation parallel und relativierte wiederum diesen Zuwachs. So betrug die Inflationsrate zwischen 1949 und 1954 allein 42 %. Sie wurde in der Folgezeit aber gedrosselt und betrug mit 32 % im Zeitraum von 1954 bis 1959 schon erheblich weniger.[50] Dennoch kann nicht bestritten werden, daß sich die französische Wirtschaft zur Zeit der Machtübernahme de Gaulles in einer schwierigen Situation befand. Trotz der im Budget für 1958 vorgesehenen Sparmaßnahmen dauerte die inflatorische Tendenz weiter an.

Das stetige Ansteigen des Zahlungsbilanzdefizits wirkte sich jedoch für die IV. Republik erheblich negativer aus. Von 1,345 Milliarden US-Dollar im Jahr 1956 stieg das Defizit auf 1,76 Milliarden US-Dollar im Jahr 1957.[51] Und auch 1958 stieg das Zahlungsbilanzdefizit weiter an, was eine rasche Erschöpfung der Devisenreserven zur Folge haben mußte und schließlich zur Zahlungsunfähigkeit Frankreichs hätte führen können.
So waren bei der Machtübernahme de Gaulles zwar augenblickliche Gefahren für die französische Wirtschaft durchaus gegeben,aber das starke ökonomische Wachstum war gleichzeitig ein Zeichen für die neue Vitalität der französischen Gesellschaft, auf der die V. Republik nur aufzubauen brauchte.

1.3.3 Das Verhältnis der Bevölkerung zum Regierungssystem

Ebenso wenig, wie sich die Parlamentarier die wirtschaftliche Dynamik und Prosperität der Gesellschaft zu eigen machen konnten, hatten sie es auch nicht verstanden, die Bevölkerung für dieses System zu gewinnen. Der politischen Führung war es nicht möglich, ihre politischen und gesellschaftlichen Ordnungsvorstellungen der Mehrheit der Franzosen nahezubringen. So hatte z.B. die Bevölkerung den Indochinakrieg fast überhaupt nicht gespürt, weil es Freiwillige in Form von Berufssoldaten und Fremdenlegionären waren, die in Südostasien für Frankreich Krieg führten. Und auch das Suez-Abenteuer der sozialistischen Regierung Mollet löste keine Proteste aus, wenn man einmal von Protesten gegen die aus diesem Konflikt resultierende Benzinpreiserhöhung absieht. Erst der immer erbitterter geführte Algerienkrieg mit seinen wehrpflichtigen Toten machte die Bevölkerung mit den Schwierigkeiten der IV. Republik bekannt. Vor dem Algerienkrieg und bis zum Ende der Republik war die Bevölkerung gleichgültig und indifferent gegenüber dem Regime eingestellt. Spott, Bitterkeit und teilweise Hohn kennzeichnete ihre Einstellung. So erklärten sich im Januar 1958 bei einer Meinungsumfrage nur 4 % der Franzosen bereit, aktiv gegen einen Staatsstreich vorzugehen. Mehr als die Hälfte wollte in solch einem Fall überhaupt nicht handeln.[52] Deshalb war es auch nicht weiter erstaunlich, als durch das Komplott der Obersten in Algier der Weg für die Machtübernahme de Gaulles freigemacht wurde und kein Mensch auf die Barrikaden ging, um die Republik zu verteidigen. Bereits im Januar 1958 sprachen sich 52 % der Franzosen für einen starken Mann an der Spitze des Staates zur Lösung dieser Krise aus, während nur noch 21 % eine Partei dazu in der Lage sahen.[53]

Die Bevölkerung nahm zwar in den Tagen des Mai 1958 eifrig an der Entwicklung des politischen Geschehens Anteil. Es blieb jedoch bei einer passiven, abwartenden Haltung. So stieg z.B. der Verkauf von Radios und die Auflagen der Zeitungen in der zweiten Maihälfte um 10 % an.[54] Aber es gab keinerlei Bindungen an die IV. Republik, die es wert gewesen wäre, verteidigt zu werden. Selbst die Gewerkschaften und die Arbeiter wandten dieser Republik den Rücken zu. In der republikanischen Agonie war die Bevölkerung nur Zuschauermasse, die die Entmachtung der 'politischen Klasse' gespannt verfolgte. Der Streik der Pariser Polizei, die nicht mehr die Anordnungen ihres obersten Dienstherrn, des Innenministers, ausführte, macht nur noch deutlicher, wie tief die Kluft zwischen der Bevölkerung auf der einen und dem 'System' auf der anderen Seite war.

1.4 Die Parteien von gestern - die spätere Opposition und die Konstituierung der V. Republik

In der V. Republik sollten nach den Plänen de Gaulles die Parteien nicht mehr die bedeutende Rolle vergangener Jahre spielen. So

kommt auch der Machtverlust der Parteien bereits in der Verfassung zum Vorschein, in der ihre Stellung, insbesondere im Vergleich mit den Parteien in der Bundesrepublik, erheblich eingegrenzt wird. In der V. Republik wirken sie - laut Verfassung - lediglich bei der Wahlentscheidung mit, während sie in der Bundesrepublik an der politischen Willensbildung mitwirken.
Es wäre wenig sinnvoll, die Haltung aller Parteien der IV. Republik zur Konstituierung der V. Republik aufzuzeigen. Wir beschränken uns hier auf die bedeutendsten Parteien wie SFIO, RRRS, MRP und PCF, weil gerade sie während des gesamten Untersuchungszeitraums in der Außen- und Verteidigungspolitik in fast permanenter Opposition zur gaullistischen Verteidigungspolitik gestanden haben. Um aber die Opposition richtig würdigen zu können, müssen die Reaktionen und das Verhalten der verschiedenen Parteien in der Konstituierungsphase näher analysiert werden. Insbesondere drei Ereignisse des Jahres 1958 sollten die Einstellungen der Parteien in der Frühphase der V. Republik kennzeichnen. Zuerst ging es um die Ausarbeitung der neuen Verfassung, dann um die Neuwahlen zur Nationalversammlung, die für November 1958 angesetzt waren und schließlich um die Präsidentschaftswahlen. Mit diesen Ereignissen wurden die Weichen für die V. Republik gestellt.

1.4.1 Die SFIO

Die 1905 gegründete sozialistische Partei Frankreichs umfaßte den Reformismus Jean Jaurès' und den Marxismus Guedes'. Als sich 1920 die Mehrheit der Partei zur marxistischen Theorie bekannte, erfolgte eine Sezession des überstimmten reformistischen Flügels unter Léon Blum, der die SFIO als antikommunistische, reformistische Partei neugründete. Im Gegensatz zur PCF wollte die SFIO auf die Revolution nur als letztes Mittel zurückgreifen, und zwar nur dann, wenn sich die von Marx bezeichnete revolutionäre Situation ergäbe. Sie wollte aber nicht nur auf deren Realisierung warten, sondern auf die legale Machtübernahme hinarbeiten. Die inneren Auseinandersetzungen, die die Partei in den dreißiger Jahren erschütterten, erreichten 1940 in der Haltung gegenüber Marschall Pétain ihren Höhepunkt und drohten, zum Zerfall der Partei zu führen. Diese gewaltige Erschütterung konnte aber unter der Führung Daniel Mayers aufgehalten werden; die Partei festigte sich. Als nach den

Parlamentswahlen von 1946 die SFIO die drittstärkste Partei nach PCF und MRP wurde, sah der neue Generalsekretär Guy Mollet seine Hauptaufgabe in der Stabilisierung der Partei mittels einer Ausschaltung der verschiedenen Flügel. Von diesem Zeitpunkt an ist auch eine wachsende Vormachtstellung des Generalsekretärs der SFIO festzustellen, die aber ohne die doktrinären Schwankungen der Partei nicht zu verstehen ist.[55] So bestand auch der Widerspruch zwischen dem Gebrauch einer revolutionären Terminologie und der Praxis einer reformistischen, stark gemäßigten Politik in der IV. Republik fort.
Als sich die Staatskrise im Mai 1958 auf ihrem Höhepunkt befand, entschloß sich die SFIO entgegen ihren früheren Erklärungen - keine Regierungsbeteiligung in der gegenwärtigen Legislaturperiode - doch noch dazu, in die Regierung des Volksrepublikaners Pflimlin einzutreten. Der Grund lag in der Befürchtung eines Staatsstreichs im Mutterland, d.h. die Bedrohung der Republik, die die SFIO in der Bereitschaft de Gaulles zur Machtübernahme sah.[56] Als jedoch auch Pflimlin aufgeben mußte und de Gaulles Investitur als Ministerpräsident bevorstand, spaltete sich die SFIO an dieser Frage.[57] Wieder einmal zeigte es sich, daß es nicht allein um das 'Problem' de Gaulle ging, sondern daß sich erneut zwei verschiedene Konzeptionen des Sozialismus gegenüberstanden.[58] Die schwankende Haltung der SFIO wurde durch ihre Beteiligung an der Regierung General de Gaulles vervollständigt.

Die SFIO stand nur vor dem undurchsichtigen Schleier eines neuen politischen Systems, dessen Konturen sie nicht kannte. In der IV. Republik dagegen war das Parteiensystem stabil, wenn auch einzelne Bewegungen wie die gaullistische Sammlungsbewegung RPF und der Poujadismus als Störfaktoren des Parteiensystems auftraten. Hier wandte die SFIO alle Kraft auf, um ihre Position in diesem System aufrechtzuerhalten. Nun wurde sie mit einer ganz neuen Situation konfrontiert, in der das gesamte Parteiensystem in Frage gestellt wurde. Vor allem war der neue, höchst bedeutsame Faktor de Gaulle in das politische Kräftespiel mit einzubeziehen,[59] den aber die führenden SFIO-Politiker falsch einschätzten. Aufgrund dieser falschen Lagebeurteilung taumelte die SFIO auf dem Parteikongreß vom September 1958 in eine schwere Krise. Die neue gaullistische Verfassung, an deren Ausarbeitung SFIO-Generalsekretär und Staatsmi-

nister Mollet einen nicht geringen Anteil hatte, führte zur endgültigen Spaltung der Partei. Nachdem sich die SFIO-Fraktion am 7. August 1958 einstimmig, bis auf eine Ausnahme, gegen die Verfassung ausgesprochen hatte, weil sie in ihr Gefahren für die Republik befürchtete, stimmten 2.687 Parteitagsdelegierte gegen 1.176 Delegierte für die Annahme der neuen Verfassung,[60] die zur Volksabstimmung unterbreitet werden sollte. Die Parteitagsabstimmung war der Anlaß für eine Gruppe von Delegierten unter der Führung von Edouard Depreux, Robert Verdier, Alain Savary und Oreste Rosenfeld die Partei zu verlassen, um die Sozialistische Autonome Partei (PSA) zu gründen. Die neue Partei wollte allen jenen Wählern eine Heimat bieten, die von der SFIO enttäuscht waren, die aber nicht die Kommunisten wählen wollten, aber dennoch den Kapitalismus zu überwinden trachteten.[61]
Die Abspaltung der PSA bedeutete einerseits eine Schwächung der SFIO, andererseits konnten aber nun auch den Wählern klare Alternativen aufgezeigt werden. Die Wahlen zur Nationalversammlung sollten darüber Aufschluß geben.

Das Ergebnis des Referendums über die Verfassung hatte sämtliche gaullistische Erwartungen und gleichzeitig alle kommunistischen Befürchtungen übertroffen, so daß sich zwei Tage nach dem Referendum die SFIO von ihrer halbherzigen Unterstützung befreite und blitzartig auf den fahrenden Zug aufsprang, um bei den Wahlen zur Nationalversammlung gut abzuschneiden. Die Lösung hieß nun: "Die SFIO ist die Avant-Garde der V. Republik".[62] Die gewaltige Unterstützung von etwas mehr als zwei Dritteln aller Franzosen im Wahlalter gaben de Gaulle eine sehr starke Legitimationsbasis, von der auch die SFIO durch ihre neueste Entscheidung zu partizipieren hoffte.

Die Wahlen vom November 1958 brachten aber für die SFIO nicht den erhofften Gewinn. Im großen und ganzen behielten sie ihren Wähleranteil; jedoch verloren die Sozialisten durch das modifizierte Wahlsystem über die Hälfte der Mandate, so daß die Partei nur noch mit 40 anstelle der bisher 88 Abgeordneten in der neuen Nationalversammlung vertreten war.[63] Die Abspaltung der PSA hatte der SFIO aber nicht geschadet.[64] Dagegen wirkte sich jedoch die Weigerung Mollets, mit der PCF Wahlbündnisse einzugehen, negativ aus. Aus der fehlenden Absprache zwischen Sozialisten und Kommunisten profitierten im 2. Wahlgang insbesondere die Gaullisten. Insgesamt gesehen waren die Wahlen für die Sozialisten wenig ermutigend; die Regierungsbeteiligung zahlte sich nicht aus. Dem Wähler konnten die SFIO-Leistungen in der kurzen Regierung de Gaulle nicht klargemacht werden. Der Wähler unterstützte in erster Linie de Gaulle. Das Verfassungsreferendum und die Parlamentswahlen waren der eindrucksvollste Beweis dafür: "Opposition hätte eine Katastrophe bei den Wahlen bedeuten können",[65] meint Williams. So mußte die SFIO auf dieser Welle mitschwimmen und auch folgerichtig de Gaulle bei der anstehenden Präsidentenwahl unterstützen, obgleich von der nichtkommunistischen Sammlungsbewegung UFD für die nichtkommunistische Linke der Wissenschaftler und Zählkandidat, Chatalat, nominiert wurde. De Gaulles Taktik war glänzend aufgegangen. Die Spaltung der Linken war ihm gelungen. Die SFIO, gebunden durch die Regierungsverantwortung, konnte für alle Mißerfolge verantwortlich gemacht werden!

1.4.2 Die Radikalsozialisten (RRRS)

Die Radikalsozialisten waren neben den Volksrepublikanern die klassische Koalitionspartei der IV. Republik. Die 1901 gegründete Partei trug seit 1947 ständig Regierungsverantwortung und war somit eine der Hauptstützen der IV. Republik. Ihre geringe Mitgliederzahl von nie mehr als etwa 20.000[66] registrierten Anhängern erlaubte es nie, eine straff organisierte Kaderpartei zu werden. Sie war mehr eine Partei der politischen Individualisten; eine Partei, die sich durch eine große ideologische Bandbreite auszeichnete. Als Stützungspartei der IV. Republik mußte sie naturgemäß de Gaulle das größte Mißtrauen entgegenbringen. Aber ebenso wie die SFIO waren auch die Radikalsozialisten in verschiedene Flügel aufgeteilt, so daß mit dem Eintritt des Abgeordneten Berthoin in de Gaulles Kabinett sich eine Spaltung der Partei andeutete. Für de Gaulle stellten die Radikalsozialisten keinen politischen Faktor mehr da, zumal er ihnen - trotz ihrer Regierungsbeteiligung - kein Staatsministerium wie den anderen Koalitionsparteien zuwies. Die bei der Zustimmung zu de Gaulles Investitur aufgetretene Spaltung der Radikalsozialisten erreichte ihren Höhepunkt auf dem Jahreskongreß der Partei. In der Frage über die Volksabstimmung über die neue Verfassung sprachen sich 716 Delegierte für die Annahme und

544 Delegierte dagegen aus.[67] Damit war die Spaltung vollzogen, die Partei hatte sich als politische Kraft selbst geschwächt. Die Folgen spürten die Radikalsozialisten bei den Wahlen zur Nationalversammlung im November 1958. Neben den Kommunisten waren sie die eigentlichen Verlierer der Wahl. Sie stellten anstelle der bisherigen 75 Abgeordneten nur noch 25 Parlamentarier[68] und wurden damit zu einem wenig bedeutsamen Faktor der französischen Politik. Auch gegenüber dieser Partei war die Taktik de Gaulles vollends aufgegangen.

1.4.3 Die Volksrepublikaner

Die Volksrepublikaner, gemeinhin zu den Linksparteien gezählt, obgleich es auch in dieser Partei immer verschiedene Flügel gab, waren neben den Radikalsozialisten die klassische Koalitionspartei der IV. Republik. Sie trat 1958 in die Regierung de Gaulle ein, um besonders ihr außenpolitisches Programm - die europäische Einigung - voranzutreiben. Seit 1962 stand sie in totaler Opposition zu de Gaulle. Die MRP, die mit ihrem Parteivorsitzenden Pflimlin den letzten Ministerpräsidenten vor der Machtübernahme de Gaulles stellte, überwand den Regierungseintritt in de Gaulles Kabinett ohne Spaltung. Zwar folgte eine kleine Minderheit Georges Bidault, der ein Anhänger des 'Algérie française' war, aber im ganzen gesehen war die Trennung bedeutungslos. Mit 70 von 74 Stimmen sprach sich die MRP-Franktion sehr eindeutig für de Gaulle aus,[69] in dem sie den einzigen Mann zur Überwindung der Staatskrise sah. Das bedeutete für sie selbstverständlich - wenngleich vorsichtige - Unterstützung für die neue Verfassung und auch für die Präsidentschaftskandidatur de Gaulles, zumal sie mit 57 Abgeordneten in die neue Nationalversammlung einzog und eine relativ starke Fraktion bildete.[70]

1.4.4 Die PCF (Kommunisten)

Bereits vor der Machtübernahme de Gaulles war sicher, daß die 1920 gegründete Kommunistische Partei dem Gaullismus feindlich gegenüberstehen würde. Seit 1947, als der Sozialist Ramadier die drei kommunistischen Regierungsmitglieder entlassen hatte, lebte die

PCF in einem z.T. selbst gewählten Ghetto. Die ca. 20-25 % Stimmen, die sie bei den Wahlen zur Nationalversammlung regelmäßig gewinnen konnte, erschwerten die bereits ohnehin schwierigen Koalitionsbildungen noch um ein Vielfaches. Die PCF ist die einzig bedeutende Partei, die von Anfang an in Opposition zur V. Republik steht. Bereits am 16. Mai 1958, also kurz nach de Gaulles Bereitschaft, die Macht in der Republik zu übernehmen, bekämpfte sie den General, weil sie in ihm den militärischen Diktator sah, der den Staatsstreich von Algier in Paris fortsetzen wollte. So stimmte sie geschlossen gegen seine Investitur als Ministerpräsident.[71]
Die PCF, die nicht unwesentlich zum Scheitern der IV. Republik beigetragen hatte, versuchte nun, sich in die Position eines Verteidigers dieser Republik zu stellen! Sie lehnte deshalb auch die neue Verfassung ab. Hierbei zeigte es sich jedoch, daß die Kommunisten zu hoch gereizt hatten. Die Nein-Stimmen des Referendums waren geringer als ihre Stimmen bei der Wahl zur Nationalversammlung von 1956 - und das, obwohl die Wahlbeteiligung beim Referendum wesentlich höher lag.[72]
Die Verluste der Kommunisten sollten aber erst bei den Parlamentswahlen ihren Höhepunkt erreichen. Es war das erste Mal seit dem Ende des 2. Weltkriegs, daß die PCF die 5-Millionen-Grenze nicht überspringen konnte und sich mit 3,8 Millionen Stimmen begnügen mußte.[73] Damit hatten die Kommunisten fast ein Drittel der Wähler verloren, von denen ein nicht unerheblicher Teil zum Gaullismus übergewechselt war. Dieser Umschwung hatte sich bereits beim Verfassungsreferendum angedeutet. Durch das absolute Mehrheitswahlsystem mit zwei Wahlgängen war die PCF zwar benachteiligt; jedoch kann dieses Wahlsystem allein nicht den Rückgang von 140 auf 10 Mandate erklären.[74] Somit stand die PCF als einziger gefährlicher Gegner des Gaullismus außerhalb des Systems. Das Ghetto konnte nicht verlassen werden!

2 Das Regierungssystem und die Verteidigungspolitik

Will man die Möglichkeiten der Opposition untersuchen, bestimmte politische Entscheidungen in einem bestimmten Bereich verhindern oder beeinflussen zu können, so muß man sich erst einmal die Kompetenzverteilung des zu untersuchenden Teilgebietes vergegenwärtigen. Die Verfassung der V. Republik[1] zeichnet sich gerade auf dem Gebiet des Verteidigungswesens durch eine bewußte Unklarheit aus, die sich erst mit Hilfe der verschiedenen Zusatzgesetze sowie der politischen Praxis eindeutiger analysieren läßt.

2.1 Die Exekutive

Für die Exekutive ergibt sich im semi-präsidentiellen Regierungssystem anders als im parlamentarischen Regierungssystem folgende Struktur:
An der Spitze der Exekutive steht der unmittelbar vom Volk auf sieben Jahre gewählte Staatspräsident, der nicht nur die Quelle der exekutiven Gewalt darstellt, sondern sich auch durch eine Reihe von ordentlichen und außerordentlichen Befugnissen auszeichnet.[2] Zweites Strukturmerkmal ist der Ministerrat, der unter dem Vorsitz des Staatspräsidenten als höchstes Kollegialorgan der Exekutive zu einer Reihe von Handlungen verpflichtet ist, die ihm von der Verfassung ausdrücklich als solchem zugeschrieben sind. Eine hervorgehobene Stellung besitzt der Premierminister, der die Regierungstätigkeit leitet und damit gleichfalls an der Spitze der Exekutive steht, deren Tätigkeit er gegenüber der Nationalversammlung zu verantworten hat.
Schließlich bestimmt und leitet die Regierung die Politik der Nation, wozu sie über die Verwaltung und die Armee verfügt. Die Definition der Verteidigungspolitik wird allerdings durch den Ministerrat, d.h. unter Vorsitz und Beteiligung des Staatspräsidenten vorgenommen und damit die Entscheidung der dualistischen Exekutive übertragen.

Ein wichtiges, von der Verfassung nur z.T. vorgesehenes Strukturmerkmal in der Verteidigungspolitik bilden die interministeriellen Ausschüsse unter Vorsitz des Staatspräsidenten, die sich mit gewissen Teilproblemen der Politik befassen und diese somit praktisch der Kompetenz der anderen Verfassungsorgane entziehen.

2.1.1 Der Präsident und seine Verantwortung in der Verteidigungspolitik

Wie in fast allen politischen Systemen ist auch in der V. Republik dem Staatspräsidenten das Ernennungsrecht über die zivilen und militärischen Staatsämter übertragen worden.[3] Die wichtigsten Aufgaben des Präsidenten im Verteidigungswesen werden im Artikel 15 der Verfassung genannt, in dem es wie folgt heißt: "Der Präsident der Republik ist Oberbefehlshaber der Streitkräfte. Er führt den Vorsitz in den obersten Räten und Ausschüssen der nationalen Verteidigung."[4] Der traditionelle Titel eines Oberbefehlshabers hat, verfassungstheoretisch gesehen, eigentlich nur symbolischen Wert. Unter dem Generalpräsidenten de Gaulle hatte sich aber diese symbolische Bedeutung in eine effektive verwandelt. Die Bestimmungen über den Vorsitz im Hohen Verteidigungsrat, im Engen Verteidigungskommitee und im Verteidigungskommittee geben dem Präsidenten die Möglichkeit, die Verteidigungspolitik nachhaltig zu beeinflussen,[5] wenn auch durch die Zersplitterung der Verantwortung die Beeinflussung relativiert wird. Allerdings hat der Staatspräsident eine Möglichkeit mit Hilfe des Artikels 16 - in Krisenzeiten - auch die Verteidigungspolitik eigenständig zu bestimmen.
De Gaulle hatte sich zusätzlich noch auf den Artikel 5 der Verfassung berufen, wonach der Präsident der Garant der nationalen Unabhängigkeit ist und über die Integrität des Staatsgebietes wacht. Diesen Artikel hatte de Gaulle nachhaltig für die Verteidigungspolitik in Anspruch genommen, da er darin überhaupt die Grundlage seines Handelns sah. Er schreibt dazu: "Endlich bedarf es keiner Erwähnung, daß ich unserer Verteidigung meinen Stempel aufdrücke; ihre Umwandlung wird nach meinen Anweisungen trassiert, und Moral und Disziplin aller ihrer Angehörigen gehören in meine Domäne; dies geschieht aus offenkundigen Gründen, die in meiner Person liegen, aber auch, weil in unserem Institutionen der Staatspräsident für die 'Unversehrtheit des Hoheitsgebiets' verantwortlich und 'Oberster Befehlshaber der Armeen' ist und weil er den 'Räten und Ausschüssen der nationalen Verteidigung' vorsitzt".[6] Diese Forderungen de Gaulles fanden ihre juristische Verwirklichung im Dekret no 62-808 vom 18.7.1962, in dem die Stellung des Staatschefs be-

tont wird. "Der Akzent wird, beginnend mit dem 1. Artikel, auf die Rolle des Staatschefs wie auch auf die des Präsidenten der Räte gelegt. Der Premierminister erscheint von nun an mit verringerten Kompetenzen, der lediglich die Überwachung der Ausführung der Direktiven durchzuführen hat, die in den Verteidigungsräten durch den Präsidenten der Republik getroffen worden sind. Praktisch sind die Funktionen des Regierungschefs nur nomineller Natur".[7]

Schließlich war während des Aufbaus einer nationalen nuklearen Streitmacht durch die Verfügungsgewalt über Kernwaffen ein Problem entstanden, das in der Verfassung von 1958 noch nicht vorgesehen war. Durch das Dekret vom 14. Januar 1964 wurde der Staatspräsident zum alleinigen Befugten, den Einsatzbefehl für die strategischen Luftstreitkräfte zu geben. "Zum ersten Mal mußte es die Regierung erleben, daß die Entscheidungsgewalt auf dem Gebiet des Verteidigungswesens beim Staatschef und nicht bei den Räten oder Verteidigungskomitees liegt", schreibt dazu Chantebout.[8] Diese alleinige gesetzmäßige Verantwortung wurde bereits vom damaligen Armeeminister Messmer auf politischer Ebene antizipiert, als er 1963 in der offiziösen Militärzeitschrift Revue de Défense Nationale schrieb, daß der Staatschef allein die Befehlsgewalt über die strategischen Streitkräfte besäße[9].

2.1.2 Der Premierminister

Die Verfassung von 1958 sagt knapp, daß der Premierminister "für die nationale Verteidigung verantwortlich" ist. Der Terminus 'verantwortlich' ist einer der inhaltsreichsten und inhaltslosesten zugleich. Wie soll ein Premierminister seiner Verantwortung in der nationalen Verteidigung nachkommen, wenn der Staatspräsident allein den Einsatzbefehl über die Nuklearstreitkräfte besitzt? Vor dieser faktischen Verfassungsänderung erschien der Premierminister verschiedenen Beobachtern als Schlußstein (clef de voute) jeglicher Organisation der nationalen Verteidigung[10]. Mit der Ordonnanz vom 7. Januar 1959[11] erfährt dieser Bereich die notwendige Präzisierung, die insbesondere die Kompetenzen des Premierminister vom Staatspräsidenten deutlich abgrenzt. Im Artikel 9 der Ordonnanz heißt es dazu: "Der für die Landesverteidigung verantwortliche Premierminister übt die allgemeine Leitung und die militärische

Leitung der Landesverteidigung aus. In dieser Eigenschaft formuliert er die allgemeinen Anweisungen für alle Beratungen. Er faßt die Beschlüsse in Hinblick auf die Vorbereitung und die oberste Leitung der Operationen und gewährleistet die Koordinierung der Aktivität aller Ministerien im Bereiche der Landesverteidigung"[12]. Es wird in dieser Ordonnanz aber nichts über die Entscheidungshilfen des Premierministers oder über die Überwachung seiner Direktiven ausgesagt. Zweifellos bilden die verschiedenen Beratungsgremien, wie das engere Verteidigungskomitee sowie der Armeeminister für den Premierminister wesentliche Entscheidungshilfen, zumal sie alle gemäß seinen Richtlinien oder unter seiner Autorität arbeiten. "Es war der Premierminister, und nicht der Staatschef, der die allgemeine Richtung und die militärische Richtung der Verteidigung bestimmte, der über die Vorbereitung und die Durchführung der Operationen entschied. ... Es geschah unter seiner Autorität im Rahmen seiner Direktiven, daß der Innenminister die übrigen von der Verteidigungspolitik betroffenen Minister, das wissenschaftliche Aktionskomitee und das interministerielle Komitee arbeiteten"[13].

War somit der Premierminister tatsächlich der entscheidende Akteur auf dem Gebiet der Landesverteidigung, so hat die Reform vom Juli 1962, also nachdem das erste Kabinett Pompidou gebildet worden war, einige grundlegende Änderungen gebracht. Gemäß der Ordonnanz vom 7. Januar 1959 wurden in verteidigungspolitischen Angelegenheiten die Entscheidungen von ihm *allein* im Verteidigungskomitee und im Engeren Verteidigungskomitee getroffen. Von nun an wurden es die Vereinigten Komitees unter dem Vorsitz des Präsidenten der Republik, die über die Entscheidungsgewalt verfügten[14]. Somit hatte sich ein Prozeß vollzogen, der die eigentliche militärische Entscheidungsbefugnis vom Premierminister weg zum Staatspräsidenten hin verlagerte.

2.1.3 Der Verteidigungsminister

Die Position des französischen Verteidigungsministers unterschied sich erheblich von der seines deutschen Kollegen. Während der Bundesverteidigungsminister die Befehls- und Kommandogewalt im Frieden ausübt, hat der französische Verteidigungsminister auf diesem Gebiet keinerlei Kompetenzen. Im wesentlichen erstrecken sich die

Befugnisse des französischen Verteidigungsminister, der von 1958 bis 1962 nur Armeeminister hieß und somit in der Kabinettshierarchie auch niedriger rangierte, auf die Organisation und Struktur der Armee. Die Rangstellung des Armeeministers wird äußerlich schon dadurch erkennbar, daß er im Verteidigungskabinett erst an vorletzter Stelle genannt wird und der Außen- und Innenminister noch vor ihm rangieren. Gemäß Artikel 16 der Ordonnanz vom 7. Januar 1959 ist der Armeeminister unter der Autorität des Premierministers für die Ausführung der Militärpolitik und besonders für die Organisation und die Verwaltung der Armee zuständig. Es ist deshalb nicht zu unrecht darauf hingewiesen worden, daß die Landesverteidigung eine Art eigenes Portefeuille des Premierministers darstellt[15], was allerdings nur bis 1962 zutrifft.
Der Armeeminister erhält lediglich eine besondere Bedeutung in dem recht unwahrscheinlichen Fall, daß außerordentliche Ereignisse das ordnungsmäßige Funktionieren der öffentlichen Gewalten unterbrechen und die gleichzeitige Vakanz der Ämter des Präsidenten der Republik, des Präsidenten des Senats und des Premierministers bewirken. In diesem Fall übernimmt der Armeeminister die Verantwortung und Befugnisse im Bereich der Landesverteidigung.
Als 1962 das Kabinett Debré durch das Kabinett Pompidou ersetzt wurde, erhielt das Armeeministerium eine Aufwertung, als von nun an der ihm vorstehende Leiter zum Minister für Landesverteidigung ernannt wurde; im darauffolgenden Dekret, das die Kompetenzen neu regelte, wurde er jedoch wieder als Armeeminister bezeichnet. Doch in diesem Dekret wurden die Aufgaben des Ministers festgelegt und damit eine Ergänzung zu der Ordonnanz vom Januar 1959 vorgenommen. Eine Erweiterung des Kompetenzbereiches wurde expressis verbis in der Teilnahme an internationalen Verteidigungsverhandlungen, der Leitung der militärischen Missionen im Ausland und die militärische Repräsentation im Rahmen militärischer Bündnisse ausgesprochen[16].
Eine einschneidende Änderung trat bei der Regierungsbildung im Sommer 1969 ein, als unter der Präsidentschaft Pompidous der neuernannte Premierminister Chaban-Delmas das Verteidigungsministerium mit Michel Debré besetzte und diesen gleichzeitig zum Staatsminister, also zum ranghöchsten Minister ernannte[17]. Mit der Übernahme dieses Ministeriums durch Debré wurde auch gleichzeitig der Aufgabenbereich durch ein neues Dekret verändert. Danach bereitet

der Verteidigungsminister auf Geheiß des Premierministers die allgemeinen Richtlinien für Verhandlungen im Verteidigungsbereich vor; koordiniert die Vorbereitung und Durchführung der verschiedenen Maßnahmen auf dem Gebiet der Verteidigung, die von anderen Ministerien übernommen werden; präsidiert dem interministeriellen Komitee und verfügt über das Generalsekretariat der nationalen Verteidigung, das bisher allein dem Premierminister zur Verfügung stand. "Die starke Persönlichkeit Debrés und die Stellung, die er innerhalb der Mehrheitspartei einnimmt, enthalten die Gefahr, die Autonomie des Verteidigungsministeriums gegenüber allen anderen Diensten des Staates zu stärken. Aber diese Gefahr bleibt dennoch aus ökonomischen und militärhaushaltstechnischen Gründen begrenzt ..."[18].

Die Gründe für die protokollarische und inhaltliche Heraufstufung des Armeeministeriums in ein Staatsministerium für Nationale Verteidigung müssen in der Person Michel Debrés gesehen werden, der als Wahrer des "echten Gaullismus" das Kernstück dieser Ideologie, die Verteidigungspolitik, nachhaltig beeinflussen wollte. Die Regierungsbildungen nach den Märzwahlen von 1973 haben gezeigt, daß nach dem Ausscheiden Debrés aus dem Verteidigungsministerium die nachfolgenden Verteidigungsminister Galley, Soufflet und Bourges den anderen Kabinettsmitgliedern gleichgestellt sind, und das Verteidigungsministerium nicht länger ein Staatsministerium ist.

2.1.4 Die Verteidigungskomitees

Wie in fast allen anderen Demokratien existiert auch in Frankreich ein Verteidigungsrat, der sich aber doch sehr stark vom amerikanischen Sicherheitsrat und dem bundesdeutschen Verteidigungsrat unterscheidet. In Frankreich gibt es nämlich verschiedene Verteidigungsräte, die in der Ordonnanz vom Januar 1959 als Beratungsorgane des Premierministers vorgesehen waren. Mit dem Dekret vom Juli 1962 wurden diese Gremien aber zu Beratungsorganen des Präsidenten und "gewährleisten die Gesamtrichtung der nationalen Verteidigung"[19]. Seit 1962 hat es sich eingebürgert, daß diese Gremien nicht länger "comité" sondern "conseil" genannt werden, weil sie unter der Leitung des Staatspräsidenten tagen und die Sitzungen der "Comités" durch andere Persönlichkeiten präsidiert werden.

"Die Entscheidungen über die allgemeinen Richtlinien der Verteidigungspolitik werden im Verteidigungskomitee getroffen"[20], heißt es in der Ordonnanz vom Januar 1959. Die Definition der Verteidigungspolitik erfolgt allerdings im Ministerrat, d.h. der französischen Regierung unter Vorsitz des Staatspräsidenten. So kann man den Verteidigungsrat als das eigentliche Verteidigungskabinett ansehen, das sich unter Vorsitz des Präsidenten der Republik aus dem Premierminister, dem Außenminister, dem Innenminister, dem Armeeminister sowie dem Wirtschafts- und Finanzminister zusammensetzt. Gegebenenfalls kann der Präsident einen anderen Minister oder eine andere Persönlichkeit hinzuziehen, wenn deren Kompetenz es ihm notwendig erscheinen läßt[21]. In diesem Gremium werden die wichtigsten Entscheidungen der Landesverteidigung getroffen. Es findet also eine Vorformulierung statt, die die Beschlüsse des Ministerrats nicht nur vorbereitet, sondern praktisch auch vorwegnimmt, da die wichtigsten Minister in diesem Verteidigungsrat Sitz und Stimme haben und selbst im Ministerrat nicht mehr überstimmt werden können.

"Die Entscheidungen über die militärischen Richtlinien der Verteidigung werden im engeren Verteidigungskomitee getroffen"[22]. Sie zielen insbesondere auf die zu verfolgenden Ziele, die Annahme und Koordination der verschiedenen strategischen Pläne, die allgemeine Gliederung der Streitkräfte sowie die Maßnahmen zur Versorgung der Armeen mit Waffen und Gerät. Das engere Verteidigungskomitee, dem ebenfalls der Staatspräsident vorsitzt, wird vom Premierminister ad hoc einberufen. Für ihn ergibt sich mit Hilfe dieses Gremiums eine Möglichkeit, stärkeren Einfluß auf die Verteidigungspolitik auszuüben, da er die Zusammensetzung dieses Gremiums zu jeder Sitzung neu bestimmen kann. Zusätzlich wird seine Stellung durch die ausdrückliche Erwähnung der Vertreterbefugnis des Präsidenten in diesem Gremium gestärkt.

Schließlich verfügt die Regierung gemäß Artikel 8 der Ordonnanz vom 7. Januar 1959 noch über den Hohen Verteidigungsrat, dessen Zusammensetzung durch ein Dekret bestimmt wird und der unter dem Vorsitz des Staatspräsidenten tagt. Dieses Gremium, das mit dem wissenschaftlichen Beirat beim deutschen Bundesverteidigungsministerium verglichen werden kann, soll über die Probleme der Landesverteidigung beraten und der Regierung als Entscheidungshilfe dienen.

2.2 Die Entwicklung der Verantwortung in der Exekutive auf dem Verteidigungssektor

Mit der Ordonnanz vom 7. Januar 1959 wurde die Kompetenzverteilung und Verantwortlichkeit der Exekutive im Bereich der Landesverteidigung eindeutig zugunsten des Premierministers geregelt, so daß er - juristisch gesehen - in der Tat die Schlüsselfigur der gesamten Verteidigungspolitik darstellte. Doch bereits in der Anfangsphase der V. Republik zeigte es sich, daß Staatspräsident de Gaulle einen immer stärkeren Einfluß, dank seiner Persönlichkeit und dank seiner Auffassung über die konstitutionelle Rolle eines Staatschefs, auf die Verteidigungspolitik ausübte. Diese faktische Verfassungsänderung findet ihre juristische Absicherung im Dekret von 1962. Von nun an ist es nicht mehr der Premierminister allein, dem die Entscheidungskompetenz in vielen wichtigen Fragen zugestanden wird, sondern es ist der Präsident, der im Einvernehmen mit den Mitgliedern der jeweiligen Komitees die Entscheidungen trifft. Bald machte es sich der Präsident der Republik zur Gewohnheit, dem Premierminister, selbst wenn die Verteidigungskomitees nicht getagt hatten, globale Direktiven zu erteilen, so daß dieser sich darauf beschränkte, dem Generalstab, der unter seiner Autorität steht, die Verteidigungspolitik zu entwickeln. Wurde durch das Dekret vom Juli 1962 die Rolle des Staatschefs bereits sehr stark aufgewertet, so wird sie durch das Dekret vom Januar 1964 potenziert. Mit der alleinigen Verfügungsgewalt über den Einsatz der Nuklearstreitkräfte ist es der Präsident, der auch die letzte Verantwortung für die Verteidigungspolitik trägt. Der Verfassungsartikel über die Verantwortlichkeit des Premierministers in der Verteidigungspolitik wird damit zur Fiktion, der Premierminister in seinen Kompetenzen hinsichtlich der Verteidigungspolitik eingeengt.

Auch der Armeeminister hatte in der Amtszeit de Gaulles lediglich verwaltende Funktionen, d.h. er mußte als Ausführungsorgan des Staatschefs angesehen werden. Aber nach dem Abgang des Gründers der V. Republik und der Übernahme des Armeeministeriums durch Michel Debré wurde die Rolle des nun für die gesamte Landesverteidigung zuständigen Ministers im Dekret vom Juli 1969 präzisiert. In diesem Dekret muß man eine Aufwertung des Ministers für Landesverteidigung sehen, die aber mit der Persönlichkeit Debré in engem Zusammenhang steht.

2.3 Nationalversammlung und Verteidigungspolitik

In der halb-parlamentarischen und halb-präsidentiellen Mischform des französischen Regierungssystems hat das Parlament einen anderen Stellenwert, der bereits an einem formalen Verfassungsvergleich deutlich wird.
Die extreme Ausweitung der Befugnisse der Nationalversammlung der IV. Republik hatte die Verfassungsschöpfer von 1958 dazu veranlaßt, die Kompetenzen der Nationalversammlung der V. Republik einzuengen. Diese Eingrenzung ist durch den sogenannten rationalisierten Parlamentarismus zur Wirklichkeit geworden und machte sich dementsprechend auch im Verteidigungsbereich bemerkbar. So ist es nicht mehr die Nationalversammlung, sondern der Präsident der Republik, der die Internationalen Verträge, also auch die Friedensverträge, ratifiziert[23]. Während in der parlamentarischen Demokratie der Bundesrepublik Deutschland internationale Verträge der Zustimmung oder Mitwirkung des Bundestages und des Bundesrates bedürfen, wie es jüngst die deutsch-sowjetischen und deutsch-polnischen Verträge in aller Klarheit gezeigt haben, ist in Frankreich die Nationalversammlung davon ausgeschlossen. Obwohl es z.B. nach den Friedensverträgen mit Algerien 1962 eine Debatte im Parlament im Anschluß an die Unterzeichnung dieser Verträge gab, wurde darüber nicht abgestimmt. Die Verträge wurden mit Hilfe des Referendums durch das französische Volk ratifiziert[24]. Allerdings besitzt die Nationalversammlung das jus belli ac pacis, d.h. sie entscheidet über den Kriegseintritt der V. Republik[25]. Damit ist der Nationalversammlung nur - wie übrigens auch vielen anderen Parlamenten - das Recht gegeben, am Schluß einer Entwicklung eine Entscheidung zu treffen. Auf die Umstände, die zu dieser Entscheidung geführt haben, kann sie allerdings keinen Einfluß ausüben.

In einem Teilaspekt der Verteidigungspolitik, nämlich der Organisation der nationalen Landesverteidigung, wird der Nationalversammlung die gesetzliche Mitarbeit ausdrücklich zugesprochen. Das

Mitwirkungsrecht in der Bestimmung der Verteidigungspolitik steht ihr aber nicht zu, da sich das Plenum lediglich an der Organisationsgewalt beteiligen kann. Eine weitere Einschränkung wird durch die Kompetenzverteilung in der Verteidigungspolitik zugunsten des Premierministers und des Präsidenten vorgenommen.

2.3.1 Der Verteidigungsausschuß

Traditionell spielten die Ausschüsse in der III. und IV. Republik eine bedeutende Rolle. In der IV. Republik waren sie die eigentlichen politischen Zentren, in denen die Entscheidungsfindung vorgenommen wurde und dadurch oft die Regierungen zu reinen Befehlsempfängern der Ausschüsse degradiert wurden. Um diesem Ausschußunwesen entgegenzuwirken, haben die Verfassungsschöpfer auch in diesem Bereich den rationalisierten Parlamentarismus eingebaut, der eine Einschränkung der Parlamentsautonomie bedeutet. Gab es in der IV. Republik 19 von der Nationalversammlung bestimmte Ausschüsse, so sind sie in der V. Republik auf sechs begrenzt worden. Es ist jedoch mehr als fraglich, ob eine derart drastische Herabsetzung der Ausschüsse zu einer größeren Effizienz der Parlamentsarbeit beitragen kann. Vielmehr existieren jetzt Ausschüsse von 60 bis 90 Parlamentariern, die durch ihre personelle Stärke notwendigerweise funktionsunfähig werden müssen. Der "Ausschuß für nationale Verteidigung und Streitkräfte" setzt sich aus 90 Mitgliedern zusammen[26].
Es ist wenig einsichtlich, wie ein derart großes Gremium die eigentlichen Arbeiten eines Ausschusses - nämlich Ausarbeitung und Behandlung von Gesetzen sowie Information des Parlaments - gewährleisten kann, damit das Parlament seine Kontrollfunktion wahrnehmen kann. Gerade auf einem Gebiet, in dem die Geheimhaltung mehr als nur eine Tradition bedeutet, ist solch eine große Zahl von Abgeordneten ineffizient. Oder es folgt daraus, daß ja gerade ein Ausschuß, der mehr Informationen als das Plenum durch die Regierung erhalten soll, eigentlich überflüssig wird.

Da aber auch im französischen Regierungssystem die Regierung die Unterstützung der Mehrheit der Nationalversammlung für die Verwirklichung ihrer Politik bedarf, haben die Ausschüsse andererseits eine nicht zu unterschätzende Bedeutung, insbesondere für die Regierung. So bildet der Verteidigungsausschuß das Prüffeld für die Verteidigungspolitik der Regierung, da sich in ihm auch in etwa die Paritäten der Nationalversammlung widerspiegeln. In diesem Gremium kann dem zuständigen Minister eventuell doch die eine oder andere Information 'entlockt' werden, die er dem Plenum vielleicht nicht geben würde.

2.3.2 Parlamentarische Opposition und Verteidigungspolitik

Im Mehrparteiensystem der V. Republik ist die Opposition im Vergleich mit der BRD oder England durch die Vielfältigkeit der Oppositionsparteien gekennzeichnet, d.h. sie setzt sich hier aus mehreren Parteien zusammen, die aber keine einheitliche, gemeinsame Oppositionspolitik gegenüber der gaullistischen Regierung treiben, sondern sich nur in gewissen Teilgebieten zu einer gemeinsamen Haltung zusammenfinden.

Da sich auch im Zuge der Entwicklung des parlamentarischen Regierungssystems die Trennung zwischen Regierung einerseits und Parlament andererseits nicht mehr aufrechterhalten ließ, geht der Graben heute mitten durch das Parlament und trennt die Regierungsmehrheit von der Oppositionsminderheit. Im Mischsystem der V. Republik muß auch der Staatspräsident zur Regierungsmehrheit gezählt werden.

Damit ist auch eine Änderung der Kontrollfunktion des Parlaments verbunden. Die früher vom gesamten Parlament ausgeübte Kontrolle ist praktisch auf die Opposition übergegangen, da sich in der Regel die Mehrheitsfraktion(en) schützend hinter die Regierung stellen wird (werden)[27]. Die parlamentarische Opposition als Minderheit kann logischerweise allein die Regierung nicht stürzen und auch nicht Regierungsmaßnahmen verhindern, wie es die Nationalversammlung der IV. Republik als Gegenspieler der Regierung oft getan hat. Gerade auf dem Gebiet der Landesverteidigung, die für eine Nation wichtiger als alle anderen politischen Teilgebiete sein kann, wie es das französische Beispiel von 1940 drastisch beweist, wird der Opposition nicht so mehr die Aufgabe einer Kontrollinstanz - im Sinne einer Aufzwingung des oppositionellen Willens - zufallen, sondern vielmehr die Rolle einer institutionalisierten Kritik. Damit sie diese neue Rolle auch in adäquater Weise ausfüllen kann, muß sich die Opposition ihrer Möglichkeit zur Ver-

wirklichung dieses Zieles bewußt werden.
Zunächst bieten sich die Debatten im Anschluß an Regierungserklärungen an, die grundsätzlich einen großen Teil an außenpolitischen und notwendigerweise verteidigungspolitischen Themen enthalten. Hier kann sich die Opposition als Alternative zum Regierungsprogramm präsentieren. Sie kann aber hier keinen direkten Einfluß auf den Entscheidungsprozeß nehmen.
Eine weitere Möglichkeit für die Opposition, die Kritik an der Regierung wirksam werden zu lassen, besteht in dem Instrumentarium der schriftlichen und mündlichen Anfragen[28]. Diese Art Kritik ist aber wenig geeignet, die Regierung in Verlegenheit zu bringen, da die Publizität in diesen Fällen nicht gegeben ist. Andererseits liegt es auch an der Mentalität der Parlamentarier, daß das Instrument der Fragestunde nicht zu einer Waffe der Opposition geworden ist, weil die Abgeordneten die Institution Fragestunde noch nicht richtig erkannt haben.
Das wichtigste Instrument der Teilhabe am Entscheidungsprozeß in der Landesverteidigung bildet für die Opposition der Verteidigungsausschuß. Hier besteht theoretisch die Möglichkeit, Geheiminformationen zu erlangen und der Regierung exakt Fehler nachweisen zu können. Andererseits muß einschränkend gesagt werden, daß die Opposition auf die "Großzügigkeit" des verantwortlichen Ministers bei der Weitergabe von (Geheim)-informationen angewiesen ist.
Für die Opposition ist es auch sehr schwer nachprüfbar, ob tatsächlich auch alle Informationen weitergeleitet worden sind. Zusätzlich kann sich aber die Geheimhaltungspflicht als Nachteil erweisen. Durch diese Pflicht wird nämlich die Opposition der Möglichkeit beraubt, die Öffentlichkeit zu informieren, auf deren Unterstützung sie ja letztlich angewiesen ist, um ihr Primärziel, die Regierungsablösung, zu erreichen. Auch werden die Abgeordneten des Verteidigungsausschusses sehr oft mit bereits getroffenen Entscheidungen konfrontiert, so daß sie bei der Entscheidungsfindung sich nicht aktiv beteiligen können.

Das älteste und wichtigste Parlamentsrecht - aus der englischen Tradition stammend - ist das Budgetrecht. Auf dem Umweg über das Budget ist somit auch eine Korrektur des jeweiligen politischen Sachgebietes möglich. Die Stellung des französischen Parlaments ist den Richtlinien des rationalisierten Parlamentarismus folgend so stark eingeschränkt worden, daß dem Parlament als Ganzes schon

keine Möglichkeit bleibt, den Staatshaushalt nachhaltig zu beeinflussen, geschweige denn der Opposition[29].
Eine realistische Möglichkeit der Profilierung der Opposition besteht im Instrument des Tadelantrages. Hiermit wird der Opposition praktisch die einzige Möglichkeit gegeben, die Regierung politisch zur Verantwortung zu zwingen und damit gegebenbenfalls ihren Rücktritt zu bewirken. Zwar werden auch hier den Parlamentariern die bereits üblichen Restriktionen auferlegt, doch scheint dieses Instrument in der Tat die schärfste Waffe der Opposition zu sein, da sie für ihren Mißtrauensantrag auch unzufriedene Abgeordnete der Regierungsfraktionen gewinnen kann und somit die Regierung bei ungünstigen Mehrheitsverhältnissen zum Offenbarungseid zwingen kann.
Um ihre Aufgabe effektiv erfüllen zu können, muß die Opposition auch auf anderer als der parlamentarischen Ebene tätig werden, um sich dort mit der Regierung messen zu können. Gerade auf dem Gebiet der Landesverteidigung, die von der Öffentlichkeit kaum rational nachvollzogen werden kann, ist es wichtig, auf die öffentliche Meinung Einfluß zu nehmen.

Das wichtigste Instrument bilden dazu die Massenmedien Fernsehen, Funk und Presse. Da es für die Oppositionsparteien in Frankreich zumindest bis zum Juli 1968 kaum möglich war, sich im Fernsehen und Rundfunk zu artikulieren, da die Statuten des ORTF der Regierung große Vorteile verschafften, blieb als einzige Möglichkeit die Presse. Mit Hilfe der oppositionseigenen Presse wie der "l'Humanité" der PCF sowie dem "Populaire" der SFIO, die durch kleine Auflagen bis höchstens 200.000 Stück gekennzeichnet sind[30], kann natürlich nur ein kleiner Bevölkerungsteil angesprochen werden, der aber meistens bereits Mitglied oder Sympathisant der Oppositon ist. Es ist daher für die Oppositionsparteien wichtiger, die unabhängige Presse zu gewinnen und in ihr die jeweiligen politischen Alternativen zu Wort kommen zu lassen[31].

3 Die französischen Verteidigungskonzeptionen

Um eine Verteidigungspolitik vollständig beurteilen zu können, genügt nicht nur die Kenntnis der internationalen und nationalen Umwelt, in die sie eingebettet ist. Zusätzlich muß auch die jeweilige theoretische Grundlage aufgezeigt werden. Die Gaullisten haben ihre theoretische Konzeption immer wieder durch die Person General de Gaulles zum Ausdruck gebracht. Am deutlichsten hat de Gaulle seine Konzeption von "nationaler Verteidigung" in jener berühmten Rede im November 1959 vor der Militärakademie in Paris ausgesprochen.
Um die Kritik der Oppositionsparteien an der gaullistischen Verteidigungspolitik richtig interpretieren zu können, ist auch ihre jeweilige theoretische Konzeption über die Landesverteidigung unbedingt erforderlich.
Die unterschiedlichen Auffassungen, auch im Verständnis über Wesen und Funktion des Staates, werden nämlich in den Verteidigungskonzeptionen der Oppositionsparteien sichtbar. In der sozialistischen Verteidigungstheorie wird der französische Staat zwar auch in seiner existierenden Form (also das gaullistische System) als verteidigungswürdig angesehen, was aber für einen Sozialisten nicht bedeutet, daß er auch die Interessen des "Kapitalismus" verteidigt. Im Mittelpunkt der kommunistischen Verteidigungskonzeption steht die Bürger-Armee, um nicht einer Minorität die Aufzwingung ihres Willens auf das gesamte Volk zu ermöglichen.

3.1 Die Verteidigungskonzeption de Gaulles

"In der französischen Politik gibt es zwei Gebiete, an denen General de Gaulle ein direktes und bleibendes Interesse hat. Das sind die auswärtigen und die militärischen Angelegenheiten. Alle anderen Aspekte der nationalen Politik werden in erster Linie unter dem Gesichtspunkt ihres Beitrages zu einer wirksamen Außen- und Verteidigungspolitik gesehen"[1]. Diese Aussage des englischen Politologen Wolf Mendl unterstreicht noch einmal die Bedeutung der Theorie der "domaines reservés", d.h. daß die damalige gaullistische Regierungspartei UNR und heutige UDR in Fragen der Außen-, Militär-, Verfassungs- und Algerienpolitik auf dem Parteikonvent von Bordeaux im November 1959 dem General de Gaulle praktisch

Handlungsvollmacht erteilte[2]. Darum ist es auch ganz selbstverständlich, daß gerade de Gaulle in der Verfassungswirklichkeit in der Verteidigungspolitik der bestimmende Faktor gewesen ist, was sich auch in der Entwicklung der organisatorischen Aufteilung des Verteidigungsbereichs ablesen läßt. Deshalb soll nun auf die Grundideen der Militärphilosophie de Gaulles näher eingegangen werden.

Für de Gaulle gibt es keinen höheren Wert als die Nationen, denn nur sie sind die vollkommensten Produkte der Geschichte. Sie sind Ziel und Krönung aller Politik. Der Nationalstaat "transzendiert alle Wesenszüge menschlichen Zusammenlebens". Es kann danach nur Nationalstaaten geben, die in der Geschichte zählen, d.h. in letzter Instanz ist die Nation auf sich selbst angewiesen und muß auf eigene Faust ihre Interessen durchzusetzen versuchen[3].
Auf die Verteidigungspolitik bezogen, bedeutet diese Aussage, daß Bündnisse, wenn sie eingegangen werden müssen, bestenfalls als Vernunftehen anzusehen sind. Daraus leitet sich für einen Nationalstaat ganz zwangsläufig die nächste gaullistische Forderung ab: die Unabhängigkeit. De Gaulles erstes Ziel war es immer, für Frankreich die Unabhängigkeit zu erreichen und zu bewahren. Eine Nation, die dieses Ziel nicht erreichen kann, ist für ihn schwach und nicht selten verachtenswert.

Unabhängigkeit verstand de Gaulle in erster Linie militärisch. Eine Nation war für ihn erst dann wirklich unabhängig, wenn sie über eine autonome Verteidigung verfügte, d.h. letztendlich mußte die nationale Verfügungsgewalt über den Einsatz der Armee existieren. Damit ergab sich für de Gaulle gleichzeitig ein weiteres politisches Ziel. Mit Hilfe einer unabhängigen Armee konnte er im diplomatischen Kräftespiel einen Faktor einsetzen, der für ihn von entscheidender Bedeutung war. Die Verbindung von Diplomatie und Militär ist immer eine der Voraussetzungen für eine erfolgreiche Außen- und Verteidigungspolitik de Gaulles gewesen[4]. Hier war er, wie fast die gesamte französische Nation, von den Abmachungen des Münchener Abkommens von 1938 geprägt. Aus diesem Abkommen, mit dem der französische Ministerpräsident Daladier zwar die Sicherheit Frankreichs, nicht aber die Sicherheit der Tschechoslowakei gewährleisten konnte, zog der General den Schluß, daß es keine Diplomatie ohne offensive Bewaffnung geben konnte. Das bedeutete für ihn,daß im diplomatischen Spiel der Kräfte ein Land, will es

seiner Rolle als unabhängige Nation gerecht werden, die Möglichkeit besitzen muß, eine Drohung auszusprechen, was sich aber von der Verteidigungsfähigkeit eines Landes qualitativ unterscheidet. So konnte Daladier zwar für Frankreich die Verteidigung garantieren; Frankreich aber war aufgrund seiner Bewaffnung nicht in der Lage, Hitlerdeutschland Sanktionen anzudrohen, falls es in der Tschechoslowakei intervenieren würde.
De Gaulle zog aus dieser für Frankreich so tragisch verlaufenen Entwicklung die Konsequenzen. Von den Möglichkeiten der Militärpolitik eines Staates - kollektive Verteidigung, individuelle Verteidigung, begrenzte individuelle diplomatische Intervention und kollektive weltweite diplomatische Intervention[5] - war für die unabhängige Nation Frankreich die weltweite individuelle diplomatische oder zumindest die individuelle diplomatische Intervention notwendig.
So war es auch stets sein Ziel, Frankreich diese Unabhängigkeit wiederzuerwerben und aufrechtzuerhalten. In einer Zeit, in der jedoch der Kalte Krieg immer noch zahlreiche Höhepunkte aufwies (Berlin-Ultimatum, Cuba-Krise) war es für de Gaulle schwierig, das Konzept von der Auflösung der Blöcke zu verwirklichen. Seine langfristig angelegte Lösung,[6] die über Entspannung und Einvernehmen schließlich zur Zusammenarbeit führen sollte, konnte er nur erreichen, in dem er einmal die Bindungen Frankreichs an die westliche Allianz stufenweise zu lösen trachtete und zum anderen versuchen mußte, mit der Sowjetunion in ein partnerschaftliches Verhältnis zu treten. Als Führungsmacht Europas, die die Blockbildung überwinden wollte, konnte Frankreich den von de Gaulle gestellten Anspruch erfüllen, nämlich zu sich selbst zu finden, um das ideale, ewige Frankreich zu werden, das allen anderen Staaten die Maßstäbe und Ziele setzte. Mit dem Versuch des 'Dritten Weges', also weder Kapitalismus noch Sozialismus, sollten den ehemaligen französischen Kolonien Maßstäbe und Ziele gesetzt werden, aber auch gleichzeitig der französische Einfluß in diesen Gebieten vergrößert werden.

Diese großen und "hehren Ziele" konnte gemäß de Gaulle Frankreich nur verwirklichen, wenn ihm nicht die Hände gebunden sind. Es muß also in der Lage sein, überall weltweit individuell diplomatisch zu intervenieren. Daraus ergab sich zwangsläufig die Voraussetzung dieser Fähigkeit, nämlich die Autonomie der nationalen

Verteidigung. Damit ein Staat überhaupt seine Existenzberechtigung und damit seine Legitimität nachweisen kann, muß er Herr seiner Verteidigung sein. Das schließt gemäß de Gaulle wiederum jegliche Integration aus, weil dann die Verteidigung eben nicht mehr in den Händen der nationalen Führer ist . Am deutlichsten wird dieser Anspruch im sogenannten Grundgesetz der gaullistischen Verteidigungspolitik, einer Ansprache an die Offiziere der Militärakademie im November 1959 in Paris:

> "Die Verteidigung Frankreichs muß französisch sein. Dies ist eine Notwendigkeit, die im Verlauf dieser letzten Jahre nicht immer Gemeingut gewesen ist. Ich weiß es. Es ist unerläßlich, daß sie es wieder wird. Wenn ein Land wie Frankreich Krieg führen sollte, so muß es sein Krieg sein. Wäre es anders, so würde unser Land im Widerspruch stehen zu allem, was es seit seinen Anfängen ist, zu der ihm zugefallenen Rolle, zu seiner Selbstachtung, zu seiner Seele ..."[7]. "Sollte es anders sein, ließe man für längere Zeit zu, daß die Verteidigung Frankreichs nicht mehr im nationalen Rahmen geschähe, und daß sich mit etwas anderem vereinigte, daß sie mit etwas anderem verschmölze, so wäre es nicht möglich, bei uns einen Staat zu erhalten. Zu allen Zeiten beruht die Daseinsberechtigung der Regierung auf der Verteidigung der Unabhängigkeit und der Unversehrtheit des Territoriums. Das ist ihr Ursprung. Vor allem in Frankreich; all unsere Regimes sind von daher gekommen ...
>
> ... Deshalb kann die Konzeption von einem Krieg und selbst die von einer Schlacht, in denen Frankreich nicht mehr es selbst sein und nicht mehr mit eigenständigem Anteil und seinem Wollen gemäß für sich selbst handeln würde, eine solche Konzeption kann nicht anerkannt werden. Das System, das man 'Integration' genannt hat ... dieses System der Integration hat sich überlebt. Es versteht sich natürlich von selbst, daß unsere Verteidigung, die Bereitstellung unserer Mittel, die Konzeption der Kriegsführung mit dem, was in anderen Ländern ist, kombiniert werden müssen. Unsere Strategie muß mit der Strategie der anderen verbunden werden. Es ist höchst wahrscheinlich, daß wir uns auf den Schlachtfeldern Schulter an Schulter mit Verbündeten befinden würden. Jeder habe seine eigene Rolle.
> Dies ist ein entscheidender Punkt, dem ich Ihrem Nachdenken empfehle. Die Konzeption seiner Verteidigung Frankreichs und der Communauté, die eine französische Verteidigung sei, diese Konzeption muß der Philosophie Ihrer Institute und Schulen zugrunde liegen.
> Die Konsequenz ist, daß wir natürlich fähig sein müssen, uns in den nächsten Jahren eine Streitmacht zu verschaffen, die für uns selbst wirken kann - das, was man nach dem Sprachgebrauch eine 'force de frappe' nennt, die imstande ist, sich jederzeit und irgendwo zu entfalten. Es versteht sich von selbst, daß die Grundlage dieser Streitmacht eine atomare Bewaffnung sein wird - gleichgültig, ob wir sie herstellen oder kaufen - die jedoch uns gehören muß: und da man Frankreich gegebenenfalls von irgendeinem Punkt der Welt aus zer-

stören kann, muß unsere Kraft auch an jedem Punkt der Erde zur Geltung zu bringen sein"[8].

3.2 Die Konzeption der SFIO

Bei der SFIO als der klassischen Oppositionspartei der V. Republik läßt sich anders als bei den Kommunisten die Verteidigungskonzeption deutlich aufzeigen, da sie sich traditionell mit diesen Fragen sehr stark beschäftigt hat. Außerdem entwickelte sich Ende der 50er Jahre und Anfang der 60er Jahre innerhalb der Partei eine lebhafte theoretische Diskussion, in deren Verlauf sich Studiengruppen bildeten, von denen eine mit der Theorie einer sozialistischen Verteidigungspolitik beauftragt wurde.

3.2.1 Tradition sozialistischer Verteidigungspolitik

Sozialismus wird in der öffentlichen Meinung fast immer mit Pazifismus und nicht selten mit Antimilitarismus gleichgesetzt. Aber man stößt sehr schnell auf die Begrenztheit dieser Aussage, wenn man diese Behauptung am Beispiel des französischen Sozialismus überprüfen will. Im republikanischen Frankreich der III. Republik ist die Militärpolitik eine der Fragen, die nach der Jahrhundertwende die SFIO am stärksten beschäftigte. Das liegt einmal an der Verschärfung der internationalen Spannungen, zum anderen aber auch an der Einsicht französischer Sozialisten wie Jean Jaurès und Gaston Moch, daß ohne äußere Sicherheit auch kein Fortschritt im inneren gerade für die von den Sozialisten repräsentierte Arbeiterklasse zu erzielen ist.
Insbesondere Jean Jaurès, anerkannter Theoretiker der SFIO um die Jahrhundertwende und noch heute Ideal zahlreicher französischer Sozialisten, beschäftigte sich intensiv mit Fragen der Landesverteidigung. So ist es auch nicht weiter verwunderlich, daß es gerade Jaurès war, der im Parlament 1910 einen Gesetzentwurf über die Landesverteidigung vorlegte[9]. Im gleichen Jahr erschien sein Hauptwerk "L'Armée Nouvelle"[10]. In dieser über 500 Seiten langen Arbeit kommt neben der sozialistischen Konzeption der Landesverteidigung besonders auch die Staatsauffassung zum Ausdruck. Gegenüber den damals herrschenden Auffassungen des Generalstabs und

der Kriegsschule stellte Jaurès an der Landesverteidigung seiner Konzeption den Grundgedanken voraus, der Identität und Teilnahme der gesamten Nation, der auf vier Prinzipien beruhte:

1. Frankreich ist sorgsam darauf bedacht, die internationalen Verträge zu achten, um damit auf jeden Fall den Frieden aufrechtzuerhalten. Deshalb darf es keine aggressive Konzeption im internationalen Rahmen und keine offensive Doktrin in der nationalen Verteidigung haben.
2. Die nationale Verteidigung kann nur funktionieren, wenn das gesamte Volk daran teilnimmt.
3. Die Organisation der Landesverteidigung kann nur in einer demokratischen Republik mit einem parlamentarischen System gewährleistet werden.
4. Der Militärdienst ist zu lang. Andererseits sollen die Reserveeinheiten besser ausgenutzt werden[11].

Eine der wesentlichen Grundvoraussetzungen Jaurès', die Teilnahme der gesamten Nation an der Landesverteidigung, scheint am schwierigsten realisierbar zu sein. Jaurès entwickelte dafür jedoch eine umfangreiche Konzeption, in der die Reservisten eine große Rolle spielen sollten. Wichtiger für die SFIO ist aber im Gesamtkontext, daß Jaurès in seiner theoretischen Analyse eine Möglichkeit sah, die Arbeiterklasse in den Staat zu integrieren d.h. sie mit Hilfe des Instruments Militär zu stärken. Jaurès hatte bestimmte Vorstellungen, die sich nur auf die technische Durchführung des gesamten Wehrpflichtgesetzes zur Schaffung dieser neuen Armee bezogen, die aber in unserem Zusammenhang nicht von Interesse sein können. Bedeutender ist aber, daß gewisse Theorien, die Anfang dieses Jahrhunderts von Jean Jaurès aufgestellt worden sind, nicht nur für die sozialistische Partei in den 60er Jahren und auch heute noch Gültigkeit besaßen und besitzen, sondern auch von Vertretern der gaullistischen Verteidigungspolitik anerkannt werden[12].

Elf Jahre vor der Veröffentlichung von "L-Armée Nouvelle" hatte bereits mit Gaston Moch ein Sozialist auf die Probleme der Friedenserhaltung aufmerksam gemacht. Sein Buch "Die Armee einer Demokratie"[13] zeigte aber deutlich, daß sich auch vor der Jahrhundertwende bereits Sozialisten mit Problemen der Militär- und Verteidigungspolitik intensiv beschäftigt haben.
Nach dem 1. Weltkrieg war es nicht weiter erstaunlich, daß man

sich allgemein nun stärker mit den Fragen und Problemen des Friedens beschäftigte. In den USA und Europa wurden unmittelbar nach Kriegsende wissenschaftliche Institutionen gegründet, die die Fragen der Friedenssicherung beantworten sollten. In der III. Republik orientierte sich der spätere sozialistische Ministerpräsident Léon Blum an seinem großen Vorbild Jean Jaurès: "Kein sozialistischer Führer in Europa hat sein ganzes außenpolitisches Denken und Handeln so entschlossen, so konsequent und so leidenschaftlich auf die Schaffung eines kollektiven Sicherheitssystems gerichtet wie Léon Blum. Alle Ereignisse maß er daran, ob sie dieses Ziel näher brachten oder in eine fernere Zukunft rückten"[14]. In der Tat waren für Léon Blum die Probleme des Friedens und damit natürlich auch die Probleme der Landesverteidigung in das Zentrum seiner politischen Analyse gerückt. Er setzte die von Gaston Moch begonnene und von Jean Jaurès entwickelte Tradition fort und schloß in Übereinstimmung mit seiner Partei und dem internationalen Sozialismus den bedingungslosen Pazifismus aus. Blum bemerkte dazu: "Es gibt nämlich Situationen und Umstände, wo eine Nation trotz ihrer unermüdlichen, leidenschaftlichen und verzweifelten Versuche zu einer freundschaftlichen und tragbaren Lösung zu gelangen, das Kriegsrisiko hinzunehmen gezwungen ist". Dieses ist dann gegeben, wenn eine "Aggression gegen das nationale Gebiet, Aggressionsdrohungen gegen die Integrität des nationalen Territoriums oder die Unabhängigkeit des Staates oder die Freiheit der Bürger"[15] vorliegen. Das Problem stellte sich für Léon Blum in dem Augenblick, wenn man nicht mehr allein von Frankreich ausgehen konnte und die Fragen der französischen Sicherheit, Integrität, Souveränität nicht mehr isoliert betrachtet, sondern wenn es um die Fragen der Allianzen und Pakte ging. Diese Schwierigkeiten müssen aus der damaligen Situation verstanden werden, als Deutschland und die Sowjetunion aus dem Völkerbund ausgetreten waren, die kollektive Sicherheit nicht mehr gewährleistet war und Frankreich eine Isolierung drohte. So galt für Blum als Schlüssel der Verteidigungspolitik das Instrumentarium von Beistandsverträgen: "Die einzige Möglichkeit, die man sich mangels des Völkerbundes und seines Paktes vorstellen kann, (liegt) in dem Zusammenspiel von Sondergarantieverträgen, das heißt von Verteidigungsbündnissen mit der oder jener bestimmten Nation. In der heutigen Lage Europas muß man also die Existenz von Sonderverträgen als eine absolute Voraussetzung für die nationale Sicherheit betrachten"[16].

In der IV. Republik versuchten die sozialistischen Abgeordneten Ramadier und Jules Moch die lange Tradition auf dem Gebiet der Verteidigungspolitik in die Praxis umzusetzen, als sie in den Kabinetten des Radikalsozialisten Queuille 1948 bzw. 1950 das Amt des Verteidigungsministers übernahmen. Jedoch durch die Kurzlebigkeit der Regierungen Queuille sowie durch die besondere internationale Lage - der Kalte Krieg befand sich in der Entwicklungsphase - war an eine Verwirklichung des sozialistischen Endziels, eine allgemeine Abrüstung zu erreichen, nicht zu denken[17].

3.2.2 Die Diskussion um die Verteidigungskonzeption zu Beginn der 60er Jahre

Nach der Konstituierung der V. Republik, als die führenden SFIO-Theoretiker Jules Moch und Roger Quilliot eine Mehrheit im Parteivorstand für die Installierung von Studiengruppen erreichen konnten, wurden von insgesamt sechs Kommissionen zwei Studiengruppen gebildet, die sich mit den Problemen des Friedens und des Sozialismus sowie der sozialistischen Konzeption der nationalen Verteidigung beschäftigen sollten[18]. In den folgenden Jahren schälte sich dann auch allmählich eine Verteidigungskonzeption der SFIO heraus, die jedoch im Laufe der Zeit einigen Modifizierungen unterworfen wurde.
Dadurch war die Frage, ob es überhaupt eine nationale Verteidigung gegen jegliche äußere Bedrohung geben sollte, nicht mehr umstritten, wie es trotz der Konzeptionen Jaurès und Blums in der SFIO immer gewesen war. Dieses Problem glaubten die Parteiführer schon während der Zwischenkriegszeit als erledigt ansehen zu können, als das Versagen des Kollektiven Sicherheitssystems Ende der 30er Jahre deutlich geworden war. Doch der Antrag militanter Sozialisten auf dem Parteikongreß von 1944, der die Überschrift "keinen Sou, keinen Mann für die nationale Verteidigung im kapitalistischen System" trug, zerstörte die bis dahin angenommene Einigkeit[19].

Das in der IV. Republik wiederholt bekräftigte, klare Bekenntnis zur nationalen Verteidigung kann man als Rückbesinnung auf die Thesen Jaurès und Blums bezeichnen, die die nationale Verteidigung

mit einer Demokratie nicht nur für vereinbar, sondern für unabdingbar erklären. Zweifellos hängen auch heute noch die französischen Sozialisten an dem Wunschbild der einen sozialistischen (heilen) Welt, in der keine Armee mehr nötig wäre und alle Streitkräfte aufgelöst werden könnten. In solch einem Fall gäbe es dann lediglich eine supranationale Polizeitruppe, die, von einem internationalen Gerichtshof beauftragt, eventuell aufkommende Streitigkeiten als letztmögliche Instanz lösen würde[20].
Doch gerade diejenigen Sozialisten, die sich intensiv mit den Fragen der Friedenserhaltung und der Landesverteidigung beschäftigen, sind weder Träumer noch Utopisten, sondern zum größten Teil nüchtern kalkulierende Realisten.

3.2.2.1 Der Staat und die Verteidigungspolitik

Entsprechend ihrem revolutionären Anspruch, der sich wiederholt in einer verbalen Phraselogie manifestierte, lehnten die Sozialisten die gaullistische Staatsform ab, weil in der V. Republik zuviel Ungerechtigkeit existiere. "Der Sozialismus widersetzt sich dem augenblicklichen Charakter des Staates, weil er, selbst in einem Land mit allgemeinem Wahlrecht wie Frankreich, unter der Kontrolle von Minoritäten steht, die aber finanziell dominieren"[21]. Aber es ist nicht die Armee, die als Attribut dieses Staates angesehen wird, der man sich widersetzt[22], sondern dem augenblicklichen Zustand dieses Staates.
Nun war es aber auch den nach Veränderung strebenden Sozialisten klar, daß dieser Staat nur langsam verändert werden konnte, zumal sie auf eine revolutionäre Umgestaltung verzichteten. "Die SFIO versuchte die Macht im Staat durch demokratische Mittel zu erringen, d.h. durch die Eroberung der Mehrheit der Nation"[23]. Folglich mußte die Partei eine Konzeption entwickeln, die diesen Gedanken Rechnung trug.
Die grundsätzliche Bereitschaft zur Verteidigung des Staates war also bei den Sozialisten eine anerkannte Notwendigkeit, d.h. auch die Bereitschaft, im Falle der Regierungsübernahme, für die Landesverteidigung Mittel bereit zu stellen. Die sozialistische Verteidigungsbereitschaft unterschied sich jedoch von der gaullistischen durch eine bedeutende Einschränkung, um den von der Partei

gestellten revolutionären Anspruch zu erfüllen. Indem nämlich ein Sozialist sein Land verteidigt, tut er dies nicht, um die Güter und Profite der Kapitalisten zu verteidigen, sondern um die erworbenen sozialen Fortschritte zu erhalten und in Zukunft zu vergrößern[24]. Damit wurde aber auch indirekt eine materielle Verbesserung für die Arbeiterklasse in der Demokratie zugegeben, was konsequenterweise auch dazu führte, daß man eben diese Staatsform verteidigen mußte, weil "sie die einzige ist, die die Entwicklung zum Sozialismus erlaubt. Die Demokratie nicht zu verteidigen, hieße ganz sicher jegliche Hoffnung zu verlieren, daß sich eines Tages doch ein richtiger sozialistischer Staat installieren würde"[25]. Diese Haltung bedeutete nichts anderes als eine Rückbesinnung auf Jean Jaurès, der schrieb, daß eine Partei, die nicht den Mut hätte, der Nation Opfer abzuverlangen, um der Freiheit wegen, eine miserable Partei wäre[26].

3.2.2.2 Verteidigungspolitik im internationalen Rahmen

Da die Welt zu Anfang der 60er Jahre immer noch in zwei antagonistische Blöcke gespalten war, und eine gegenseitige Bedrohung anhielt, mußten auch die Sozialisten in ihrer Konzeption diesem Tatbestand Rechnung tragen. Somit ging auch die SFIO davon aus, daß zum damaligen Zeitpunkt die französische Demokratie, wenn sie überleben wollte, nicht länger auf den engen Rahmen des nationalen Territoriums beschränkt bleiben konnte. Das implizierte die Forderung nach Koalitionenbildung oder zumindest die Zusammenarbeit mehrerer Staaten auf dem Gebiet der Verteidigungspolitik. Nun ist es aber nicht möglich, allein auf dem Gebiet der Verteidigungspolitik zusammenzuarbeiten, wenn sich die übrigen politischen Ziele, besonders außenpolitische, diametral gegenüberstehen. Folgerichtig kann eine wirksame Verteidigungspolitik nur noch im Rahmen von Vereinbarungen annähernd affiner politischer Systeme vorgenommen werden. Das bedeutet, daß ein Land Partner finden muß, die von denselben moralischen Werten ausgehen und die auch bereit sind, diese Werte gemeinsam zu verteidigen[27]. Diese Werte, u.a. der soziale Fortschritt und die Möglichkeit, ihn zu verbessern, sind somit von der nationalen und damit wiederum von der internationalen Sicherheit abhängig. Im "Zeitalter der friedlichen Koexistenz" darf aber nicht nur auf die militärische Verteidigung Wert gelegt werden, sondern auch auf die politische und ökonomische Basis der Verteidigung[28].

Unter der Voraussetzung, daß diese Partner gefunden werden und daß sich die Staaten in etwa über die gleichen politischen Grundwerte geeinigt haben, bleibt die Frage nach der Effizienz solch einer gemeinsamen Verteidigung. Wenn man einerseits betont, daß im Zeitalter der Nuklearwaffen die alte Kriegsführung sich überlebt hat, kann man andererseits Verteidigungspolitik nicht mehr mit veralteten Methoden betreiben. Das bedeutet, daß die Zeit der Koalitionsbildung, wie z.B. die "entente cordiale" zwischen England und Frankreich zu Beginn dieses Jahrhunderts, die erst im Falle eines Krieges unter bestimmten Voraussetzungen wirksam wurde, endgültig vorbei sein mußte. Konsequenterweise sahen die Sozialisten auch nur in der übernationalen Integration der Streitkräfte die einzige Möglichkeit, die Sicherheit der Nation zu gewährleisten. Man müßte hier aber eine echte Integration der Streitkräfte schaffen, wenn man dem Risiko entgehen wollte, einem potentiellen Gegner getrennte und eventuell gespaltene Nationen gegenüberzustellen, die zwar aufrichtig dasselbe Ideal verteidigten, die aber im Namen eines überholten Nationalismus, um der Illusion der Unabhängigkeit wegen, ihre Kräfte vergeudeten und ihre Einigkeit vernachlässigten. Zusätzlich mußte die nationale Armee aber auch stark konventionell bewaffnet sowie mit ausgezeichneten Militärgütern ausgerüstet sein, um ihre Aufgabe im Rahmen der integrierten Streitkräfte erfüllen zu können. Diese Integration der Streitkräfte, die 1954 in der Frage der deutschen Wiederbewaffnung die Partei schon einmal gespalten hatte, ergab sich aber nicht nur aus politischen Erfordernissen sondern auch aus technischen Notwendigkeiten. Wenn ein Land unter gewissen Umständen die Möglichkeit zum Erwerb neuer Waffen hätte, würde es nach Auffassung der SFIO nicht ausreichen, nur davon genügend zu besitzen, sondern der Umgang mit diesen neuen Waffen muß den Einheiten der Empfängerländer in einer Spezialausbildung bei den Einheiten der Herstellerländer in ausreichendem Maße beigebracht werden[29].

Schließlich ist im Raketenzeitalter eine schnelle Verlagerung der Kampfeinheiten unumgänglich und damit eine Standardisierung der Waffen und des Geräts verbunden, um die höchstmögliche Effizienz zu erreichen. Nicht zuletzt wird die Integration aus Kostengründen gefordert. Die Kosten für eine nukleare Bewaffnung und die damit verbundenen Aufwendungen für die Infrastruktur sowie die technische und wissenschaftliche Apparatur konnten nach Ansicht Métayers nicht von einem 50 Millionen-Volk getragen werden[30]. Eine sozialistische Regierung sollte nämlich immer von der Frage ausgehen, wie man die Verteidigung mit dem geringstmöglichen Aufwand für das Gemeinwesen und dem geringsten Verlust für den einzelnen gewährleisten könnte[31].

Sicherlich könnten sich aus der Integration auch Schwierigkeiten ergeben, wenn eine Einheit eines befreundeten Staates in einem begrenzten militärischen Konflikt intervenieren würde, was den Interessen des befreundeten Staates zuwider laufen könnte. Andererseits wäre aber gerade so die Möglichkeit gegeben, daß im Falle einer nationalen Katastrophe gerade solch fremde Einheiten bedeutende Aufgaben erhalten könnten[32].

Diese Überlegung bleibt Theorie, da sie angesichts der tatsächlichen strategischen Lage schwer in die Praxis umzusetzen sein dürfte. In solch einem Fall würde der Konflikt wahrscheinlich nicht begrenzt bleiben, sondern sich schnell ausdehnen und auch dem oder die befreundeten Staaten erfassen, zumal man doch von der Verteidigung gemeinsamer Werte ausging. Wie wäre Integration zu verstehen, wenn ein Partner erklärt, daß er von anderen Wertmaßstäben ausging? Somit widerspricht diese von Métayer vorgebrachte theoretische Überlegung den anfangs geäußerten Vorstellungen über Integration.

3.2.2.3 Das Verhältnis von Armee und Nation

Kaum ein Teilaspekt der Verteidigungspolitik ist in den frühen 60er Jahren in der SFIO so ausgiebig diskutiert worden wie das Verhältnis von Armee und Nation. Es bleibt festzuhalten, daß für die Sozialisten die Aufgabe der Armee nicht ganz eindeutig abgegrenzt ist. Während Jules Moch z.B. in Übereinstimmung mit allen anderen Parteimitgliedern ihr nur den Auftrag zuweist, das eigene, nationale Territorium zu schützen, einen Eroberungskrieg aber ebenso ablehnt wie den Einsatz der Armee im Landesinneren während des Versagens der Polizei[33], spricht er sich gegen ein von anderen Sozialisten vertretenes Ziel aus - die sittliche und körperliche Erziehung - weil gerade sie seiner Meinung nach zu einem Kastendenken im militärischen Bereich geführt hat[34]. Dagegen unterstüt-

zen Mitglieder der Studiengruppe wie z.B. Pierre Métayer und J. Ries gerade dieses Erziehungsziel und sehen darin eine Chance für den Aufbau der sozialistischen Gesellschaft.
Uneingeschränkt anerkannt wird jedoch, daß die Armee eines der wesentlichen Attribute der Souveränität eines Staates ist: "Die Armee, die die geschaffene Ordnung schützt, war und bleibt eine der Stützen des politischen, ökonomischen und sozialen Systems"[35], meint dazu der Generalsekretär der SFIO. Nun hat es sich aber in der Geschichte wiederholt gezeigt, daß die Armee auch von den Regierenden gegen die Nation mißbraucht worden ist. Deshalb ist die wichtigste Forderung für die Sozialisten die Übereinstimmung von Armee und Nation. Wenn die Armee als Instrument des Staates zur Disposition steht, so muß der Staat auch diese Armee zum Wohle des Bürgers einsetzen. Deshalb stellt Mollet die Forderung auf, daß "die Armee verdammt ist, in Zukunft in und mit der Nation zu leben, und besonders mit jenen Staatsbürgern, die die Intelligenz repräsentieren"[36]. Das bedeutet, daß die Armee weder sich selbst in eine Isolierung begeben darf oder auch in eine Isolierung gebracht werden darf, sondern daß eine enge und beständige Zusammenarbeit der ganzen Nation mit der Armee zu erfolgen hat. Das setzt aber wiederum voraus, daß die Staatsbürger vom unersetzbaren Wert ihres politischen Systems überzeugt sind, und daß sie auch gewillt sind, für dieses System Opfer zu bringen. Die sozialistische Konzeption geht sogar noch weiter, indem sie in einem Erziehungsprozeß die Bürger dazu veranlassen will, die Verteidigung der gemeinsamen Güter, wie auch den bisher erworbenen sozialen Fortschritt, als erste Pflicht anzusehen[37].
Wenn man diese Voraussetzungen als gegeben annimmt, dann werden auch die weiteren Vorstellungen von Armee und Nation verständlich. Danach ist gemäß der SFIO - Konzeption kein moderner Krieg mehr möglich, "ohne enge und andauernde Kooperation zwischen Militär und den Zivilisten in den wissenschaftlichen Forschungsstätten, Laboratorien, Fabriken und der Verwaltung"[38]. Die Kooperationsforderung ist allerdings nicht originäres Gedankengut der SFIO, da sich an Hand empirischer Beispiele solch eine Zusammenarbeit in verschiedenen Ländern bereits nachweisen läßt. Wichtiger ist, daß eine totale Übereinstimmung zwischen Volk und Armee gefordert wird, die nicht immer vorhanden war, wie am Beispiel der französischen Kolonialkriege in Indochina und Algerien deutlich wird. Die voll-

kommene Übereinstimmung erfordert aber nicht nur das Einverständnis des Volkes, sondern eben auch des anderen Partners, der Armee. Denn selbst die größte Übereinstimmung des einen Teiles könnte zu keiner effektiven Verteidigung beitragen, wenn der andere Teil sich gegensätzliche Grundwerte zu eigen macht. Dieses geschieht meistens in dem Fall, wenn die Armee ein Eigenleben entwickeln kann, das seine Ursache in der Isolierung von der Nation findet. So hat z.B. die jahrelange Abwesenheit der französischen Armee vom Mutterland, bedingt durch den Indochina- und Algerienkrieg, nicht nur zu einer Isolierung vom Mutterland, sondern auch zum Entstehen einer eigenen politischen Konzeption beigetragen, die schließlich zur Oktroyierung des Armeewillens auf die Regierung geführt hat[39]. So ergibt sich daraus das schwer zu lösende Problem der Gemeinschaft zwischen Armee und Bevölkerung, das Mollet dadurch zu lösen glaubt, daß die Armee die Gesamtheit der nationalen Forderungen verstehen muß, daß sie die freie Entscheidung des Volkes für eine bestimmte Regierung anzuerkennen habe[40]. "Die Armee hat nicht das Recht, über Krieg und Frieden zu entscheiden. Sie muß sich dem Primat des Politischen unterwerfen"[41]. Damit nehmen auch die Sozialisten eine Forderung in ihr Programm auf, die in einer parlamentarischen Demokratie zu den Grundvoraussetzungen gehört, um deren Verwirklichung es aber in den vergangenen Jahrzehnten erbitterte Auseinandersetzungen gegeben hat.
Die Anerkennung des Primats des Politischen über das Militär verleiht aber auch wiederum dem Militär ein Recht, das gerade in der IV. Republik oft verletzt worden ist. Die Armee muß ebenso von der Regierung Loyalität verlangen können[42], wie diese auch von ihr gefordert wird. Wenn die Loyalität nicht gegeben ist, wird die gesamte sozialistische Konzeption hinfällig und Mollets Idee vom Vaterland, das nie einen Gegner besser widerstehen könnte, als durch die Übereinstimmung von Armee und Bevölkerung für eine gerechte Sache[43], würde zum reinen Wunschbild.
Der Primat des Politischen wird notwendig aus der Gefahr heraus, daß die Armee ein politischer Machtfaktor werden könnte, der in das politische Leben eingreifen und somit die Konfrontation der Ideen, eine der Hauptbedingungen der Demokratie, unterdrücken könnte[44].
Die Suprematie des Politischen setzt auch voraus, daß die von der Regierung getroffenen Entscheidungen auf präziser Kenntnis der

jeweiligen Sachlage beruhen. Da in immer stärkerem Maße die Entwicklung neuer Waffen und Waffensysteme die verteidigungspolitischen Entscheidungen bestimmen, muß die Regierung in ausreichendem Maße über technische Neuerungen informiert werden. Dabei muß sie sich auf eine qualifizierte, zivile, von den Militärs unabhängige Verwaltung stützen[45].
Zum anderen spielt hier die politische Rolle der Militärs eine wesentliche Rolle. Métayer zieht sich hier auf die Formel zurück, daß der Militär - Verteidiger einer gewissen Lebens- und Gesellschaftsform und der Zivilisation - unter den Einfluß von Propagandisten geraten könnte und somit seinen ursprünglichen Auftrag nicht mehr erfüllen könnte. So fordert er für die Funktionsträger beim Generalsstab politische Neutralität. Die alleinige Aufgabe dieser Funktionsträger wäre die Beratung der Regierung.
Die Forderung, von einem Sozialisten ausgesprochen, erstaunt, da doch gerade von den Sozialisten immer wieder der mündige Bürger gefordert wird und man somit auch einem Funktionsträger beim Generalstab zutrauen müßte, mündiger Bürger zu sein und sich nicht durch Propaganda beeinflussen zu lassen.
Der Primat des Politischen kommt zusätzlich in der nachhaltigen Forderung zum Ausdruck, daß allein der Verteidigungsminister mit der Gesamtheit der Militärpolitik beauftragt wird und somit dafür auch die Verantwortung trägt[46]. Das ist eine klare Abgrenzung von der gaullistischen Praxis, in der der Verteidigungsminister, zumindest während der Präsidentschaft de Gaulles, praktisch nur oberster Verwaltungschef des gesamten Militärapparates war.

3.2.2.4 Das Rekrutierungsmodell der SFIO

Um einerseits einen politischen Mißbrauch durch das Militär auszuschließen und um andererseits die Armee als soziale Institution für alle Klassen des Volkes zu öffnen, müssen nach der sozialistischen Konzeption auch bestimmte Voraussetzungen bei der Auswahl der Bewerber für militärische Ämter gemacht werden. Die alte Idee Jean Jaurès, die Armee als Integrationsfaktor für die Arbeiterklasse zu gebrauchen[47], spielt auch in der Diskussion der 60er-Jahre eine bedeutende Rolle. Deshalb reicht es heute nicht mehr allein aus, die Armee mit der neuen Waffentechnik vertraut zu machen, damit sie ihren Auftrag erfüllen kann. Vielmehr muß die Armee das Spiegelbild der Nation darstellen. So sollen alle sozialen Klassen in ihr vertreten sein. Diese Art der Rekrutierung könnte verhindern, daß sich die Armee zu einer eigenständigen Kaste entwickelt, die vor allem für ein politisches System gefährlich werden kann[48].

Es wurden verschiedene Modelle zur Rekrutierung innerhalb der SFIO-Theoriediskussion erörtert[49], die alle darauf hinausliefen, die Dienstzeit zu verkürzen und sie gerechter zu gestalten sowie die Chancengleichheit zum Erwerb bestimmter Führungspositionen zu verbessern. Für eine allgemeine Dienstpflicht sprachen sich fast alle Diskutanten aus, weil es die Sozialisten als unverzichtbar ansahen, dem Individuum von frühester Kindheit an Gemeinschaftssinn beizubringen[50]. Die Partei wollte zwar nicht den Individualismus in Frage stellen, aber sie wollte ihn für die Gemeinschaft nutzbringend anwenden, denn sie sah und sieht in der Armee eine Möglichkeit, den Gemeinschaftssinn zu fördern, der für den Aufbau einer sozialistischen Gesellschaft eine notwendige Voraussetzung ist.

3.2.3 Kritik der sozialistischen Konzeption

Wie auch in anderen Teilen des Parteiprogramms finden wir im Bereich der nationalen Verteidigung anspruchsvolle Ziele, deren Verwirklichung selbst beim politischen Gegner Anerkennung finden könnte.

Ohne Zweifel ist es richtig, daß im Raketenzeitalter die nationale Verteidigung mit nuklearen oder thermonuklearen Waffen von einem Volk, das die zahlenmäßige und ökonomische Potenz wie Frankreich besitzt, nicht mehr allein vorgenommen werden kann, sollen nicht drastische Einschränkungen in anderen Bereichen wie z.B. der Sozial- und Gesellschaftspolitik vorgenommen werden. So stellt sich die Frage nach der bestmöglichen Kooperation nationaler Verteidigungspolitiken. Die bereits von Léon Blum angesprochene Bündnispolitik mit ihrer Integration bildet demnach das Kernstück sozialistischer Verteidigungspolitik. Die sozialistische Partei hat jedoch zu diesem Komplex keine zufriedenstellende Antwort gegeben, da sie in ihrer Konzeption zwar eine Integration fordert, aber eine Präzisierung der Integration vermeidet. Zwar wird von der Voraussetzung gemeinsamer Werte bei einer Integration ausgegangen,

aber über die Methoden und Wege zur Erreichung dieser Integration herrscht Unklarheit.
Ungeklärt bleibt auch die Frage der Finanzierung der von den Sozialisten angestrebten Verteidigungspolitik. Einerseits werden die modernsten Waffen gefordert - und hier sollte die Partei offenlegen, was sie unter modernsten Waffen versteht, nämlich den Erwerb von Kernwaffen - aber andererseits wird argumentiert, daß die ökonomischen und finanziellen Anstrengungen für die Landesverteidigung zum größten Teil unproduktiv seien. Deshalb soll nach Auffassung der SFIO in der Landesverteidigung immer gerade so kalkuliert werden, daß das Verteidigungsbudget im Krisenfall ausreichend ist, aber daß es auch wiederum nicht allzuviel dem notwendigen Produktionswachstum und dem sozialen Frieden wegnimmt[51]. Diese Auffassung ist kein originäres Gedankengut der SFIO, denn alle verantwortungsbewußten Regierungen werden nach diesem Prinzip handeln, aber die SFIO dürfte gegenüber konservativen Regierungen die Prioritäten im Gesamthaushalt anders verteilen. Das Finanzierungsproblem verschärft sich aber noch für die französischen Sozialisten, wenn man bedenkt, daß sie außerdem eine bessere Bezahlung für alle Wehrpflichtigen fordern. Diese theoretischen Vorstellungen, die im Prinzip große Zustimmung finden dürften, werden aber gerade aus finanziellen Gründen scheitern müssen, zumal die Partei ihren Schwerpunkt nicht auf die Verteidigungspolitik, sondern auf die Gesellschafts- und Sozialpolitik gelegt hat.
Die Armee als Integrationsfaktor für die verschiedenen sozialen Klassen zu gebrauchen, ist ein legitimes Ansinnen. Nur, wenn man sie als Mittel zum Aufbau einer sozialistischen Gesellschaft benutzt, wird sich ihr Auftrag verändern. Sie könnte in einer ungünstigen internationalen Kräftekonstellation, wo neben sozialistischen und kapitalistischen Staaten auch noch totalitäre und andere Staaten existieren, ihre eigentliche Aufgabe, nämlich die Verteidigung einer bestimmten Staatsform mit dem dazugehörigen Territorium und der auf ihm lebenden Gesellschaft nicht länger erfüllen. Sie würde dann dazu beitragen, daß eben gerade der angestrebte Versuch des Aufbaus der sozialistischen Gesellschaft in weite Ferne gerückt wurde.

3.3 Die Verteidigungskonzeption der PCF

Eine offizielle, im Parteiprogramm expressis verbis niedergelegte Verteidigungskonzeption der französischen Kommunisten wird man zu Beginn der V. Republik vergeblich suchen. Erst in ihrem Regierungsprogramm vom Oktober 1972 widmet die PCF der Verteidigungspolitik ein eigenes Kapitel, wenngleich dieses auch ganz am Schluß des Programms erscheint und damit bereits den Stellenwert der Verteidigungspolitik für die PCF deutlich macht, der darüberhinaus durch den kommunistischen Präsidentschaftskandidaten von 1969, Jacques Duclos, besonders herausgestrichen wird. "Für unsere Politik ist nicht die Außenpolitik entscheidend, sondern vor allem die Innenpolitik"[52]. Diese Priorität wird um so verständlicher, wenn man sich die Geschichte der PCF ansieht und feststellt, daß mit der Übernahme der Parteiführung durch Maurice Thorez im Jahre 1930 die französischen Kommunisten "endgültig auf Moskaukurs gegangen waren und allen Anweisungen des Kreml strikt Folge geleistet hatten"[53]. So kann man sie auch als "moskauhörig" bezeichnen[54]; zumindest bis zur Intervention der 5 Warschauer-Pakt-Mächte in der CSSR im August 1958, als die PCF erstmals in ihrer Geschichte die Politik der KPdSU tadelte[55]. Inzwischen sind sie jedoch zum früheren Kurs zurückgekehrt.

3.3.1 Die Ausgangsbasis der PCF

Beim Versuch, eine eigene Verteidigungskonzeption zu entwickeln, ist die PCF auf die Zusammenarbeit mit der KPdSU im Rahmen des proletarischen Internationalismus angewiesen. So kann als Grundlage ihrer Theorie die von 81 kommunistischen Parteien, unter der Federführung der KPdSU, beschlossene Moskauer Erklärung von 1960 angesehen werden. Die französischen Kommunisten berufen sich dabei vor allem auf folgenden Absatz dieser Erklärung:

> "Die Zeit ist gekommen, wo man den Versuchen der imperialistischen Aggressionen, einen Weltkrieg vom Zaune zu brechen, entgegentreten muß. Durch die gemeinsamen Anstrengungen des sozialistischen Lagers der internationalen Arbeiterklasse, der nationalen Befreiungsbewegungen und aller Staaten, die sich gegen den Krieg wenden sowie aller pazifistischen Kräfte, kann der Weltkrieg abgewendet werden"[56].

3.3.2 Der Kampf für den Frieden

Wichtigstes Ziel der PCF ist es, die Menschheit nicht nur von Unterjochung und Ausbeutung durch die Kapitalisten zu befreien, sondern für die Errichtung eines dauerhaften Friedens zu kämpfen[57]. Dieser dauernde Frieden kann nur durch die friedliche Koexistenz, die die Regel der Außenpolitik aller Staaten sein muß, erreicht werden. In dieser Konstellation kann Frankreich auch wieder Größe und Würde erlangen, wenn es neue Beziehungen mit allen Ländern, die aus verschiedenen Gründen vom Kolonialismus befreit worden sind, aufnimmt. Die Beziehungen müssen allerdings auf der offenen Anerkennung der Unabhängigkeit und der Gleichheit aufgebaut sein[58].

Der Kampf für den Frieden kann jedoch nur erfolgreich sein, wenn folgende außenpolitische Voraussetzungen erfüllt sind:

1. Politische, ökonomische und kulturelle Zusammenarbeit mit allen Ländern der Erde,
2. Verbot der Weitergabe von Atomwaffen,
3. Anerkennung beider deutscher Staaten,
4. Beendigung jeder neokolonialistischen Politik gegenüber den Staaten Lateinamerikas, Afrikas und Asiens
5. Teilnahme Frankreichs an allen Verhandlungen, die die Abrüstung betreffen[59].

3.3.3 Die Funktion der Armee

Ähnlich wie für die Sozialisten spielt auch das Verhältnis von Armee und Bürger für die kommunistische Partei Frankreichs eine bedeutende Rolle. Auch die PCF beruft sich auf Jean Jaurès, der in seinem Buch "L'Armée Nouvelle" eine Art Bürgerarmee vorschlägt. Eine derartig konzipierte Armee wäre für die Kommunisten die annehmbarste, da sie ihrer Ansicht nach das problematische Verhältnis von Armee und Bürger am besten lösen könnte. Verbal reiht sich zwar die kommunistische Partei an die von der KPdSU vertretene These der Abschaffung der Armeen, der Generalstäbe, der Generäle und der Kriegsministerien ein. Doch in ihrem Parteiprogramm von 1959 spricht sie sich für eine Armee aus, die die folgenden Voraussetzungen erfüllen muß:

> " Es ist wichtig, daß die Armee ausschließlich im Dienst der Nation steht, daß sie auf einen kurzen Wehrdienst gegründet

> ist, daß sie vollständig der zivilen Gewalt untergeordnet ist und daß sie keine politische oder soziale Diskriminierung kennt"[60].

Damit wird die Notwendigkeit einer Armee im augenblicklichen Zeitraum nicht nur zugegeben, sondern ihr Bestehen auch als erforderlich angesehen. Um zu verhindern, daß sich die Armee verselbständigt und eventuell sogar zu einem eigenständigen politischen Faktor werden könnte, lehnen die Kommunisten die Berufsarmee aus Prinzip ab. Nach Ansicht der PCF hat die Geschichte gezeigt, daß die Berufsarmee immer ein Instrument der Herrschenden gewesen ist und gegen das Volk und damit gegen die Interessen der Nation eingesetzt worden ist. Die Konzeption einer Berufsarmee ist gefährlich, weil sie die Herrschaft einer Minderheit über die Nation bedeuten kann. Im Extremfall kann die Berufsarmee zu einer Kolonialarmee werden, die sich wiederum in eine Bürgerkriegsarmee verwandelt und damit gegen die Interessen der Nation handelt. Dagegen befürwortet die PCF einen kürzeren Wehrdienst, der nach ihren Vorstellungen ein Jahr betragen soll.
Die Kommunisten fordern analog zu ihrer "echten Demokratie" die "echte" nationale Verteidigung, die ihrer Ansicht nach nur von einer Armee von B ü r g e r s o l d a t e n erfüllt werden kann. Die Bürgerarmee müßte sich zuallererst auf Reserveeinheiten stützen, die während einer kurzen Wehrdienstzeit gut ausgebildet werden sollen. Eine adäquate Ausrüstung mit Waffen und Gerät wird von der PCF als selbstverständlich vorausgesetzt. Die im Zivilleben erworbenen beruflichen Kenntnisse sollten der Armee nutzbar gemacht werden, d.h. die jungen Soldaten sollten in denjenigen Positionen eingesetzt werden, die ihrem Beruf im Zivilleben am nächsten kommen.
Mit dieser Konzeption will die PCF auch der Forderung nach einer Berufsarmee entgegentreten, deren Befürworter das technische Argument in den Vordergrund stellen und die für die neue Waffentechnik Berufssoldaten als unabdingbar ansehen. Die Kommunisten vertreten dagegen den Standpunkt, daß alle für die Armee notwendigen technischen Berufe auch im Zivilleben existieren, und daß eine bessere Berufsausbildung sich auch in der Armee bemerkbar machen würde.

> "Eine gesunde Konzeption der nationalen Verteidigung fordert im Gegenteil, daß die Armee nicht der Schöpfer, sondern der Nutznießer des wissenschaftlichen und technischen Potentials der Nation ist"[61].

Das Monopol der militärischen Gewalt darf weder einer Kaste von "Berufskriegern" überlassen bleiben noch der öffentlichen Kontrolle entzogen sein, damit nicht diese Minoritätengruppe ihren Willen dem Volke auferlegt. Um diese Entwicklung zu verhindern, wird das Konzept der B ü r g e r - A r m e e vertreten. Dazu kommt aber noch, die von der Roten Armee bereits praktizierte Vorstellung, daß es die jungen Kommunisten als eine wesentliche Aufgabe ansehen, "ihre Arbeit in der Armee zu vervollständigen und zwar unter allen Soldaten aller Meinungen".[62] Auf französische Verhältnisse übertragen heißt das, daß die kommunistischen Soldaten versuchen sollen, möglichst viele ihrer Kameraden vom Kommunismus zu überzeugen. Die Armee wird damit zu einem für die Kommunisten erfolgversprechenden Objekt, in dem sie für ihre Vorstellungen leicht werben können. Ähnlich wie in der Konzeption der SFIO soll auch hier versucht werden, mit Hilfe des Instruments Militär, zu den von den Kommunisten beabsichtigten Gesellschaftsvorstellungen zu gelangen.

3.3.4 Kritik der kommunistischen Verteidigungskonzeption

Der Anspruch einer "echten nationalen Verteidigung", der von der PCF aufgestellt wird, ist schwer aufrechtzuerhalten. Durch die Zustimmung der PCF zum sozialistischen Internationalismus wird praktisch die dominierende Stellung der KPdSU anerkannt. Auch hat das gesamte Verhalten der PCF seit ihrer Gründung gegenüber der KPdSU nicht dazu beigetragen, um tatsächlich von einer nationalen Partei sprechen zu können. Sie war keine "rechte" oder "linke" Partei, sondern sie war eine "Partei des Ostens", wie es der Generalsekretär der SFIO, Guy Mollet, einmal ausdrückte.
Die Ausgangsbasis der PCF, d.h. das immer stärker werdende sozialistische Lager, das schließlich zu dessen Unbesiegbarkeit führt, ist eine Hypothese, die durch nichts bewiesen wird. Es ist richtig, daß der Warschauer Pakt - und er bildet das Schwergewicht des sozialistischen Lagers, - Ende der 50er und Anfang der 60er Jahre militärisch stärkere Anstrengungen als die NATO unternommen hat. Daß aus dieser Verstärkung "der Arbeiterklasse und den Kräften des Volkes ein wachsendes Vertrauen in ihren eigenen Erfolg" erwachsen ist, wird nicht bewiesen und muß sehr stark in Frage gestellt werden.

Die Frage einer Berufsarmee oder einer Bürgerarmee spricht von der Theorie her zugunsten der Bürgerarmee. Doch gerade hier zeigt sich, daß es in der Praxis eben nicht möglich ist, daß sämtliche von der Armee geforderten Tätigkeiten auch im Zivilleben vorhanden sind und somit die Bürger nur in eine Uniform gesteckt werden zu brauchen, um eine Bürgerarmee aufzustellen. Im Zivilleben gibt es keine Panzerfahrer, die in der Armee die gleiche Aufgabe übernehmen könnten. Und gerade bei der hochkomplizierten, modernen Waffentechnik ist zu fragen, ob in Zukunft nicht nur Zeitsoldaten oder gar Berufssoldaten als Spezialisten an Waffensystemen arbeiten können, weil eben die aus dem Zivilleben kommenden Soldaten dazu einfach nicht in der Lage sind?

4 Oppositionsparteien und gaullistische Verteidigungspolitik 1958 - 1965

4.1 Die gaullistische Verteidigungspolitik 1958 - 1965

Entsprechend der von de Gaulle in seinen Memoiren sowie in seinen Reden immer wieder angekündigten Theorie, daß die Verteidigung national sein müßte, wurde auch die Verteidigungspolitik der V. Republik im gaullistischen Sinn konsequent durchgeführt. De Gaulle ging in seiner Sicherheitspolitik von zwei entgegenstehenden Visionen aus:

> "The first vision stemmed from the Gaullist perception of the international system as an unstable system, dominated by the two superpowers. As a consequence, the general sought to change that system into another that would provide a more stable world balance. His efforts were directed primarily at transforming the existing state system in Europe and encouraging the emergence of a new Europe which would act als a third power. According to his second vision, de Gaulle was determined that France be recognized once again as a great power with an important global role"[1].

4.1.1 Frankreichs NATO-Politik 1958 - 1965

Voraussetzung für die Verwirklichung der französischen NATO-Politik war für de Gaulle eine zufriedenstellende Lösung des Algerienkonfliktes, den er als Erbschaft der IV. Republik übernommen hatte. Solange ihn dieser Ballast noch hinderte, konnte de Gaulle seine Zielvorstellungen nicht verwirklichen. Grundsätzlich ging der französische Staatspräsident davon aus, daß die NATO g e g e n w ä r t i g für die Verteidigung der freien Welt und "für Frankreich als äußerste Vorsichtsmaßregel" unerläßlich sei.[2] Ziel seiner NATO-Politik war aber die Loslösung Frankreichs aus der integrierten Befehlsgewalt und Kommandostruktur, um dem Anspruch von der autonomen und nationalen Verteidigung gerecht zu werden. In der damaligen Struktur der Atlantischen Allianz sah de Gaulle eine fortdauernde Subordination Europas, und damit Frankreichs, unter der NATO.
Im Rahmen seines Dreistufenplans von der Entspannung (dêtente) über das Einvernehmen (entente) zur Zusammenarbeit (coopêration),[3] den de Gaulle schon vor der Publizierung im Jahre 1967 verfolgte,

hoffte er mit seiner Politik der nationalen Unabhängigkeit neben den jungen aufstrebenden Staaten, vor allem denjenigen, die den Kolonialismus abschüttelten, auch insbesondere den osteuropäischen Staaten unter russischer Bevormundung einen Weg weisen zu können.

Bereits in der ersten Unterredung mit Bundeskanzler Adenauer in Colombey-les-deux-Eglises am 14. September 1958, ließ de Gaulle über seine zukünftige NATO-Politik keinerlei Zweifel aufkommen. Gegenüber Adenauer sagte er:

> "Frankreich werde zwar weiterhin dem grundsätzlichen Bündnis angehören, das der Vertrag von Washington für den Fall einer Aggression vorstehe, früher oder später jedoch das System der NATO verlassen, zumal es eine Kernwaffenrüstung aufzubauen gedenke, auf die das Integrationsprinzip nicht angewandt werden könne".[4]

Hier spielt das Vorhandensein bestimmter Prämissen der Außenpolitik de Gaulles, die bereits doktrinären Charakter annahmen, eine wesentliche Rolle. Die vom General in der Kriegszeit gewonnene Überzeugung, daß die Bedrohung der französischen Interessen für lange Zeit von den USA ausgehen würden, schien auch noch nach seiner Machtübernahme im Jahre 1958 bei ihm vorzuherrschen, wie aus einem Gespräch de Gaulles mit dem amerikanischen Präsidenten Eisenhower aus dem Jahre 1958 hervorgeht.

> "Meine Absicht geht also dahin, Frankreich zwar nicht aus dem Atlantischen Bündnis, das ich als äußerste Vorsichtmaßregel beizubehalten gedenke, aber aus der durch die NATO verwirklichten Integration unter amerikanischem Oberbefehl zu lösen"[5].

Deshalb versuchte der General die Subordination Frankreichs unter die NATO und damit unter die USA zu beenden.

Die Lösungspolitik de Gaulles aus der NATO läßt sich in drei Phasen einteilen. Von 1958 bis 1962 versuchte de Gaulle tatsächlich die NATO zu reformieren, allerdings mit dem legitimen Ziel einer größeren Einflußnahme Frankreichs, um damit die Gleichstellung der Franzosen mit den Amerikanern und den Briten zu erreichen. Er brauchte in dieser Zeit der verstärkten internationalen Konfrontation (Berlin-Krise 1958, Scheitern der Pariser Gipfelkonferenz im Mai 1960 und Bau der Berliner Mauer 1961) die NATO, d.h. letztendlich den Schutz des amerikanischen Atomschirms um so mehr, als der Algerienkrieg Frankreich noch außergewöhnlich belastete.

Ab Frühjahr 1962, als auch die erneuten Bemühungen für ein NATO-

Dreier-Direktorium beim neuen amerikanischen Präsidenten Kennedy keine Gegenliebe fanden[6], wandte sich de Gaulle dem Aufbau Europas, eines europäischen Europa unter französischer Führung, zu.
Die NATO sah er jetzt als lästiges Übel an, aus deren militärischen Integration er sich allmählich zu lösen gedachte, ohne damit aber den militärischen Wert der NATO ernsthaft zu gefährden[7]. Die dritte Phase bildete ab 1966 der vollständige Rückzug aus der militärischen Integration.
Die Loslösungspolitik aus der NATO leitete de Gaulle noch während seiner Amtszeit als Ministerpräsident in der Übergangsphase von der IV. zur V. Republik mit dem berühmten Memorandum vom 17. September 1958 ein. In diesem, an den amerikanischen Präsidenten und britischen Premierminister gesandten Schreiben, formulierte de Gaulle die zukünftige NATO-Politik Frankreichs. Er ging davon aus, daß Frankreich als Verbündeter der USA das Risiko auf sich nehme, in einem weltweiten Konflikt einbezogen zu werden, ohne allerdings an den entsprechenden Entscheidungen beteiligt zu sein. Deshalb forderte er die Errichtung eines Dreierdirektoriums, bestehend aus den USA, Frankreich und Großbritannien, das die wichtigsten politischen Entscheidungen der westlichen Allianz gemeinsam treffen sollte[8]. Insbesondere sollte dieses Direktorium für die strategischen Entscheidungen und damit auch für den Einsatz nuklearer Waffen verantwortlich sein. Der Zweck für de Gaulle war die Gleichstellung Frankreichs mit den Kernwaffenmächten der Allianz, USA und Großbritannien, sowie ein französisches Vetorecht gegenüber dem Einsatz der amerikanischen Abschreckungsmacht; eine Absicht, die die USA aber nicht billigen konnten. Für de Gaulle sollte die Atlantische Allianz in einem inneren Wandlungsprozeß zu einem Instrument der drei Westmächte umgewandelt werden, um es als eine Art "Forum der amerikanisch-britisch-französischen Zusammenarbeit im Weltmaßstab zu benutzen"[9].
Die Reaktion der Angelsachsen auf diese französischen Vorstellungen war weder schnell noch eindeutig, sondern eher zögernd und ausweichend und lieferte de Gaulle ein wenn auch kaum stichhaltiges Alibi, seine NATO-Abmarsch-Politik einzuleiten.
Am 7. März 1959 teilte de Gaulle der NATO mit, daß Frankreichs Mittelmeerflotte nicht länger der NATO in Kriegszeiten zur Verfügung stände[10]. Es konnte auch nicht mehr überraschen, daß der französische Staatspräsident die Installierung von Abschußrampen für

Interkontinentalraketen auf französischem Boden im gleichen Jahr ablehnte[11]. Die gaullistische NATO-Politik bewirkte, daß die in Frankreich stationierten amerikanischen Bomber nicht mehr auf französischem Territorium landen und starten durften und somit außerhalb Frankreichs, nämlich nach Großbritannien oder in die Bundesrepublik, verlegt werden mußten. De Gaulle begründete diese Maßnahmen mit dem französischen Souveränitätsanspruch, wonach Frankreich über Atomwaffen, die auf seinem Territorium lagern, auch letztendlich verfügen müsse[12]. Ziel aller Forderungen war die sukzessive Rückgewinnung der Verfügungsgewalt über die nationalen Streitkräfte, um sie in den Gebieten einsetzen zu können, die nach Ansicht de Gaulles französische Interessengebiete waren, die aber durch die NATO nicht geschützt wurden.
All diese Maßnahmen des "dégagements" führten nicht zu dem von de Gaulle gewünschten Erfolg, die NATO gemäß den französischen Forderungen zu reformieren und Frankreich damit die ersehnte Gleichstellung mit den beiden anderen Kernwaffenmächten der Allianz zu gewähren.
Deshalb beginnt im Frühjahr 1962, nachdem der Algerienkrieg eine mehr oder weniger befriedigende Regelung gebracht hatte, die zweite Phase der gaullistischen NATO-Politik, die im Kern schon auf eine Auflösung der NATO angelegt ist. Für den Fall, daß die Amerikaner die europäischen Interessen und damit auch die französischen Interessen nicht mehr verteidigen - und die direkten amerikanisch-sowjetischen Gespräche über das Moskauer Teststopabkommen bestärkten de Gaulle in dieser Auffassung - mußte ein europäisches Europa geschaffen werden, das unabhängig von den Supermächten seine eigene Rolle spielen sollte. Dieses Europa, das gemäß de Gaulle nur unter französischer Führung entstehen konnte, versuchte der französische Präsident nach den Mißerfolgen mit den Fouchet-Plänen auf die Basis der deutsch-französischen Beziehungen zu stellen. Grundlage bildete der im Januar 1963 abgeschlossene deutsch-französische Freundschaftsvertrag, der jedoch durch eine vom deutschen Bundestag vorangestellte Präambel, die die deutschen Bindungen an die NATO unterstrich, in den Augen des französischen Staatschefs wertlos wurde. So beschränkte sich de Gaulle in der Folgezeit auf weitere Dégagementmaßnahmen, die aber die NATO - militärisch gesehen - nicht schwächten, den übersteigerten französischen Unabhängigkeitsdrang dagegen nachdrücklich kennzeichneten. Die seit Fe-

bruar 1962 aus Algerien heimkehrenden Truppen wurden danach auch nicht wieder dem integrierten NATO-Kommando unterstellt[13]. Im Juni 1963 kündigte Frankreich den Rückzug der Atlantikflotte aus der integrierten NATO-Kommandostruktur an, der 1964 als vorläufig letzte Maßnahme der Rückzug der Marineoffiziere aus den integrierten NATO-Stäben folgte[14]. All diese Maßnahmen brachten Frankreich kein Stückchen näher an das ursprüngliche Ziel der NATO-Reform heran. Sie sollten vielmehr der französischen Bevölkerung Glauben machen, daß Frankreich die nationale Souveränität zurückeroberte. Gleichzeitig sollte die französische NATO-Politik als Beispiel für andere in Blöcken zusammengefaßte Länder dienen und in der Dritten Welt Frankreichs Ansehen heben.

4.1.2 Der Eckpfeiler der französischen Verteidigungspolitik - die "Force de Frappe"

Als General de Gaulle am 13. Mai 1958 erneut die Macht in Frankreich übernahm, fand er auf dem Gebiet der Atompolitik bereits Entwicklungen vor, auf denen er nur aufzubauen brauchte. Schon im Oktober 1945 wurde unter der damaligen Regierung de Gaulle das "Commissariat à l'Energie Atomique" ins Leben gerufen, dessen Arbeit sich lange Zeit aber auf die friedliche Anwendung der Atomenergie beschränkte. Ab 1954 nahm die Idee einer französischen Atombombe langsam Gestalt an; aber erst das Kabinett Gaillard erteilte im April 1958 den Auftrag zum Bau der Atombombe[15].

Die heimlich und fast ängstlich betriebene Atompolitik der IV. Republik wurde zwar von de Gaulle übernommen; jedoch stellte er sie in das Zentrum seiner Verteidigungspolitik und ließ nach und nach den Geheimnisschleier lüften. Die militärischen Arbeiten der Atombehörde erhielten absolute Priorität und wurden nun auch von der zivilen Zielsetzung geographisch getrennt. Die Ernennung des bisherigen Generaladministrators Pierre Guillaumat zum ersten Armeeminister der V. Republik unterstrich de Gaulles Priorität der Atombewaffnung der französischen Armee[16].

Der Staatschef verfolgte aber mit dem Bau der Atombombe ganz andere Ziele als die Regierung Gaillard. Während in der IV. Republik der Bau einer eigenen französischen Kernwaffe als Mittel angesehen wurde, den gleichen Status wie die USA und Großbritannien in der Atlantischen Allianz zu erhalten, um damit auch die europäischamerikanische Zusammenarbeit zu stärken, mußte Frankreich gemäß der Militärphilosophie de Gaulles, Atomwaffen allein schon deshalb besitzen, um sich als Staat zu legitimieren, d.h. es mußte im Stande sein, sich selbst zu verteidigen, was aber wiederum nur durch den Besitz modernster Waffen möglich war[17]. Daß der Staatspräsident die eigene nationale französische Atombombe auf jeden Fall durchzusetzen trachtete, machte er dem amerikanischen Außenminister Dulles bei dessen Besuch kurz nach de Gaulles Regierungsübernahme in aller Offenheit deutlich:

> "Frankreich hat vor, für die Entspannung zu arbeiten, bleibt aber stets dabei auf das Schlimmste gefaßt. Aber in beidem, ohne dem Bündnis mit Ihnen zu entsagen, will es sein eigenes Ich bewahren und sein eigenes Handeln bestimmen. Es gibt, vor allem nicht in den Augen der Franzosen, kein Frankreich, das diesen Namen verdiente und keine Weltverantwortung trüge. Deswegen billigt es die NATO nicht, die ihm seinen Anteil an der Entscheidung vorenthält und sich auf Europa beschränkt. Deswegen wird es sich eine Atomrüstung geben. Damit kann unsere Verteidigung und unsere Politik unabhängig sein, und darauf kommt es uns vor allen anderen Dingen an. Wenn Sie uns Bomben verkaufen wollen, dann kaufen wir sie gerne, vorausgesetzt, daß sie voll und uneingeschränkt uns gehören"[18].

De Gaulle befürchtete, daß eines Tages die Verteidigungsbereitschaft der USA für Europa nachlassen könnte, daß die USA also nicht unbedingt das Risiko eingehen würden, einen Angriff der Sowjetunion auf einen europäischen Verbündeten sofort mit dem Einsatz massiver Atomwaffen zu beantworten. Die Anwendung der Strategie der "massiven Vergeltung" und damit die Glaubwürdigkeit der amerikanischen Abschreckung wurde von de Gaulle bezweifelt. Für den französischen Präsidenten hatte die NATO aufgehört, "den Westeuropäern ihre Existenz zu garantieren. Wenn aber die Wirklichkeit des Schutzes zweifelhaft geworden ist, warum sollte man da noch sein Schicksal dem Beschützer anvertrauen"[19]?

Eindringlich begründete de Gaulle die Notwendigkeit einer eigenen nationalen Atomstreitmacht gegenüber dem amerikanischen Präsidenten Eisenhower im September 1959:

> "Wenn Rußland uns angreift, sind wir Ihre Verbündeten und Sie die unseren. Aber in diesem wie in jedem anderen Konfliktfall wollen wir unser Schicksal, das vor allem davon abhängt, ob wir atomaren Geschossen zum Opfer fallen oder nicht, in der eigenen Hand halten. Folglich brauchen wir etwas, das jeden denkbaren Angreifer davor zurückschrecken läßt, den Schlag gegen uns auf unserem Boden zu führen, und das setzt voraus, daß auch wir ihn auf seinem Boden treffen können; und es setzt voraus, daß er weiß, daß wir das auch tun werden, ohne irgend-

> eine Genehmigung von außen abzuwarten. In einem Kampf zwischen West und Ost habt ihr Amerikaner zweifellos die Mittel, den Gegner aus seinem Territorium zu vernichten. Aber er besitzt auch seinerseits das Nötige, um Euch auf Eurem Territorium in Stücke zu fetzen. Wie sollen wir Franzosen nun die Gewißheit haben, daß Sie sich, sofern Sie nicht direkt auf dem Boden der Vereinigten Staaten bombardiert werden, in eine Situation begeben, wo der Tod auf Sie herniedergeht, selbst wenn Sie mit dem letzten Atemzug noch die Hoffnung verbinden können, daß russische Volk werde zur gleichen Zeit seine Seele aushauchen? Der Umkehrschluß trifft übrigens ebenfalls zu, so daß die Abschreckung für Rußland wie für Amerika wirklich existiert. Aber sie existiert nicht für die jeweiligen Verbündeten. Was hinderte denn die beiden daran, das zu zermalmen, was zwischen ihren Lebensnerven liegt, das heißt im wesentlichen das europäische Schlachtfeld? Ist es nicht gerade das, worauf sich die NATO vorbereitet? Zu allem übrigen wäre in einem solchen Fall aus vielen geographischen, politischen und strategischen Gründen gerade Frankreich in erster Linie zum Sterben verurteilt, wie zwei Weltkriege bereits zur Genüge bewiesen haben. Also besteht es darauf, sich eine Überlebenschance zu erhalten, wie immer die Gefahr geartet sein möge und woher sie auch komme"[20].

Der Entschluß, eine eigene nationale Atomstreitmacht aufzubauen, war also in jeder Beziehung unabdingbar. Im Juli 1960 wurde der Nationalversammlung der organisatorische Rahmen für die Errichtung der französischen Nuklearmacht vorgelegt. Mit dem recht unscheinbar klingenden Titel "Projet de loi de programme relatif à certaines équipments militaires" wurde der Eckpfeiler der französischen Verteidigungspolitik umschrieben. Es hatte auch den Anschein, daß man aufgrund der öffentlichen Dispute der Parteien über die Atombewaffnung dieses Projekt nicht allzu lautstark verkünden wollte. Dazu bestand aber gerade in dieser Phase kein Anlaß, da sich im Februar 1960, also kurz nach Zündung der ersten französischen Atombombe, 65 % der Bevölkerung für solche Atombombenversuche aussprachen, und mit 49 % knapp die Hälfte der Bevölkerung die Herstellung französischer Atomwaffen unterstützte[21]. Aus diesen Ergebnissen konnte die Regierung eine Unterstützung ihre Atompolitik ableiten.

Die Haltung der Opposition und teilweise auch der in der Regierung vertretenen Parteien zu dieser von der Regierung beabsichtigten Atompolitik war negativ, wie wir weiter unten sehen werden, so daß die Regierung mit Geschäftsordnungsanträgen arbeiten mußte, um das Atomprogramm durch die Nationalversammlung durchzubekommen. So wurde ohne ausdrückliche Zustimmung einer Parlamentsmehrheit das Gesetz beschlossen, das für die nächsten fünf Jahre den Organisationsrahmen für die französische Atompolitik abgeben sollte.

Damit hatte de Gaulle den gesetzlichen Rahmen für das Schlüsselelement seiner Außenpolitik erreicht. Doch es zeigte sich schon sehr bald, daß die im Organisationsgesetz von 1960 projektierten 12,3 Milliarden Francs für die force de frappe nicht ausreichten, so daß sich die Regierung gezwungen sah, im Juli 1962 eine Vorlage mit Nachtragskrediten von 200 Millionen Francs für das Atomzentrum Pierrelatte einzubringen, wodurch sie erneut in eine recht schwierige Position geriet.
Nachdem dieser innenpolitische Angriff von der gaullistischen Mehrheit in der Nationalversammlung noch einmal erfolgreich abgewehrt werden konnte, traten zwei internationale Entwicklungen in den Vordergrund, die die nationale französische Atomstreitmacht aufs Neue in Frage stellen konnten. Zum einen war es die Aufnahme der Verhandlungen über ein Atomteststopabkommen mit der gleichzeitig stattfindenden 18-Mächteabrüstungskonferenz und zum anderen das Projekt der multilateralen Atomstreitmacht (MLF).
Nachdem die force de frappe in den Jahren 1962/63 als politisches Mittel versagt hatte, um Frankreich eine von de Gaulle geforderte Stellung in der Allianz zu sichern, blieb ihr nun noch die militärische und politische Funktion der Abschreckung. Wenn auch de Gaulle kaum Glauben machen konnte, daß mit dem im Verhältnis zu den Supermächten winzigen Kernwaffenpotential der potentielle Gegner Sowjetunion abgeschreckt werden konnte, so stellte er jedoch den Einsatz französischer Kernwaffen als "egozentrische Abschrekkung" dar. Die wichtigste Größe dafür war eben die nationale Verfügung. Es wurde immer deutlicher, daß die force de frappe mehr als eine Abschreckungswaffe war; sie wurde Statussymbol[22].
Gerade dieses Statussymbol drohte durch das Teststopabkommen in Gefahr zu geraten. In dem am 29. Juli 1963 paraphierten Moskauer Vertrag über die teilweise Einstellung der Atomwaffenversuche, sah de Gaulle nichts anderes als die atomare Komplizenschaft der beiden Atomgiganten, durch die "die Aufteilung der Oberhoheit über die Welt auf zwei Mächte konsolidiert wird"[23].
Für Frankreich selbst mußte dieses Abkommen, hätte es den Moskauer Vertrag unterschrieben, das Ende der force de frappe bedeuten. Vorschläge des amerikanischen Präsidenten, Frankreich zum Vertragsbeitritt zu bewegen, mußten in dem mit der Aufbauphase der force de frappe beschäftigten Frankreich natürlich auf taube Ohren stoßen.

Ebenso waren für de Gaulle die Bemühungen der Genfer Abrüstungskonferenz der UNO nichts anderes als versteckte Versuche der USA und der Sowjetunion, Frankreich am Aufbau der eigenen nationalen Atomstreitmacht zu hindern.
Der französische Präsident stellte in den Jahren 1962/63 unrealisierbare, utopische Forderungen, um Frankreich somit ein Alibi für den weiteren Aufbau seiner force de frappe zu verschaffen. Folgerichtig zog sich Frankreich dann auch aus den Verhandlungen der Genfer Abrüstungskonferenz zurück.
Im Herbst 1962 wurde der Plan einer multilateralen Atomstreitmacht (MLF)[24] aktuell und drohte die französischen Pläne der Entwicklung der nationalen Atomstreitmacht zu stören. Mit der MLF hofften vor allem die Amerikaner eine weitere Proliferation von Atomwaffen zu verhindern, insbesondere in bezug auf die Bundesrepublik Deutschland. Einige europäische Länder sahen in der MLF zunächst eine Chance für eine echte europäische politische Einigung.

Das Ziel der MLF war jedoch im Rahmen der Kennedyschen "grand design" die Verbesserung der atlantischen Partnerschaft, ohne gleichzeitig die Struktur des Atlantikpaktes fundamental zu verändern. Die MLF sollte den europäischen Atlantikmitgliedern das Gefühl der atomaren Teilhabe verschaffen, ohne daß die Amerikaner bereit waren (und sein konnten), ihre atomare Verantwortung zu teilen. Die Grundlage der MLF bildete das Abkommen von Nassau, das praktisch die britische Atomwaffe in die NATO einbrachte und nur im Falle der äußersten Bedrohung Großbritanniens die nationale Verfügungsgewalt vorsah.
In dem britisch-amerikanischen Abkommen sah General de Gaulle die Bestätigung der "special relationship" der Angelsachsen, diesmal im Nuklearbereich. Die besonderen Beziehungen würden gemäß de Gaulle auch in einer MLF dominieren, ohne daß die Amerikaner den Hauptteil ihres Nuklearpotentials in die Allianz einbringen würden. Wie de Gaulle Frankreichs Entscheidung in bezug auf die MLF darstellte, wurde in der Pressekonferenz vom 14. Januar 1963 sichtbar:

> "Diese multilaterale Streitmacht (würde) notgedrungen ein ganz kompliziertes Netz von Verbindungsstellen, Nachrichtenübermittlungen und Interferenzen im Innern und Abhängigkeit nach außen erfordern, so daß eine plötzliche Herauslösung eines ihrer Bestandteile sie gerade in dem Augenblick, in dem sie vielleicht in Aktion treten müßte, lähmen würde. Zusam-

> mengefaßt, wir bleiben bei dem gefaßten Entschluß: Aufbau durch uns und gegebenenfalls Einsatz unter unserer Verantwortung unserer eigenen Atomstreitmacht. Dabei lehnen wir selbstverständlich nicht die Zusammenarbeit ab, sei es technischer oder strategischer Art, wenn sie von unseren Verbündeten gewünscht wird"[25].

Damit hatte de Gaulle die aus der internationalen Umwelt entstandenen Gefahren für die nationale französische Atomstreitmacht erfolgreich abgewehrt und mit dem Veto gegen den britischen EWG-Beitritt die Rolle einer unabhängigen französischen Nation auf das deutlichste dokumentiert. Anschließend setzte er seine Atompolitik mit dem zweiten Fünfjahresprogramm entschlossen fort, das 1965 anlief. In der Retrospektive verdeutlicht die MLF-Episode die tiefe Kluft zwischen Franzosen und Amerikanern in der Nuklearpolitik. Die französischen und die amerikanischen Ziele von der Verteidigung Europas und noch mehr über die Rolle Europas in der Welt standen sich diametral gegenüber.
Für de Gaulle bedeutete der Besitz der Kernwaffen erstens das Mittel zum Erwerb der nationalen Unabhängigkeit, zweitens ein politisches Mittel, um seine ehrgeizigen außenpolitischen Ziele in bezug auf die Atlantische Allianz und Europa zu erreichen und drittens, nie ausgesprochen, die kontinentale europäische Führungsmacht zu werden, um mit Hilfe der force de frappe das deutsche wirtschaftliche Potential auszugleichen und eine eventuelle Neutralisierung Deutschlands zu verhindern[26].

4.2 Die Innerbereichsopposition

4.2.1 Der Widerstand Pinays

Der Widerhall auf die Ausführungen General de Gaulles vor den Offizieren der Militärakademie im November 1959 war so gering, daß er das innenpolitische Leben der V. Republik kaum berührte. Die gaullistischen Thesen über die Landesverteidigung, die in de Gaulles Pressekonferenz vom 10. November 1959 noch einmal wiederholt wurden, fanden im Ausland ein wesentlich größeres Echo. Insbesondere die deutsche Bundesregierung unter Führung Konrad Adenauers betrachtete die Ausführungen de Gaulles mit Sorge[27].

In Frankreich war es nicht zuerst die parlamentarische Opposition, wie man eigentlich annehmen sollte, die die gaullistischen Thesen zur Landesverteidigung scharf verurteilte, sondern ein Kabinettsmitglied: der Finanzminister Antoine Pinay. Er, ein Vertreter der "Klassischen Rechten" und Mendès-France "heben sich auch als einzige vom großen Haufen derer ab, die zwölf Jahre lang an dem Wettlauf (der Regierungsämter der IV. Republik d.V.) teilnahmen"[28]. Pinay genoß Anerkennung und Vertrauen bei der Bevölkerung, weil er in der Zeit der galoppierenden Inflation während seiner Regierungszeit 1952 die Preissteigerungen auf ein erträgliches Maß reduzieren konnte und ebenfalls im Kabinett de Gaulle 1958/1959 zur Beendigung der sehr starken Preissteigerungen mit seiner Deflationspolitik viel beigetragen hatte.
Durch diesen moralischen Rückhalt glaubte Pinay als Finanzminister a u c h im Kabinett Debré unter der Präsidentschaft de Gaulles eine starke Stellung zu besitzen. Doch spätestens nach den ersten Kabinettssitzungen mußte sich Pinay seiner Machtlosigkeit bewußt geworden sein, im Kabinett Unterstützung auch in anderen als seinen unmittelbaren Ressortzuständigkeiten zu finden[29].

Doch nach den Äußerungen de Gaulles vor der Militärakademie wollte und konnte Pinay nicht länger schweigen oder sich nur auf sein Ressort konzentrieren. In einer Ministerratssitzung nach der Ansprache de Gaulles in St. Cyr fragte Pinay de Gaulle nach Inhalt und Bedeutung der Rede sowie nach de Gaulles Haltung zum Prinzip der NATO. Die Antwort de Gaulles konnte nicht sarkastischer sein und verdeutlicht de Gaulles Selbstverständnis über Tagungen des französischen Kabinetts. Höhnisch antwortete de Gaulle, in dem er rhetorisch fragte: "Der Herr Finanzminister interessiert sich für die Probleme der Außenpolitik"?[30] Pinay bekundete daraufhin sein brennendes Interesse für die Außenpolitik und verlas die wichtigsten Passagen dieses "Grundgesetzes" der gaullistischen Verteidigungspolitik, da seiner Meinung nach nur wenige Kabinettsmitglieder diese Rede bereits kannten. Schließlich stellte er de Gaulle die alles entscheidende Frage:

> "Unsere Alliierten sind bestürzt über Ihre Rede. Sind Sie der Ansicht, daß wir in finanzieller, technischer und militärischer Hinsicht die Mittel besitzen, uns zu verteidigen? Ich für meine Person antworte mit n e i n, soweit es sich um das wirtschaftliche und finanzielle Gebiet handelt. Nein, wir besitzen nicht die Mittel, uns allein zu verteidigen.

> Im Zeitalter der Interkontinentalraketen ist es unsinnig nach isoliertem Vorgehen zu streben. Wir haben keine realen Möglichkeiten, eine force de frappe zu schaffen und müssen um jeden Preis den Abzug der Amerikaner verhindern"[31].

Solch kritische Gedanken eines Kabinettsmitgliedes rüttelten an den Heiligtümern der gaullistischen Ideologie.
Wenn nach Pinay Frankreich nicht in der Lage sein sollte, wirtschaftliche und finanzielle Mittel zu finden, um eine nationale Atomstreitmacht aufzustellen, dann könnte damit auch nie das Ziel der nationalen Unabhängigkeit erreicht werden. Und löckte der Finanzminister nicht auch wider den Stachel, wenn er sich um jeden Preis für ein Verbleiben der Amerikaner auf dem europäischen Kontinent einsetzt?
De Gaulle ging auf die Ausführungen Pinays ein und bekräftigte seine Ablehnung gegenüber dem Integrationsprinzip. Damit schien diese Angelegenheit im Ministerrat erledigt zu sein. Aber kaum war der nächste Tagungsordnungspunkt begonnen, als de Gaulle noch einmal auf die Äußerungen Pinays zurückkam[32]. De Gaulle wies Pinay darauf hin, daß der Finanzminister bei den Entscheidungen über den Rückzug der Streitkräfte aus dem Mittelmeer und aus der atlantischen Integration sowie dem Memorandum vom September 1958 über die NATO-Reform als Regierungsmitglied keine Einwände erhoben hätte. Daraufhin widersprach Pinay dem Präsidenten in einer Form, die während der Präsidentschaft de Gaulles einmalig gewesen sein dürfte und deshalb hier expressis verbis wiedergegeben werden soll. Pinay sagte:

> "Verzeihen Sie, Herr Präsident, ich habe aus der Zeitung erfahren, daß Sie einen Teil der französischen Mittelmeerflotte aus der NATO herausnehmen wollten!
> Was die Absendung des Memorandums an Präsident Eisenhower und an MacMillan angeht, so trifft es zu, daß Sie die Absendung dieses Textes im Ministerrat erwähnt haben. Vielleicht haben Sie sogar einige Worte darüber gesagt, aber Sie haben den Inhalt nicht mitgeteilt, und außerdem war Ihre Entscheidung schon getroffen.
> Herr Präsident, suchen Sie nicht nach einem Vorwand. Sie selbst haben mich die Gesetze der ministeriellen Solidarität gelehrt. Alle Minister sind solidarisch. Die Minister, die in einer Frage in der Minderheit sind, beugen sich, oder aber sie demissionieren. Ich habe nicht die gleiche Auffassung wie Sie von der Solidarität der Regierung. Die Entscheidungen müssen reiflich überlegt, diskutiert und gemeinsam gefaßt werden. Uns werden die Entscheidungen jedoch vorgelegt ...
> Ich habe Ihnen nur eine einfache, klare und präzise Frage zu stellen: D a s S y s t e m d e r I n t e g r a t i o n i s t t o t. Was bedeutet das"?[33]

De Gaulle gab daraufhin die ihm eigene, typische Antwort und dokumentierte erneut, wie theoretisch die Verfassung geblieben war. Er erhob sich, dankte Pinay!! und schloß die Sitzung des Ministerrats.
Damit waren die Fronten ganz klar abgesteckt. Pinay hatte sich auf das Feld der innerkabinettlichen Opposition begeben und versuchte für seine Auffassung Zustimmung zu erhalten. Der Nachteil seiner Position war aber, daß er keine feste geschlossene Fraktion hinter sich hatte und daß er für die gaullistische Regierung e r s e t z b a r war, nachdem er auch ein zweites Mal die Preissteigerungen erfolgreich bekämpft hatte. Mit seiner Opposition konnte er die von de Gaulle getroffene Grundsatzentscheidung, nämlich Frankreich atomar aufzurüsten und eine nationale force de frappe zu schaffen, nicht verhindern. Sein aufrichtig gemeinter Versuch machte aber mehrerlei deutlich:

1. Einmal zeigte Pinay die Möglichkeit des Widerspruchs in den Ministerratssitzungen auf und lehnte die von de Gaulle praktizierte Entscheidungsfindung ab.
2. Wollte Pinay mit dieser Maßnahme auf die wirtschaftlichen und finanziellen Schwierigkeiten hinweisen, die diese Entscheidung folgen würden und
3. wollte Pinay mit dieser Maßnahme die Öffentlichkeit auf die Gefahr eines Abzugs der Amerikaner aus Europa aufmerksam machen und damit gleichzeitig den Amerikanern andeuten, daß innerhalb der Regierung gegensätzliche Auffassungen über die Außenpolitik vorhanden waren.

Pinays Versuch war jedoch zum Scheitern verurteilt. In einer späteren Audienz bei Staatspräsident de Gaulle sollten die Gegensätze der beiden Staatsmänner noch einmal hart aufeinander treffen. In dieser Audienz warf de Gaulle Pinay vor, daß er gerade i m M i n i s t e r r a t diese Angelegenheit zur Sprache gebracht hätte, wogegen Pinay leidenschaftlich protestierte und unter Hinweis auf die ministerielle Solidarität auf seine (Pinays) Verantwortung hinwies. De Gaulle beharrte jedoch auf seinem Absolutheitsanspruch der politischen Entscheidung und alleinigen Verantwortung[34], wie er es schon in seinen Kriegsmemoiren dargelegt hat und wie wir es auch wieder in seinen neuen Memoiren finden können[35].
Mit Pinay und de Gaulle verkörpern sich zwei diametral entgegen-

gesetzte Auffassungen über die Staatsführung und politische Entscheidungsfindung, die nicht miteinander harmonieren konnten, sollte nicht einer von beiden seine Vorstellungen vollkommen revidieren. Der Rücktritt des Finanzministers Pinay ist eine logische Konsequenz, wollte er sich und seiner politischen Auffassung treu bleiben. De Gaulle versuchte jedoch Antoine Pinay als Staatsminister für besondere Aufgaben, also einer Heraufstufung in der Ministerhierarchie, zu behalten, weil ihm Pinay zu jener Zeit mit seinen weltweiten Beziehungen noch gute Dienste hätte leisten können[36], und gewissermaßen für die westlichen Alliierten als ein Garant des Integrationsprinzips weiterhin gelten sollte. Die Alibifunktion konnte Pinay natürlich nicht übernehmen und deshalb schied er aus dem Kabinett Debré aus.

Damit war der erste Versuch, den Aufbau der gaullistischen force de frappe zu verhindern, fehlgeschlagen. Die innerkabinettliche Oppositon endete mit einer Niederlage für einen überzeugten Anhänger einer integrierten Verteidigung, der das System der nationalen unabhängigen Verteidigung als nicht mehr realisierbar ansah.

4.2.2 Der Widerstand der Volksrepublikaner

Die Volksrepublikaner (MRP) gehörten zusammen mit der CDU und der DCI zu den christlichen Parteien Europas in der Nachkriegszeit, deren langfristiges Ziel die politische Einigung Europas war. Im Jahre 1958 traten sie in die Regierung de Gaulle ein und setzten auch unter der Präsidentschaft de Gaulles die Zusammenarbeit mit den Gaullisten im Kabinett Debrè fort. Doch bereits 1959 kam es zu erheblicher Kritik an der Europapolitik de Gaulles. So klagte der MRP-Generalsekretär, Simmonet, im Mai 1959 de Gaulle an, das Integrationsprinzip zu verletzen und forderte dagegen eine wesentlich stärkere Integration auf wirtschaftlichem und militärischem Gebiet. Simmonet schrieb: "In unseren Tagen reicht die Zusammenarbeit in einer Union zweier großer Mächte nicht mehr aus. Man muß bis zur Integration gehen: und zwar zur militärischen Integration"[37].
Die Kritik der Volksrepublikaner wurde von Robert Schumann noch massiver in der Sitzung des Auswärtigen Ausschusses der französischen Nationalversammlung Ende November 1959 vorgetragen[38].

Die MRP konnte sich aber erst zu einem bedingungslosen Oppositionskurs in der Militärpolitik entschließen, als die Regierung Debré das neue Militärprogramm für die Jahre 1960 - 1964 in die Nationalversammlung eingebracht hatte. Während der Sitzung des höchsten Parteigremiums zwischen den Parteitagen des nationalen Komitees, zeigte sich, daß die meisten Volksrepublikaner der nationalen Atomstreitmacht feindlich gegenüberstanden, weil sie den außenpolitischen Zielen der Partei entgegenstand.
In einer vom Nationalkomitee verabschiedenten Resolution wandte sich die MRP grundsätzlich gegen die gaullistische Außenpolitik, die Frankreich zur Isolierung führen müsse. Die Partei setzte sich energisch für das von de Gaulle aus Prinzip abgelehnte Integrationsprinzip ein und "verurteilt die Aufstellung einer reinen, nationalen Atomstreitmacht, die eine Aufweichung der Union der freien Völker Europas zur Folge hätte"[40].
Eine besondere Gefahr durch die force de frappe sahen die Volksrepublikaner in der Deutschlandfrage: "Frankreich heute mit einer nationalen Atomstreitmacht auszurüsten, bedeutet Deutschland morgen mit einer nationalen Atomstreitmacht auszurüsten"[41], war die Meinung der MRP.
Die als verbindliche Empfehlung für alle MRP-Fraktionsmitglieder gedachte Resolution des Nationalen Komitees, die drei Tage vor Beginn der Debatte über den Aufbau der force de frappe verabschiedet worden war, kennzeichnete auch die Mehrheitsverhältnisse innerhalb der Partei über dieses Problem. Trotzdem darf aber nicht übersehen werden, daß es im MRP eine Minorität gab, die sich gegenüber dem gaullistischen Regierungsentwurf aufgeschlossen zeigte.

Generalsekretär Simmonet forderte für die MRP eine französische Atomstreitmacht, die in die NATO integriert werden sollte und lehnte eine nationale Streitmacht u.a. aus Kostengründen ab[42].
Für die MRP schien eine Beteiligung an einer interalliierten Atomstreitmacht realistischer:

> "La seule solution, pour que notre budget atomique nous serve à obtenir une force efficace, c'est qu'il soit la contribution de la France à un effort commun à plusieurs Etats, ce qui suppose encore une fois que nous choississions de construire une force de frappe interalliée efficace plutot que de créer, avec nos seules resources, une force de frappe si insignifiante qu'elle ne dissuadera personne"[43].

In der Abstimmung über das Programmgesetz vom 25. Oktober 1960 stimmten 21 von 58 MRP-Abgeordneten für den von der Opposition eingebrachten Mißtrauensantrag, dem jedoch 70 Stimmen an der absoluten Mehrheit und damit am Erfolg fehlten[44]. Die Zustimmung der 21 MRP-Abgeordneten, also Parlamentariern aus dem Regierungslager, ist um so höher zu bewerten, da sie sich in einer ausgesprochenen Zwangslage befanden. Sie waren vor die Alternative gestellt, einer Politik zuzustimmen, die die meisten von ihnen in Hinblick auf die Entwicklung des Atlantikpaktes und der europäischen Einigung für verfehlt hielten,

> "oder aber in einem kritischen Stadium der Algerienpolitik die Regierung zu stürzen und so Staatspräsident de Gaulle, auf den die parlamentarische Mehrheit ihre Hoffnungen für eine Lösung des Algerien-Konfliktes setzte, in den Arm zu fallen oder ihn gar zu einem diktatorischen Abenteuer unter Ausschaltung des Parlaments zu verleiten"[45].

War das noch nicht gelöste Algerienproblem die Klammer, die die MRP-Abgeordneten davon abhielt, sich von der Regierung Debré zu trennen, so wurde am 15. Mai 1962 der Bruch mit den Gaullisten unwiderruflich vollzogen. Der Wechsel der MRP von der Innerbereichsopposition zur antagonistischen Opposition stand unmittelbar bevor.

Die Äußerungen de Gaulles während seiner Pressekonferenz vom 15. Mai 1962 in bezug auf Europa bildeten für die fünf MRP-Minister noch am gleichen Tag den Anlaß, aus der Regierung Pompidou auszuscheiden, weil zwischen den Zielen de Gaulles und der MRP über die politische Union Europas diametrale Gegensätze ausgebrochen waren[46]. Doch spielten auch gerade die damit unmittelbar zusammenhängenden verteidigungs- und sicherheitspolitischen Gründe eine bedeutende Rolle für diesen Bruch, wie man aus einer Rede des ehemaligen MRP-Ministerpräsidenten Pflimlin erkennen kann: Für die MRP "erscheint jedes Verhalten und jede Initiative, die als Ziel oder als Resultat die Schwächung der NATO enthält, für die Sicherheit Frankreichs gefährlich"[47] und aus diesem Grunde waren die gaullistischen Europavorstellungen abzulehnen.

Der Wechsel zur antagonistischen Opposition wurde von der MRP endgültig auf dem Nationalkongreß in Dijon am 3. Juni 1962 vollzogen. In einer Entschließung wurden im außenpolitischen Teil die gaullistischen Ideen zurückgewiesen, in der es dort u.a. hieß:

> "Die MRP wird keine Schwächung der Atlantischen Allianz, die unsere Sicherheit, unsere Unabhängigkeit und unsere Freiheit garantiert, zulassen.

> Nur ein gemeinsames Europa, Partner der USA inmitten der NATO, garantiert den Zusammenhalt der freien Welt und wird den Zugang aller europäischen Völker zur Freiheit erlauben"[48].

Es fällt auf, daß die ursprünglich 1960 noch aufgenommene Forderung nach einem Beitrag Frankreichs zur internationalen Atomstreitmacht nicht mehr in der Entschließung vorhanden ist. Die Partei hatte sich nun auf verbale, in naher Zukunft nicht realisierbare Ziele beschränkt.
Der Verzicht auf eine internationale Atomstreitmacht schien jedoch nur taktischer Art zu sein. Dieses Problem stand 1963 im Zentrum der Verteidigungspolitik der MRP. In einer Erklärung des Nationalkomitees wurde eine vollständige Änderung der politischen Ziele gefordert und richtig voraussehend betont, daß das Projekt der nationalen autonomen Verteidigungsstreitmacht auf den Ressourcen des Landes in einer Weise lasten würde, daß es in einigen Jahren die größten Ungleichgewichte geben würde: "Reduzierung der Investitionen, Verlangsamung der Expansion, Verspätung der Durchführung des Plans, Erhöhung der Steuern ohne die Sicherheit Frankreichs zu gewähren"[49].
Stattdessen schlugen die Volksrepublikaner eine gemeinsame Verteidigung Europas vor, die weniger Kosten verursachen und Frankreich größere Sicherheit bringen sollte:

> "Allein ein politisch vereintes Europa könnte über eine wirklich moderne Militärmacht verfügen ... Nur Europa würde es erlauben, die Atlantische Allianz zu stärken, in dem es die Völker, die es bilden, zu Partnern der USA machen könnte"[50].

Die Volksrepublikaner forderten von den Alliierten eine befriedigende Regelung über die multilaterale Atomstreitmacht, die die Aufstellung einer europäischen force de frappe ermöglichen sollte.

Damit waren von der MRP unverbindliche, allgemeine verteidigungspolitische Zielsetzungen entwickelt worden, die den gaullistischen Vorstellungen konträr entgegenstanden.
Obwohl die MRP bereits 1960 die gaullistische Absicht in der Verteidigungspolitik erkannt hatte, verließ sie erst im Mai 1962 die gaullistische Regierung und trat in das Lager der Opposition über. Hier stellten die Volksrepublikaner bis Ende 1963 ihre militärpolitischen Ideen in den Vordergrund. Ab 1964 lösten aber innenpolitische Probleme und die näherrückende Präsidentenwahl des Jahres 1965 das außen- und verteidigungspolitische Interesse ab. Das Pro-

blem der nationalen Verteidigung sollte von nun an nicht allein bei den Volksrepublikanern in den Hintergrund treten.

4.2.3 Die Schwierigkeiten in der UNR

Die UNR, die "wie aus dem Nichts aufgetaucht war"[51], und mit ihrer Gründung im Oktober 1958 in die Geschichte des französischen Parteiensystems eintrat, überraschte mit einem gewaltigen Wahlerfolg bei den ersten Parlamentswahlen der V. Republik[52]. Das Selbstverständnis der UNR in der Anfangsphase der V. Republik wurde durch ihren ersten Generalsekretär, Roger Frey, treffend gekennzeichnet: "Die UNR soll zuallererst eine wirksame Hilfe für den General sein"[53].
In dieses Eigenverständnis reihte sich auch konsequent die Theorie der "domaine reservés" ein, nach der dem Staatschef auch auf dem Gebiet der Verteidigungspolitik die ausschließliche Entscheidungsbefugnis zugesichert wurde. Für die UNR bestand also auch in der Verteidigungspolitik nur folgende Aufgabe:"sie muß de Gaulle folgen"[54].
Das absolute Treueverhältnis, oder man könnte es auch ein anfängliches Unterwerfungsverhältnis nennen, gerade auf dem Gebiet der Verteidigungspolitik, wurde vom Zentralkomitee der UNR im Juli 1962 durch folgenden Beschluß bekräftigt: "Die UNR wird weiter vertrauensvoll (die Politik des Generals, d.V.) unterstützen, die die militärische und politische Sicherheit der Nation gewährleistet; besonders durch eine nationale Abschreckungsmacht"[55].
Im Selbstverständnis der Partei ist es durchaus logisch, wenn sie in ihrem Parteiprogramm die von de Gaulle betriebene Verteidigungspolitik offiziell niedergelegt hat. Die UNR unterstützte die These von der nationalen Unabhängigkeit, die eben nur durch eine autonome Atomstreitmacht gewährleistet schien, wie auch durch eine stärkere Mitsprache in der Atlantischen Allianz! Im großen und ganzen finden wir keine Unterschiede zwischen de Gaulle und der ihn unterstützenden Partei.
Aber über Methode und Durchführung der Verteidigungspolitik gab es eine innerparteiliche Opposition, die aber im entscheidenden Augenblick, d.h. bei wichtigen Abstimmungen im Parlament, für de Gaulle votierte. Lediglich Jacques Soustelle, ein Gaullist der ersten

Stunde, bekämpfte sowohl die gaullistische NATO - und Atompolitik als auch die übrige Außenpolitik, die für ihn nichts anderes als ein Streben nach vergangener Großmachtspolitik darstellte[56]. Doch bereits im April 1960 wurde Soustelle aus der UNR ausgeschlossen, weil er sich für ein französisches Algerien einsetzte, das dem Programm der UNR entgegenstand.

Als sich die Staatsführung der V. Republik zum Aufbau einer nationalen Atomstreitmacht entschlossen hatte und diesen Gesetzentwurf in die Nationalversammlung eingebracht hatte, war es keine Überraschung, daß sich die Oppositionsparteien mit aller Schärfe gegen diesen Entwurf wandten. Überraschend war vielmehr das Verhalten einiger gaullistischer Abgeordneter. Grundsätzlich waren die gaullistischen Abgeordneten von der These der nationalen Unabhängigkeit, gerade in der Verteidigungspolitik, überzeugt, wie es auch in ihrem Parteiprogramm von 1963 zum Ausdruck kam: "Die UNR - UDT hat die Überzeugung, daß unsere Verteidigung nur dann wirksam gewährleistet wird, wenn sie national und atomar ist"[57].

Doch gab es mit Jean-Paul Palewski einen prominenten UNR-Vertreter, der den von der Opposition eingebrachten Vorschlag, daß Frankreich den Verbündeten eine von der NATO kontrollierte Atomstreitmacht vorschlagen sollte, begrüßte und somit zumindest den monopolistischen Parteianspruch auf eine nationale Atomstreitmacht nicht unbedingt aufrecht erhielt. Daneben gab es in der Partei keine bekanntgewordene Opposition, die sich gegen die Grundthese einer nationalen Atombewaffnung auflehnte.

Jedoch wurde von mehreren Abgeordneten der Regierungsparteien Kritik an Einzelfragen in bezug auf die Atombewaffnung ausgesprochen. Die Kritik wurde im Bericht des Vorsitzenden des Verteidigungsausschusses der Nationalversammlung, des UNR-Abgeordneten Le Theule, deutlich: Einmal wurde die Begrenzung des Programms auf nur fünf Jahre und zum anderen die starke Vereinfachung des Programms von ihm kritisiert. Nach Auffassung Le Theules und des Ausschusses hätte auch die Marine in diesen ersten Programmentwurf hineingehört[58]. Grundsätzlich bezog Le Theule zwar eine positive Stellung gegenüber dem Regierungsprogramm, jedoch schien ihm der von der Regierung eingebrachte Entwurf unrealistisch zu sein. So wurden drei Ergänzungen zum Regierungsentwurf, die allerdings nicht von gaullistischen Abgeordneten eingebracht wurden, wohl aber z.T. deren Unterstützung fanden, im Verteidigungsausschuß mit 42 gegen

33 Stimmen bei 3 Enthaltungen angenommen.
Allmählich machten sich bei einigen gaullistischen Abgeordneten aber immer stärkere Zweifel bemerkbar, ob Frankreich tatsächlich in der Lage sein werde, sich die Atomstreitmacht weiterhin leisten zu können. In der Debatte über den Haushalt des Armeeministeriums für 1965 bezweifelte Le Theule, ob Frankreich sich sowohl eine strategische und eine taktische Atomstreitmacht leisten könnte und ob dieses nicht Frankreichs ökonomisches Potential überbeanspruchen könnte[59]. Le Theule plädierte für die Aufrechterhaltung der konventionellen Streitkräfte und widersprach damit dem einseitig auf die Atomrüstung ausgerichteten Regierungsprogramm. Der UNR-Abgeordnete Clostermann sah die finanzielle Ausstattung der Luftwaffe im Rahmen der Atombewaffnung als zu gering an, während sein Fraktionskollege Hébert die immer stärker zunehmende Bedeutung der Marine herausstrich und in diesem Bereich die Bereitstellung der Finanzen als ungenügend kritisierte. Hierbei ist die Interessenvertretung der Luftwaffe sowie der Marine über "ihre" Abgeordneten nicht zu übersehen.
In der Debatte über den Nachtragshaushalt für die Kredite der Isotopentrennanlage Pierelatte trat der gaullistische Abgeordnete Frys für die stärkere industrielle Nutzung dieser Anlage ein und beklagte, "daß man dieses Vorhaben bisher ausschließlich unter dem militärischen Aspekt gesehen und mit dem Begriff "force de frappe" versehen habe"[60].
Zieht man jedoch eine Bilanz während des ersten Septennats de Gaulles über die Haltung der UNR zur Militärpolitik der Staatsführung, so bleibt festzustellen, daß die UNR grundsätzlich ihren Anspruch gerecht geworden ist, die Politik des Generals zu vertreten und zu verwirklichen. In Teilbereichen hat eine innerparteiliche Opposition ihre Vorstellungen partiell verwirklichen können, was jedoch an der Gesamtheit der Verteidigungspolitik nichts änderte.

4.3 Die SFIO und die gaullistische Verteidigungspolitik 1958 - 1965

Während der Konstituierungsphase der V. Republik von 1958 bis 1962 mußte jede Oppositonspolitik, insbesondere aber auf außen- und verteidigungspolitischem Gebiet, den Algerienkrieg in ihr Kalkül einbeziehen. Die Stabilisierungsphase der V. Republik von 1962 bis 1965 erlaubte sowohl der Regierung wie auch der Opposition eine von dieser Hypothek befreite Politik zu betreiben. Drei Gebiete der Verteidigungspolitik waren es, die in den beiden ersten Phasen die unterschiedlichen Konzeptionen der Opposition und der Regierung immer deutlicher werden ließen. Erstens ging es um das Problem der Abrüstung, zweitens um die NATO- und Bündnispolitik, die für die Sozialisten einen wesentlich anderen Stellenwert als für die Gaullisten einnahm und drittens um die Frage der nationalen Atomstreitmacht. Alle drei Problemkreise gehören zwar thematisch eng zusammen und können nicht losgelöst voneinander gesehen werden. Um aber die Divergenzen zwischen Regierung und Opposition besser aufzeigen zu können, wird methodisch eine Trennung der drei Teilbereiche vorgenommen.

4.3.1 Die SFIO und die Abrüstung

Seit dem Vorabend des 1. Weltkrieges nahm die Erhaltung des Friedens in der Sozialistischen Partei den ersten Rang im Parteiprogramm ein. Zur Erreichung dieses Ziels war und ist für die SFIO die Abrüstung das wichtigste Mittel. In einer im Jahre 1906 vom Parteitag verabschiedeten Entschließung heißt es, daß "die militärische Abrüstung der Bourgeoisie" verfolgt werden müsse[61].
Unter der Führung von Jean Jaurès über Léon Blum zu Guy Mollet wurde von der SFIO in der Dritten, Vierten und Fünften Republik konsequent die Forderung nach internationaler Abrüstung als Voraussetzung für die Herstellung eines gesicherten Friedens gefordert, wenn man einmal von der im Dezember 1938 getroffenen Entschließung des SFIO-Parteikongresses absieht[62].
Es wurde zwar auch von der SFIO zugegeben, daß selbst ein sozialistischer Staat nicht abgerüstet überleben könnte, weil sonst jederzeit seine innere Ordnung und seine territoriale Integrität durch eventuelle Aktionen kapitalistischer, imperialistischer oder totalitärer Staaten bedroht werden könnte. Deshalb mußte auch nach Ansicht der sozialistischen Partei ein sozialistisches Frankreich für seine Verteidigung sorgen, gleichzeitig aber mit allem Nachdruck die allgemeine, internationale Abrüstung forcieren[63].

So unterbreitete die sozialistische Partei in der Abrüstungsfrage

1960 einen Vorschlag, der im Grunde erst einmal auf eine begrenzte Rüstungskontrolle abzielte. Danach sollte für einen Zeitraum von zwei Jahren ein kontrollierter Stop für Atomversuche in Kraft treten. Jedes Land sollte nach diesem Zeitraum, wenn es bis dahin zu keiner Vereinbarung gekommen wäre, seine Atomversuche erneut aufnehmen können.

Die Partei widersetzte sich aber jedem einseitigen Verzicht, sei es in der Atompolitik oder in der Abrüstung. Ab 1961, also jenem Jahr, in dem die SFIO die Ost-West-Verhandlungen auf der Stelle treten sah[64], wollte sie Frankreich in eine aktivere Rolle in der Abrüstungspolitik führen. Frankreich sollte gerade auf dem Gebiet der Ost-West-Beziehungen eine Führungsrolle übernehmen und aktiv in die politischen Verhandlungen eingreifen[65].

Deshalb sollte jede Gelegenheit für dieses Ziel ergriffen werden, um zu einem erfolgreichen Ergebnis zu kommen. Dafür boten sich internationale Institutionen, trotz all ihrer inneren Schwächen, als privilegierter Ort an, um die Kontakte der antagonistischen Blöcke herzustellen[66].

Die Begründung für eine vollständige internationale Abrüstung - also nicht einem Stillhalten bei der Rüstungskontrolle - gab Jules Moch, der seit 1952 Frankreichs Beauftragter für die Abrüstungsgespräche bei den Vereinigten Nationen und gleichzeitig Mitglied des Direktoriums der Sozialistischen Partei war.

Danach müßten sowohl die Kernwaffen als auch die konventionellen Waffen abgeschafft werden. Hätte man nur die Kernwaffen abgeschafft, bliebe die relative Hierarchie der Staaten erhalten und der Zustand von 1914 oder 1939 wäre wiederhergestellt. Das Ergebnis wäre jedoch, daß sich der Rüstungswettlauf verstärkt fortsetzen würde.

> "Es ist unmöglich, die nukleare Abrüstung zu verwirklichen ohne gleichzeitig die konventionelle Abrüstung zu behandeln. Die Menschheit hat nur die Wahl zwischen zwei Wegen: gleichzeitig alle Arten des Rüstungswettlaufs mitzumachen oder die allgemeine Abrüstung zu verwirklichen ... Die allgemeine und kontrollierte Abrüstung erscheint als einziges echtes Gegenmittel, um den Rüstungswettlauf zu verhindern"[67].

Wie auch in mehreren Programmpunkten der SFIO finden wir auch hier einen deutlichen Unterschied zwischen phraseologischem Anspruch und praktizierter Wirklichkeit. Gewiß werden Ziele wie allgemeine, kontrollierte und gleichzeitige Abrüstung als erstrebenswert aufgezeigt, aber im gleichen Atemzug muß die Partei eingestehen, daß ihre Vorstellungen doch nur Wunschbilder darstellen. Selbst der Vorschlag über die Rüstungskontrolle ist in der damaligen Situation nicht praktikabel gewesen, weil sich Mächte wie Frankreich und China im Aufbau ihrer Atomstreitmacht befanden und unter keinen Umständen auf die Fortentwicklung verzichten wollten.

In der Debatte über den Aufbau der force de frappe wurde von der Sozialistischen Partei (und allen anderen mit Ausnahme der Kommunisten) noch nicht einmal das Prinzip der Abschreckung in Frage gestellt, sondern die Partei mußte sich den Realitäten beugen, d.h. das Vorhandensein und den Aufbau französischer Atombomben zur Kenntnis nehmen.
Die Forderung nach internationaler Abrüstung muß aber aus traditionellen Gründen, die auf einem humanitären Sozialismus beruhen, weiterhin programmatisch vertreten werden, um nicht zuletzt damit auch eine ganz bestimmte Wählergruppe anzusprechen.

4.3.2 Die SFIO und die NATO

Die Gründung der NATO erfolgte durch die äußerst gespannte internationale Lage, die sich nach dem 2. Weltkrieg herausgebildet hatte. Ein höchste Priorität genießendes Sicherheitsbedürfnis der westeuropäischen Staaten führte zum Nordatlantikpakt, der die amerikanische Anwesenheit in Europa garantierte und den europäischen Staaten den einzig wirksamen Schutz vor einem eventuellen Angriff der Sowjetunion zu garantieren schien.
Die SFIO befand sich durch die Gründung der NATO in einem großen Dilemma. Einerseits spielte wie in allen sozialistischen Parteien auch bei ihr das pazifistische Element eine hervorragende Rolle im Parteiprogramm. Andererseits konnte sie auch eine Verschärfung der internationalen Lage nicht übersehen und mußte Mittel und Wege finden, um aus dieser Situation herauszugelangen.

So empfand die Mehrheit der Partei diesen Atlantikpakt als ein notwendiges Übel. Der Vertrag von Washington mußte nach den Worten von Léon Boutbien, einem führenden Sozialisten der Nachkriegszeit, in jenem unsicheren Klima "ratifiziert werden"[68]. Der Kampf der Sozialisten hatte danach in erster Linie gegen das Konzept der Volksdemokratie zu gehen, ohne daß die Möglichkeit der Ost-West-

Verhandlungen verloren gehen sollte. Somit wurde die Ratifizierung des NATO-Vertrages für die SFIO der Zeitpunkt, an dem sie unwiderruflich ihren Standort im Kalten Krieg zugunsten des von ihr verbal bekämpften amerikanischen Kapitalismus festlegte.
Das verteidigungspolitische Konzept der SFIO, d.h. die französische Verteidigung mit Hilfe der Atlantischen Allianz zu gewährleisten, war mit dem Europakonzept der Partei unlösbar verbunden. Die alte französische Idee vom Europa der Dritten Kraft, die auch für die Sozialisten faszinierend war, sollte auf eine eigenartige Weise erfüllt werden. Europa sollte nach den Vorstellungen der SFIO zwar unabhängig, aber nicht unbedingt neutral sein. Im Fall eines Konfliktes wäre diese Neutralität gemäß Mollet nicht möglich. In einer vom Parteikongreß 1950 angenommenen Resolution heißt es dazu:

> "Das Europa, das wir aufzubauen wünschen, muß nicht versuchen, sich selbst in einer Position unmöglicher Neutralität zwischen Amerika und Rußland zu plazieren. Es muß vielmehr ein Teil der Atlantischen Gemeinschaft sein, die die Welt zweimal vor der Diktatur gerettet hat. Hier findet es heute die einzige Verteidigung der Demokratie und der Sicherheit"[69].

Und 1954 bestätigt Mollet die enge Bindung mit den USA:

> "Kein Sozialist wird je der Komplize jener werden, die die USA bewußt oder unbewußt hassen. Wir aber wissen, wieviel die Demokratie ... den mutigen amerikanischen Interventionen in den zwei Weltkriegen verdankt. Noch vergessen wir, daß wir einen großen Teil des materiellen Wiederaufstiegs Europas, den Geist und der Solidarität, die von dem amerikanischen Volk und der amerikanischen Regierung aufgebracht worden ist, verdanken"[70]!

Somit hatte sich die SFIO in der Praxis spätestens 1950 durch die außenpolitische Motion ihres Sonderkongresses von der Idee des Dritten Weges entfernt. Die Tendenz ging in Richtung stärkere Anlehnung an die NATO, um sich auch gegenüber dem innenpolitischen Mitkonkurrenten auf dem linken Flügel des Parteiensystems, der PCF, besser absetzen zu können.
Gemäß Mollet verlangte die Verteidigung Europas einen starken europäischen Kontinent. Deshalb war es für Europa unbedingt erforderlich, daß die europäischen Partnerstaaten einen Teil ihrer nationalen Souveränität in eine europäische Organisation einbrachten[71]. Damit würde die Forderung nach europäischer Integration nicht um ihrer selbst Willen erhoben, sondern als ein Mittel, um eine wirksame Verteidigung des Kontinents zu gewährleisten. Die Europapoli-

tik diente also hauptsächlich dem Ziel einer besseren Vertretung der europäischen Interessen in der Atlantischen Verteidigungsgemeinschaft. Das bedeutete nichts anderes, als daß die Möglichkeit des Dritten Weges auf unabsehbare Zeit verbaut war, zumal der Kommunismus sowjetischer Prägung als die nach wie vor größte Gefahr angesehen wurde[72].
Damit hatte sich die SFIO in ihrer praktischen Politik von ihrem programmatischen Ziel weit entfernt und war unter der konsequenten Führung Mollets in eine außen- und verteidigungspolitische Position gelangt, die sie eigentlich vermieden haben wollte.

"Die SFIO ging in die V. Republik mit einem politischen Konzept der ökonomischen und politischen Integration Europas, deren Grundlage demokratisch kontrollierte supranationale Institutionen sein sollten. Das Konzept der westlichen Verteidigung basierte auf der Atlantischen Allianz"[73]. Die Bedeutung der NATO für die Sozialisten erläuterte 1959 Generalsekretär Mollet:

> "Die NATO wurde vor zehn Jahren aus der Notwendigkeit heraus gegründet, um der expansionistischen Bedrohung durch den imperialistischen Kommunismus entgegenzutreten. Vor genau zehn Jahren fand die Blockade Berlins statt. Nun gibt es erneut eine Berlinkrise. Es fällt schwer zu behaupten, daß der Atlantikpakt seine Daseinsberechtigung verloren hat"[74].

Damit wurde die Politik der Sowjetunion nachhaltig angegriffen und verurteilt, wenn auch nicht mehr in dem Maße wie es noch auf dem Parteikongreß von 1950 geschehen war. Die sozialistische Partei hatte sich damit aber auch gegen einen erneuten und von einer Minorität in der Partei geforderten Neutralismus gewandt, den sie nach wie vor strikt ablehnte. Sie stellte sich auch zu Beginn der 60er Jahre vollständig auf die Seite der westlichen Welt wie folgende Resolution des 51. Parteikongresses zeigt: "Wir widersetzen uns dem Neutralismus und wir bekennen dies offen. Unser Platz ist im westlichen Lager und wir gedenken dort zu bleiben!"[75]
Damit wurde das Allianzsystem Frankreichs, also vor allem die Mitgliedschaft in den Militärpakten NATO, WEU und SEATO, auch von der SFIO als Voraussetzung für die Erhaltung des Friedens anerkannt.
Die Sozialisten sahen aber in der NATO nicht nur die Garantie der Aufrechterhaltung des internationalen Friedens oder des status quo, sondern sie wurde von ihnen nach wie vor als Zentralinstanz der

französischen Verteidigung verstanden[76]. Deshalb wandte sich die SFIO auch mit aller Entschiedenheit gegen die von de Gaulle betriebene Desintegrationspolitik und stellte der gaullistischen NATO-Abmarschpolitik ihr eigenes Integrationskonzept gegenüber. So wurden der Rückzug von Teilen der Mittelmeerflotte sowie das Verbot der Lagerung amerikanischer Atomwaffen auf französischem Territorium nicht nur bedauert, sondern strikt abgelehnt, weil gerade solche Maßnahmen der Einheit der westlichen Welt Schaden zufügten sowie zu einer Isolierung Frankreichs führten, die eben gerade von den Sozialisten vermieden werden wollte.

So sah die SFIO in dem 1963 vorgenommenen Rückzug der französischen Atlantikflotte aus der Organisation der NATO einen weiteren Höhepunkt auf dem Wege in die französische Isolierung. In einem vom Parteivorstand im Juni 1963 einstimmig angenommenen Kommuniqué wurde die gaullistische NATO-Rückzugspolitik scharf verurteilt:

> "Das ist der Augenblick, in dem die Regierung einen neuen Versuch auf die westliche Einheit und die notwendige Integration der Defensivstreitkräfte der Allianz unternimmt, indem sie einseitig den Rückzug der französischen Atlantikflotte aus der NATO beschließt. Diese Entscheidung dementiert praktisch die zwei Wochen zuvor vom Premierminister in der Debatte über die Ratifizierung des deutsch-französischen Vertrages gegebenen Versicherungen. Sie zeigt einmal mehr die Doppeldeutigkeit der gaullistischen Macht und ihren wahnsinnigen Willen, eine Politik zu treiben ... die die Beziehungen Frankreichs mit seinen traditionellen Alliierten kompromittiert"[77].

Um aber gerade dieser gefährlichen Isolierung zu entgehen, die zu einem von den Sozialisten nicht gewünschten Neutralismus führen könnte, forderten sie den Verbleib der alliierten amerikanischen und britischen Truppen auf dem europäischen Kontinent; eine Voraussetzung, auf der Frankreich 1954 in den Pariser Verträgen bestanden hatte, als der BRD der Beitritt zur NATO ermöglicht wurde.

Die Effizienz der französischen Verteidigung sahen die Sozialisten nur in der Integration gewährleistet, einer Integration, die ein noch engeres Zusammenarbeiten der Staaten untereinander erforderte. Damit wurde gleichzeitig auch die bereits implizierte Absicht verfolgt, daß durch eine möglichst hohe Stufe der Integration ein Konflikt oder Krieg zwischen heutigen Partnern unmöglich würde. Dies galt natürlich ganz besonders gegenüber der BRD, die mit Hilfe der Integration besser unter Kontrolle gehalten werden sollte. Die Sorge der SFIO, daß gerade die Desintegrationspolitik der Regierung Pompidou zu einer stärkeren Zusammenarbeit der BRD mit den USA führen könnte, und Frankreich dann keinerlei Einfluß über die NATO auf Deutschland ausüben könnte, wurde in der Debatte über das Militärgesetz vom Oktober 1960 deutlich, in der Generalsekretär Mollet erklärte:

> "Die militärische Unabhängigkeit ist ein Anachronismus geworden. Die enge Verschachtelung der militärischen Bemühungen - und schon gar nicht die unregelmäßige Koalition der nationalen Armeen - ist somit zur Bedingung jedes bedrohten Landes geworden. Diese Forderung stellt sich für alle, starke und schwache, Staaten und natürlich erst recht für Frankreich. ... Die europäische Integration wollen wir aus allen Arten von Gründen, aus ökonomischen, sozialen, kulturellen - aber noch mehr, weil es die einzige Lösung des deutschen Problems ist, ... Es ist nicht schwer vorauszusehen, wenn Deutschland vor die Wahl der Zusammenarbeit mit den USA und Frankreich gestellt wird, daß die BRD schon ihre Wahl getroffen hat. Diese bösartige Krankheit erstreckt sich auf Europa und schließlich die Atlantische Allianz. ... Die Atlantische Allianz leidet nicht unter einer zu weitgehenden, sondern unter einer ungenügenden Integration"[78].

Um Frankreichs Isolierung und nicht zuletzt auch einen Rückfall Amerikas in den Neoisolationismus zu verhindern, wurde von der SFIO die Zusammenarbeit der amerikanischen und britischen Soldaten mit denen Europas auf dem europäischen Kontinent gefordert. "Die Männer der USA müssen in Europa bleiben. Sie sind unsere Garantie des Friedens. Aber sie können nur dort bleiben, wenn die atlantische Organisation integriert ist"[79].
Diese Zusammenarbeit sah die Partei in der Integration gewährleistet, und zwar in einer Integration, die weiter als die bisherige Integration der NATO entwickelt war; mit einem Wort "une alliance toujours plus forte, plus etroite, plus intégrée"[80]. Mit Hilfe der Integration, die nicht nur auf dem militärpolitischen Gebiet, sondern auch in allen anderen politischen Bereichen vorgenommen werden sollte, hoffte die SFIO zu einer größeren Interdependenz der europäischen Staaten zu gelangen, die zu solch aufrichtigen Bindungen führen sollte, daß sie quasi unauflösbar würden. Auf die NATO bezogen bedeutete diese Entwicklung, daß auch hier eine bessere Form der Integration gefunden werden mußte. Das setzte aber wiederum auch eine andere Form der Integration der europäischen Mitgliedsländer voraus.
Hier wurde die alte sozialistische Vorstellung eines supranationalen Europas mit einer gemeinsamen europäischen Regierung, die

einem direkt gewählten europäischen Parlament verantwortlich ist, als wünschenswert bezeichnet. "Dieses vereinte Europa (könnte) dann als ebenbürtiger Partner der USA im Rahmen der Atlantischen Allianz die Freiheit und den Frieden verteidigen", wie 293 Abgeordnete der SFIO, RD, MRP und Unité de la Republique in einem Manifest zugunsten der europäischen Integration feststellten[81].

Damit wurde ein weiterer Aspekt deutlich, der mit Hilfe einer verbesserten Integration erreicht werden sollte. Die Frage der Gleichheit der Bündnispartner in der Atlantischen Allianz war also nicht nur von de Gaulle sofort nach seiner erneuten Machtüberrnahme - mit dem Vorschlag des Dreierdirektoriums - als wichtig erkannt worden, sondern wurde ebenso von der Opposition als Problem angesehen. Die Sozialisten bekannten offen ihre Kritik gerade an diesem Problem der Allianz. Mollet schreibt dazu:

> "Der NATO-Rat, der die Organisation führen sollte, verfügt tatsächlich über keinen klaren Überblick über die mächtigsten Mittel, die ihm zur Verfügung stehen, und besonders nicht über die Geheimwaffen. Ein dichter Schleier bedeckt weiterhin dieses wichtige Gebiet. Daraus folgt, daß der Rat auf dem Gebiet der Strategie sich durch das Kommando ersetzt sieht. Die theoretisch gleiche Teilhabe der politischen Verantwortung und die Konsequenzen jeder gemeinsamen Handlung korrespondieren nicht mit der Teilhabe an den Mitteln. Die Organisation beschränkt sich darauf, die Truppen und die konventionelle Bewaffnung auf dem Niveau des am schlechtesten ausgerüsteten Mitgliedslandes zu sammeln anstatt der wesentlichsten Teile die Streitkräfte und die Institutionen zu integrieren. So behalten die großen ihre perfektionisiertesten Kampfmittel als eine Art nationale Reserve. Die Interdependenz der Partner ist nicht auf dem Gleichheitsprinzip gegründet"[82].

Durch den Besitz von Kernwaffen - als nationale Reserve der Mächte USA und Großbritannien - gab und gibt es auch heute noch Bündnismächte unterschiedlicher Klassen, wodurch die Atlantische Allianz stark belastet und auch der Handlungsspielraum sogenannter 2. Klasse - Mächte eingeschränkt wurde. Damit argumentierte Mollet gaullistisch, der eben auch die Einteilung in Nationen erster und zweiter Klasse überwinden wollte und zumindest Frankreich in die Klasse der Besitzenden bringen wollte. Auch näherte sich Mollet in der Terminologie de Gaulle, als er erklärte, daß man "den Amerikanern zu verstehen geben müsse, daß wir (die Europäer) Alliierte und keine Satelliten sind"[83]. Es besteht aber ein grundlegender Unterschied in der Argumentation de Gaulles und Mollets. Während de Gaulle die NATO ablehnte, weil sie u.a. zur Ungleichheit der Mitgliedsstaaten führte, war Mollet ein inzwischen von der Notwendig-

keit überzeugter Anhänger der Atlantischen Allianz, die in seinen Augen den einzig wirklichen Schutz Westeuropas garantierte. Für die Sozialisten war es selbstverständlich, daß die gemeinsame Sicherheit, die durch die Allianz gewährleistet werden sollte, auf Kosten der französischen Unabhängigkeit erzielt wurde: "Aber wo gibt es einen internationalen Vertrag, der nicht die nationale Souveränität, so gering diese auch sein mag, begrenzt",[84] verteidigte Jules Moch die Haltung der Sozialistischen Partei. Die Unabhängigkeit könne man um so mehr aufgeben, wenn die Partner die gemeinsamen Werte, Ziele und Konzeptionen verfolgen und wenn es wirtschaftliche und technische Gründe als richtig erscheinen lassen, solch eine Bindung wie die NATO einzugehen[85].
Der Kritik an der NATO als integrierte Organisation geht aber die Kritik an der französischen NATO-Politik voran. Danach sollte Frankreich erst einmal die Forderungen der Lissaboner NATO-Konferenz von 1952 erfüllen und vierzehn anstatt der bisherigen drei Divisionen aufbauen. Dadurch sollte Frankreich gleichzeitig seine klassische militärische Vorherrschaft auf dem europäischen Kontinent zurückgewinnen, um auf dieser Grundlage eine schnelle und bewegliche europäische Einsatztruppe, eine unmittelbare Interventionstruppe, zu schaffen[86]. Diese Interventionstruppe, insgesamt 30 Divisionen, sollte mit einem hervorragenden logistischen System und Transportsystem versehen sein und schließlich auch noch mit taktischen Atomwaffen ausgestattet werden. Natürlich implizierte die Aufstellung von neuen Divisionen auch gleichzeitig eine Modernisierung der konventionellen Streitkräfte, um die eingegangenen internationalen Verpflichtungen insbesondere gegenüber der NATO, erfüllen zu können[87].
Damit schälte sich als sozialistisches Konzept für die französische Verteidigung die Zwei-Säulen-Lösung der NATO immer deutlicher heraus. Europa, das supranational ist und mit einer Stimme spricht, steht in dieser Atlantischen Allianz Amerika als ebenbürtiger Partner gegenüber[88]. Die einzelnen europäischen Mitgliedsländer sollen nicht länger abhängig sein, sondern mit Hilfe der Integration auf dem Kontinent zu einer besseren Integration in der Allianz beitragen. Doch wenn diese Interventionsmacht mit taktischen Kernwaffen ausgerüstet werden soll, ergibt sich wiederum das Problem des Einsatzes. In einem noch nicht existierenden supranationalen Europa könnte natürlich ein Gremium, wie z.B. ein regelmäßiges Treffen der Regierungschefs im voraus Richtlinien festlegen,

um zu einer Einsatzentscheidung zu kommen. Es treten aber mit Sicherheit auch unvorhersehbare Fälle ein, und dann ergibt sich das Problem über die Einsatzentscheidung von taktischen Kernwaffen.

Doch auch zu Beginn der 60er Jahre bietet die NATO, trotz einer grundsätzlichen positiven Einstellung der Partei, noch einige Vorbehalte, die nach Auffassung Mollets einer Änderung bedürfen. Zunächst einmal wurde der Geltungsbereich der NATO als zu eng begrenzt angesehen. Die Atlantische Allianz

> "enthält nur Europa, und dieses Europa, das nur eine einfache atlantische Grenze ist, an die sich mit Italien, Griechenland und der Türkei drei voneinander durch Meere getrennte Mittelmeerhalbinseln anschließen"[89].

Der enge Geltungsbereich sei um so beunruhigender in Anbetracht der seit 1954/1955 großangelegten sowjetischen Offensive mit dem Ziel über dem Nahen Osten nach Asien und Afrika zu stoßen. Die Atlantische Allianz würde somit eine Maginotlinie im europäischen Rahmen abgeben. Mollet forderte als Konsequenz eine größere geographische Ausdehnung der NATO.
Die Feststellung des zu engen europäischen Territorialbezuges ist auch ein gaullistisches Argument für den schrittweisen Rückzug aus der NATO-Organisation gewesen. Die durch die NATO nicht geschützten nordafrikanischen Staaten waren anfangs ein Streitpunkt zwischen de Gaulle und Frankreichs NATO-Partnern. Mollet hatte aber anscheinend eine andere Stoßrichtung im Auge. Er wollte wahrscheinlich die NATO auch auf Teile des Nahen Ostens ausgedehnt wissen und sie als Sperriegel gegen ein sowjetisches Vordringen nach Afrika und Asien benutzen. Die Frage bleibt nur, ob Mollets Vorstellungen mit dem NATO-Vertrag übereinstimmen und nicht durch andere Maßnahmen, wie z.B. durch bilaterale Verträge mit einzelnen Nahoststaaten, besser bewerkstelligt werden könnten. Es ist auch wenig sinnvoll von einer Vergrößerung der geographischen Ausdehnung zu sprechen, ohne konkret aufzuzeigen, wie diese Ausdehnung vorgenommen werden sollte und welche Länder sie einschließen sollte.
Einen weiteren Vorbehalt sah die Partei in der Begrenzung der Kompetenzen des Atlantikpaktes. So war der Atlantikpakt 1962 vor allem immer noch ein Militärbündnis, obwohl doch gerade in Artikel 2 des Nordatlantikvertrages der Abbau von ökonomischen Gegensätzen und die Zusammenarbeit in Wirtschaft und Handel niedergelegt sind. Folgerichtig wurde von der sozialistischen Partei eine Erweiterung

der Ziele des Atlantikpaktes verlangt. Er sollte nun nicht mehr nur die militärischen Ziele der Sicherung und Verteidigung der westlichen Lebensformen garantieren, sondern sich auch in immer größerem Maße wirtschaftlichen und sozialen Fragen widmen.
Eine Wandlung in der Haltung gegenüber der NATO können wir in der sozialistischen Partei erstmals auf dem 55. Parteitag von 1965 feststellen. Wurde dem Atlantikpakt bisher lediglich die Aufgabe der Verteidigung der westlichen Welt gestellt und er als ein Bremsblock für die Expansion des Kommunismus angesehen, so sollte die NATO gemäß der SFIO von nun an eine Institution werden, die nicht mehr nur auf die Manifestationen der sowjetischen Diplomatie reagierte, sondern die die Offensive ergreifen und der Sowjetunion den Dialog über alle zwischen Ost und West existierenden Probleme aufzwingen sollte.
Die SFIO setzte sich für eine weitgehende Reform der NATO ein, um zu einer Wiederherstellung des Gleichgewichts in der Allianz zu gelangen. Als Mittel wurde weiterhin die echte politische und militärische Integration der gesamten Streitkräfte der Allianz gefordert[90].
Auch 1965 suchte die SFIO weiterhin nach einer integrierten Lösung, die im Laufe der Jahre in immer weitere Ferne gerückt war.

4.3.3 Die SFIO und die force de frappe

Die von den Gaullisten entsprechend ihrer Verteidigungstheorie konzipierte "force de frappe" war zu Beginn der 60er Jahre nicht nur das Zentralproblem in der französischen Verteidigungspolitik, sondern sie war für die sozialistische Partei, wie Generalsekretär Mollet es ausdrückte, das Grundproblem der französischen Außenpolitik[91]. Wie alle anderen Oppositionsparteien, mit Ausnahme der Kommunisten, wurde die SFIO durch den Aufbau einer nationalen Atomstreitmacht mit einer Tatsache konfrontiert, die sie von ihrer außen- und verteidigungspolitischen Theorie her ablehnen mußte. Dennoch war sich die SFIO 1959 über die Haltung zum Aufbau einer nationalen Atomstreitkraft nicht definitiv schlüssig, d.h. die Ablehnung der Atomwaffe für Frankreich durch die SFIO war keinesfalls eindeutig und klar, als nämlich das Parteivorstandsmitglied Brutelle auf dem Kongreß der sozialistischen Internationale in Hamburg im Juli 1959 erklärte:

"Wir wissen nicht, was wir tun würden, wären wir an der Regierung. Es ist uns immer unmöglich erschienen, zu akzeptieren, in Abwesenheit einer allgemeinen Übereinstimmung - einer Übereinstimmung, welcher unser Land natürlich zustimmen müßte - daß Nationen, die für sich die Notwendigkeit erkannt haben, ihre militärische Sicherheit durch die modernsten Waffen zu garantieren, anderen dieses Recht zu verweigern"[92].

Damit würde zumindest die Möglichkeit des Aufbaus einer nationalen Atomstreitmacht nicht ausgeschlossen. Doch bereits 1960 wurde im Prinzip der Aufbau einer nationalen Atomstreitmacht von der Partei, zu deren Grundlagen sie mit den Entscheidungen des sozialistischen Kabinetts Mollet 1956 beigetragen hatte, verurteilt. In einer von G. Jacquet eingebrachten und vom 51. Parteikongreß einstimmig bei drei Enthaltungen verabschiedeten Resolution hieß es dazu, daß sich die SFIO ... aus Prinzip gegen den nationalen Besitz einer Atombombe widersetzen werde, solange es keine internationale Vereinbarung gäbe. Weiter heißt es dazu:

"Weil die Partei international und aufrichtig national ist, kann die Sozialistische Partei, die ohne Vorbehalt die Fabrikation einer französischen Bombe verurteilt, in dem Augenblick, wo die anderen Mächte darauf verzichtet haben werden, die Forderung einiger Mächte nach einseitigem französischen Verzicht als echten Beitrag für den Frieden ansehen"[93].

Deshalb ist es von der SFIO konsequent, daß die Aufstellung einer nationalen Atomstreitmacht durch die Regierung Debré aus folgenden Gründen verhindert werden sollte:

1. Die französische Abschreckungswaffe erfüllt nicht die ihr zugedachte Funktion.
2. Die ökonomische Potenz Frankreichs reicht nicht aus, um eine effektive Abschreckungswaffe zu bauen.
3. Das Deutschlandproblem wird durch die nationale Atomstreitmacht noch schwieriger und gefährlicher.
4. Die Auswirkungen auf die internationalen Zusammenschlüsse werden negativ sein.

Zunächst lehnte die SFIO die nationale Atomstreitmacht aufgrund mangelnder Funktionstüchtigkeit auf technischem, geopolitischem und ökonomischem Gebiet ab. Da die Nuklearwaffe ihrem Wesen nach besser für Länder mit einer großen Flächenausdehnung und dünn besiedelter Bevölkerungszahl geeignet ist, sahen die Sozialisten für ein atomar gerüstetes Frankreich naturbedingte Nachteile[94]. Vergleicht man einmal die Bevölkerungsdichte und die Flächenausdehnung der nationalen Atommächte jener Zeit (England ausgenommen,

da es im Nassau-Abkommen praktisch auf die nationale Atomstreitmacht verzichtet hatte), so werden die Unterschiede in aller Offenheit deutlich[95]. Im Falle eines französisch-sowjetischen Konfliktes würden 30 H-Bomben größerer Stärke genügen, um praktisch die französische Bevölkerung zu vernichten. Wollte man das gleiche Ergebnis für die Sowjetunion erzielen, so brauchte man etwa 1.200 dieser Bomben. Somit wird es ersichtlich, daß es für die Sowjetunion unendlich leichter wäre, 30 H-Bomben zu erwerben als für Frankreich, daß davon 1.200 herstellen müßte, um die gleiche Ausgangsbasis zu haben. Auf die Bevölkerungsdichte übertragen, ergibt sich ein ähnliches Verhältnis[96].
René Schmitt nannte die Erwartungen der Sozialisten, die sie an eine wirkungsvolle Abschreckungswaffe stellten:

> "Eine Abschreckungsmacht, die ihre Aufgabe, nämlich die Verhinderung des Krieges erfüllen soll, muß eine solche Feuerkraft, eine solche Überlebensreserve und eine solche Summe von Risiken besitzen, daß nur die Erwägung ihrer Anwendung einen eventuellen Aggressor zurückweichen läßt. Das kann mit der nationalen force de frappe für Frankreich nicht gültig sein - wir wiederholen es - mit einer nationalen force de frappe, wie man sie uns vorschlägt"[97].

Neben diesen ungünstigen geopolitischen und bevölkerungspolitischen Voraussetzungen sah die sozialistische Partei in den technischen Voraussetzungen Schwierigkeiten, die das Malaise dieser force de frappe ihrer Ansicht nach noch vergrößerten. Die wichtigste Voraussetzung, um die Kernwaffe auch an ihrem Bestimmungsort zum Einsatz zu bringen, ist das Vorhandensein von Trägerwaffen. Und nun ist zu fragen, über welche Trägerwaffen Frankreich verfügte bzw. welche Trägerwaffen für die force de frappe vorgesehen waren.
Hier trafen die Sozialisten eine der schwächsten Stellen, wenn nicht vielleicht die schwächste Stelle der französischen Atomstreitmacht überhaupt. In der ersten Phase, d.h. in den ersten fünf Jahren des Aufbaus, sollten als Trägerwaffen Mirage IV-Flugzeugbomber dienen[98], die eine Spitzengeschwindigkeit von 2,1 Mach erreichen, die aber in ihrem Aktionsradius Raketen selbstverständlich unterlegen wären[99]. Gewiß sollten diese Trägerwaffen nur für eine Übergangsphase, wie Debré sagte, eingesetzt werden, aber wenn erstens sich anläßlich des Abschusses des amerikanischen Spionageflugzeuges U 2 im Mai 1960 erwiesen hatte, wie verwundbar gerade Flugzeuge sind und zweitens die Regierung behauptete, daß es

"keine moderne Verteidigung gibt, wenn man nicht im Besitz von modernen militärischen Waffen ist"[100], dann bleibt wirklich zu fragen, weshalb noch 1 Milliarde Francs für den Bau von 50 Mirage IVA-Bombern ausgegeben werden sollten, die doch auch zugegebenermaßen nicht die modernsten Waffen jener Zeit waren, zumal sie noch, um ihren Aktionsradius zu vergrößern, von Düsenflugzeugen in der Luft aufgetankt werden mußten, die Frankreich von den Amerikanern erwerben mußte. Spätestens hier mußte deutlich werden, daß das Argument der nationalen Unabhängigkeit nicht unbedingt stichhaltig war, weil Frankreich auf den Kauf von Tankflugzeugen angewiesen war, der jederzeit theoretisch hätte unterbunden werden können. Diese Lösung wurde in der SFIO auch nur als eine typische Lösung des kapitalistischen Systems angesehen, wo der private Hersteller eines jeden Trägerflugzeuges einen Netto-Verdienst von ca. 10 Milliarden Francs (Stand 1963) machte[101].

Budgetbewilligungen bzw. Nichtbewilligungen sind mit der Magna Charta von 1215 die Geburtsstunde des Parlamentarismus gewesen. Die Bewilligung von Steuergeldern gerade auf dem Gebiet der Verteidigungspolitik, das von vielen Parlamentariern als heimliche Spardose angesehen wird und deshalb auf der Streichungsliste Priorität genießt, spielte auch in der Debatte um den Aufbau der force de frappe sowie in der Folgezeit eine entscheidende Rolle. So sah der im Rahmen eines Fünfjahresplanes dem Parlament vorgelegte Entwurf für die Jahre 1960 bis 1964 Rüstungsausgaben von insgesamt 11,790 Milliarden NF vor:

> "6,048 Milliarden NF für die Atomstreitkräfte, die 'force de frappe atomique' oder, wie diese offiziell bezeichnet wird, 'force de dissuasion' (Abschreckungsmacht). Von diesem Betrag entfallen 4.928 Millionen NF auf die Produktion von Kernsprengstoff, auf die die 'Verkleinerung' der Atomladungen, einschließlich des Baues einer Uran-Isotopentrennanlage sowie auf die Entwicklung von ballistischen Flugkörpern (etwa 1 Milliarde NF), die jedoch nicht vor 1970 einsatzbereit sein werden. Für den Bau von 50 sogenannten 'strategischen Bombern', die Atomköpfe befördern können ("Mirage IV" der Dassault-Flugzeugwerke), sind 1.120 Millionen NF eingeplant.
>
> 4,742 Milliarden NF sind für die Modernisierung der konventionellen Streitkräfte (einschließlich der im Rahmen eines NATO-Gemeinschaftsprogrammes gebauten Abwehrrakete 'Hawk') bestimmt"[102].

Die sozialistische Partei befürchtete in diesem von den Gaullisten eingebrachten Fünfjahresprogramm einen finanziellen Aufwand, der in keiner Relation zu seinen Erfolgen stände und auch nur die Spitze eines Eisberges darstellte. Und in der Tat, wenn man die Verteidigungsausgaben der vier Atommächte im Jahre 1960 vergleicht, wird man die Diskrepanz erkennen und die Kosten für die Entwicklung und Aufstellung einer Abschreckungswaffe ermessen können. Danach gaben die USA 280 Milliarden NF, die UdSSR ca. 165 Milliarden NF, Großbritannien ca. 24 Milliarden NF und Frankreich 18 Milliarden NF für die Atomwaffe aus; ein Betrag, der nach Ansicht Jules Moch's die französische Wirtschaft schon zu stark belastete[103].

Die Sozialisten hatten es sich zum Ziel gesetzt, die Aufstellung der force de frappe als militärisch sinnlos, wirtschaftlich zu kostspielig und politisch gefährlich hinzustellen. Um die Sinnlosigkeit der force de frappe als Abschreckungsmacht aufzuzeigen, wurden Vergleiche mit den beiden Supermächten USA und UdSSR gezogen. Sie ergaben, daß die französische Abschreckungswaffe im günstigsten Fall ein Hundertstel der anderen Abschreckungswaffen ausmachen konnte. Damit sollte bewiesen werden, daß die force de frappe militärisch sinnlos war, wenn nicht größere finanzielle Opfer dafür bereitgestellt wurden. Danach hätten die Militärkredite verzehnfacht werden müssen, wenn nicht sogar verzwanzigfacht, wollte Frankreich eine moderne, effektive Abschreckungswaffe erhalten.

Aber für die Sozialisten wog viel schwerer, daß sie der gaullistischen Regierung nicht abnahmen, auch mit den geplanten, im Vergleich zu anderen Atommächten, geringen Mitteln, diese force de frappe aufzubauen. Sie fürchteten, daß die Gaullisten zusätzliche Gelder in sogenannte unproduktive Gebiete investieren könnten. Und hatte nicht der gaullistische Abgeordnete Le Theule als Berichterstatter des Verteidigungsausschusses bereits darauf hingewiesen, daß ihm die Finanzierung des gesamten Projektes als zu gering erschien[105]?

Wie recht Le Theule hatte, sollte sich knapp zwei Jahre später zeigen, als die neugebildete Regierung Pompidou am 10. Juli 1962 dem Parlament einen Nachtragshaushalt vorlegte, in dem 470 Millionen NF für die Verteidigung enthalten waren. Davon wurden allein 200 Millionen NF für den Ausbau der Isotopentrennanlage Pierrelatte veranschlagt[106].

In der Debatte über den Nachtragshaushalt sahen die Sozialisten

ihre Warnung bestätigt, daß diese force de frappe größere finanzielle Opfer verlangte, als sie von den Gaullisten bisher veranschlagt worden waren. Guy Mollet faßte die Kritik der SFIO folgendermaßen zusammen: "Eine nationale Atomstreitmacht ist viel zu teuer, ungenügend effizient und schadet der Einheit"[107].
Eine weitere Grundvoraussetzung für den Aufbau einer nationalen Atomstreitmacht - eine ausreichende Infrastruktur - war aber im Programmentwurf der Regierung nicht vorgesehen, und deshalb befürchteten die Sozialisten weitere Ausgaben in Milliardenhöhe, um die Voraussetzungen einer einsatzbereiten force de frappe zu schaffen. Diese Erhöhungen hätten sich notwendigerweise auf andere Gebiete des Haushaltes auswirken müssen, d.h. es hätten unbedingt Einsparungen auf innenpolitischem und gesellschaftspolitischem Sektor vorgenommen werden müssen, was aber den Interessen der SFIO entgegen lief.

Nicht nur für die französischen Sozialisten, sondern für die gesamte französische Nation war das Deutschland-Problem neben den Kolonialkriegen das schwerwiegendste Problem der Nachkriegszeit. Die deutsche Wiederaufrüstung sowie die Frage der EVG führten in der SFIO zu einem Bruch, der zwei gleich starke Lager von Gegnern und Anhängern in der Partei zurückließ. Zu Beginn der sechziger Jahre stellte sich aufgrund des gaullistischen Anspruchs einer nationalen Atomstreitmacht erneut das Deutschland-Problem für die Sozialisten. Die Bundesrepublik Deutschland wurde von der SFIO weiterhin als das einzige Land in Europa angesehen, das in höchstem Maße unzufrieden mit dem politischen und territorialen Status quo war. Hinzu kam, daß die BRD einen sehr wichtigen konventionellen Beitrag zur Verteidigung der NATO-Länder leistete und einer der verläßlichsten Alliierten der USA war.
Wenn nun in dieser Situation Frankreich eine eigene nationale Atomstreitmacht aufbauen wollte, würde das nicht wieder den deutschen Nationalismus hervorrufen, den die Franzosen immer versucht haben, zu bekämpfen? Darüber hinaus sahen die Sozialisten im Aufbau der force de frappe geradezu das Alibi für einen eventuell aufkommenden deutschen Nationalismus.
So sahen sie Deutschland aus der europäischen Hoffnung der Integration herausgerissen und in einem starken inneren Wandlungsprozeß begriffen, ein Deutschland, das sich seine eigenen Wege suchte. Mit Großbritannien arbeitete es nach Auffassung der SFIO auf

dem Gebiet der Waffenherstellung eng zusammen, auf Kosten der deutsch-französischen Zusammenarbeit. Jeden Tag verstärkte sich die Aussicht einer deutsch-amerikanischen Achse! Und noch bedeutsamer wäre es, wenn Deutschland eines Tages wieder mit der Sowjetunion zusammenarbeiten würde[108]. Alle diese aufgezeigten Gefahren sahen die Sozialisten durch den Aufbau der force de frappe und darüberhinaus auch noch den Zugang zu Atomwaffen auf bilateralem Wege.
Auch der Versuch der Regierung Pompidou, die militärpolitische und teilweise politische Selbständigkeit durch eine gemeinsame Verteidigungspolitik zu verhindern, die im deutsch-französischen Vertrag vom Januar 1963 vorgesehen ist, konnte die Sozialisten nicht von ihrer Kritik an dieser nationalen Atomstreitmacht abbringen. Wenn auch im deutsch-französischen Vertrag in Abschnitt III in bezug auf die Verteidigungspolitik recht klar definiert steht: "Auf dem Gebiet der Strategie und der Taktik bemühen sich die zuständigen Länder, ihre Auffassungen anzunähern, um zu gemeinsamen Konzeptionen zu kommen"[109], so bedeutet dies nichts anderes, als das Wunschdenken zweier im Kern doch selbständiger Partner. Diese gemeinsame Konzeption war natürlich eine viel zu schwache Bindung für die Bundesrepublik, um sie von dem Anspruch auf Atomwaffen abzulenken. Hinzu kam, daß die force de frappe ohnehin nicht vom deutsch-französischen Vertrag betroffen war. So sahen die Sozialisten in diesem bilateralen Vertrag eine Möglichkeit, dem Nationalismus in Deutschland, aber auch in Frankreich, neuen Nährboden zuzufühen. Der Zugang zu Atomwaffen durch die BRD blieb jedoch für die SFIO das schwerwiegendste Problem.

Außerdem befürchteten die Sozialisten eine Schwächung der französischen Verteidigungsbereitschaft. Denn diese force de frappe, die letztendlich zur militärischen Unabhängigkeit führen sollte, steht gerade der theoretischen Verteidigungskonzeption der SFIO entgegen, denn Unabhängigkeit ist in der heutigen Zeit ein Anachronismus. Dazu bemerkte Guy Mollet:

> "Die enge Verschachtelung der militärischen Bemühungen - und schon gar nicht die unregelmäßige Koalition der nationalen Armeen - ist somit zur Bedingung des Überlebens jeden bedrohten Landes geworden. Diese Forderung stellt sich für alle, starke und schwache, Staaten und natürlich erst recht für Frankreich"[110]!

Nicht eine Stärkung der NATO - wie u.a. von den Gaullisten in der

Aufbauphase behauptet - sondern eine Schwächung des Bündnisses, sahen die Sozialisten in der Aufstellung der französischen Atomstreitmacht. Der von der Regierung eingeschlagene Weg mußte unweigerlich zu einer Desintegration führen, die schließlich die Auflösung des gemeinsamen Oberkommandos und die Aufstellung eigener nationaler Verbände nach sich ziehen würde. Das wäre aber im Zeitalter der sich immer stärker komplizierenden Waffensysteme genau der falsche Weg, der nun aber leider einmal bestritten worden ist[111].

Als Alternative nannte die SFIO ein supranationales Europa, in dem zu einem bestimmten Zeitraum eine Transformation der Kompetenzen stattfinden müßte. Nationale Souveränitätsrechte müßten auf supranationale Autoritäten übergehen, die mit qualifizierter Mehrheit Entscheidungen treffen könnten, die von einem Europäischen Parlament kontrolliert werden müßten[112].

Die force de frappe lief dieser Vorstellung diametral entgegen. Doch da die Existenz dieser Atomstreitmacht nicht weiter zu leugnen war, sahen sich die Sozialisten gezwungen, nach Möglichkeiten zu suchen, wie sie diese nationale Streitmacht in ihr eigenes Konzept einbauen könnten.

4.3.4 Die SFIO und die multilaterale Atomstreitmacht

Als das Problem der integrierten Atomstreitmacht im Atlantischen Bündnis konkrete Formen angenommen hatte, d.h. nachdem der Oberbefehlshaber der Atlantikpaktstreitkräfte in Europa, General Norstad und NATO-Generalsekretär Paul Henri Spaak sich ebenso für eine NATO-Atomstreitmacht ausgesprochen hatten wie die NATO-Parlamentarier, mußte sich auch die sozialistische Partei mit diesem Problem befassen. Wenngleich die Partei in all ihren Verlautbarungen als Gegenvorschlag zur Atombewaffnung die internationale Abrüstung forderte, so ging sie in dieser Frage aber doch davon aus, daß nicht allein Wunschgedanken in der Politik realisierbar sind, sondern daß aus einer realistischen Position heraus argumentiert und gehandelt werden mußte.

Die nationale französische Atomstreitmacht war für die SFIO unakzeptabel. Die integrierte Atomstreitmacht des Bündnisses schien ihrer Verteidigungskonzeption am nächsten zu kommen. So brachte auch die SFIO zu Anfang der Beratungen über den Aufbau der force de frappe im Herbst 1960

> "einen Antrag auf Rücküberweisung der Vorlage an die Ausschüsse mit der Begründung ein, es solle zunächst geklärt werden, ob die Regierung alle Möglichkeiten zur Bildung einer integrierten Atomstreitmacht entsprechend den Vorschlägen von General Lauris Norstad über eine europäische Abschreckungsmacht unter gemeinsamer Kontrolle ausgeschöpft habe"[114].

Da außer den Kommunisten in den Debatten über den Aufbau der nationalen französischen Atomstreitmacht keine Partei prinzipiell die Atombewaffnung ablehnte und die Sozialisten als Alternativlösung zur nationalen force de frappe eine integrierte Atomstreitmacht bevorzugten, mußte die von Norstad vorgeschlagene Lösung ihnen geeigneter erscheinen. Jedoch gab es weder im Oktober 1960 noch im Juli 1962 klare Vorstellungen in der Partei über eine integrierte Atomstreitmacht. In der Debatte über die Zusatzkredite für das Atomzentrum Pierrelatte unterstützte die sozialistische Fraktion eine Motion, die den Regierungssturz beabsichtigte, andererseits aber auch die Aufstellung einer multinationalen Atomstreitmacht ermöglichen sollte. Allerdings wurde recht vage von einer Lösung gesprochen" die Platz läßt zwischen dem nuklearen Monopol der USA und der Weitergabe nationaler Abschreckungswaffen"[115].

Die multilaterale Abschreckungsmacht ohne nähere Kennzeichnung, 1960 von der SFIO als Alternative zur gaullistischen force de frappe empfohlen, weitete sich zu einem immer größeren Problem für die Partei aus. Die Vorstellungen innerhalb der Partei darüber liefen immer weiter auseinander. Der militärpolitische Experte der Fraktion in der Nationalversammlung, René Schmitt, empfahl Anfang 1962 eine integrierte Atomstreitmacht, "in der Frankreich mitreden und seinen Beitrag einbringen kann"[116]. Die französische Beteiligung könnte durch drei oder vier mit Polarisatomraketen bestückten Unterseebooten konkretisiert werden.
Generalsekretär Mollet, der noch 1960 die integrierte Atomstreitmacht innerhalb der NATO gefordert hatte, ohne allerdings sein Lösungsmodell näher zu kennzeichnen, wollte Westeuropa nicht länger als eine nuklear geschützte Zone durch Amerika verstanden wissen, da ein Kontinent nicht auf ewig einen anderen Kontinent beschützen könne. Deshalb lehnte Mollet eine Lösung, die die amerikanische Oberhoheit impliziert, entschieden ab[117]. Mollet suchte eine europäische Lösung, der er unter gewissen Bedingungen, die er aber wiederum nicht näher spezifizierte, glaubte, zustimmen zu können. Danach sollte eine intraeuropäische Zusammenarbeit, besonders zwi-

schen Großbritannien und Frankreich die enge Allianz mit den Amerikanern bilden[118].
René Schmitt sah in der europäischen Lösung wiederum Schwierigkeiten, weil das Deutschland-Problem sich erneut mit aller Schärfe stellen würde. Der Zugang Deutschlands zu Atomwaffen, in welcher Form auch immer, sollte unbedingt vermieden werden[119].
Ein klares Nein zu einer multilateralen Atomstreitmacht sprach das SFIO-Präsidiumsmitglied Jules Moch aus. Solange keine supranationale Regierung existierte, die befähigt wäre, den Einsatzbefehl zu geben, lehnte er die Aufstellung einer derartigen Atomstreitmacht entschieden ab. Gemäß Moch wäre die Entscheidungszeit zum Einsatzbefehl so kurz, vor allem in Europa, wo der Spielraum auf vier bis fünf Minuten reduziert ist, daß keine Allianz in dieser Zeit eine Entscheidung fällen könnte.
Es scheint, daß sich in der SFIO erst in jener Zeit über die tatsächlichen Schwierigkeiten einer integrierten Atomstreitmacht, insbesondere den Einsatzbefehl, Klarheit ausbreitete, als dieses Projekt konkrete Gestalt im westlichen Verteidigungssystem annahm. Glaubte man noch 1960 damit der gaullistischen nationalen Atomstreitmacht eine echte Alternative entgegensetzen zu können, so erkannte man in der Folgezeit immer mehr, daß die Alternative die Form eines Bumerangs annahm. Die Partei wich immer stärker von dem ursprünglichen, jedoch unklar entwickelten Konzept ab und näherte sich einer rein europäischen Lösung. Unumstritten war nach wie vor der Besitz Europas an Nuklearwaffen. Die Frage lautete: aber in welcher Form?
1964 war die SFIO gegen die Multilaterale Atomstreitmacht (MLF), die amerikanischen Gedanken entsprang, aus folgenden Gründen:

1. Die MLF trägt nichts zur Effizienz der Atlantischen Allianz bei und
2. würde man mit der MLF Deutschland den Zugang zu Atomwaffen gewähren, was nicht nur zu Unstimmigkeiten in der Atlantischen Allianz führen würde, sondern auch die friedliche Koexistenz in Frage stellen würde!

Die SFIO sah dagegen folgende Alternativlösung:

1. Frankreich sollte der Atlantischen Allianz treu bleiben, weil sie die Freiheit garantiert.
2. Europa sollte um die französische force de frappe als Kernpotential einer europäischen Verteidigung herum aufgebaut

werden, weil die Europäer nicht die amerikanische Nuklearhegemonie abschütteln wollen, um sich der französischen Atomhegemonie zu unterwerfen.

3. Wenn Europa nicht auf wirtschaftlichem, militärischem und wissenschaftlichem Gebiet von den USA und der UdSSR überrollt werden sollte, mußte ein ökonomisches und politisches Europa mit einer politischen Versammlung und einer politischen Macht ausgestattet sein, die in der Lage wäre, die europäische Verteidigung zu garantieren und die, ebenso wie die USA, erfolgreich abschrecken könnte[120].

Von diesen Vorschlägen Montalats führt ein direkter Weg zu der Motion des 55. Parteikongresses, in der multilaterale oder multinationale Atomstreitkräfte abgelehnt wurden, weil sie nur Palliative ohne Effizienz wären[121]. Die Alternative hieß nach wie vor ein vereintes sozialistisches Europa:

> "Wenn wir nicht auf ökonomischem, militärischem und wissenschaftlichem Gebiet die Vasallen der USA und der UdSSR werden wollen, müssen wir das ökonomische und politische Europa bauen. Ein Europa mit einer politischen Versammlung und einer politischen Exekutive, die das Recht hat, sich mit unserer Verteidigung zu beschäftigen und mit den USA auf gleicher Stufe diskutieren kann"[122].

4.4 Die PCF und die gaullistische Verteidigungspolitik

Im Unterschied zu der SFIO kann man die PCF nicht als eine rein nationale Partei ansehen. Gerade in bezug auf die Außenpolitik muß der Doppelcharakter der französischen Kommunisten betont werden. Die PCF ist gleichzeitig eine Partei des proletarischen Internationalismus und eine französische Partei der französischen Arbeiterklasse. Die gesamte Entwicklung der PCF im politischen System Frankreichs ist innerhalb der Spannung zwischen diesen beiden Polen zu sehen, wobei diese beiden Dimensionen selbst Teile des umfassenden Systems der internationalen Beziehungen sind und als solche auf dieses Ganze einwirken, wie umgekehrt Kräfteverschiebungen und Veränderungen innerhalb der weltpolitischen Konstellation Auswirkungen auf die beiden Dimensionen zur Folge haben.
Jedoch ist es kaum übertrieben, wenn man feststellt, daß die PCF in fast allen politischen Entwicklungen die Position der sowjetischen Kommunisten übernahm, zumindest bis zur Zeit des 20. Partei-

tages der KPdSU im Jahre 1956 auch in ihrem Selbstverständnis[123].

> "Seit Maurice Thorez 1930 die Parteiführung übernommen hatte, waren die französischen Kommunisten endgültig auf Moskaukurs gegangen und hatten allen Anweisungen strikt Folge geleistet (etwa nach dem Hitler-Stalin-Pakt von 1939). Selbst als Stalin im Zeichen des Kalten Krieges - freilich erst nach Ausschaltung der KPF aus der Regierung - den Befehl gab, die Zusammenarbeit mit den Résistance-Parteien einzustellen und zur kompromißlosen Opposition überzugehen, wagten die französischen Kommunisten keine Einwände - obwohl ihr innenpolitischer Einfluß dadurch nahezu auf Null sank und ihr effektiver Mitgliederbestand von 804.000 (1946) auf 226.000 (1959) schrumpfte"[124].

Insbesondere die Person des Generalsekretärs Maurice Thorez, der dieses Amt von 1930 bis 1964 innehatte, gab der sowjetischen Parteiführung die Garantie, daß die französischen Kommunisten die außenpolitische Linie der Sowjetunion befolgen würden. Erst 1968, als 5 Warschauer-Pakt-Mächte die CSSR besetzten, fand sich die PCF bereit, eine scharfe Stellungnahme gegen die KPdSU zu veröffentlichen, von der sie im Laufe der darauf folgenden Monate aber wieder abrückte.

4.4.1 Die PCF und die Abrüstung

Im außenpolitischen Programm der französischen Kommunisten läßt sich seit der Gründung der Partei eine dominierende Konstante finden - der Kampf für den Frieden. Dieser Kampf spielt für die PCF nicht nur eine verbale Rolle, sondern sie verstand und versteht sich auch heute in ihrem Selbstverständnis als eine durch Taten zum Frieden beitragende Partei. Von 1920 bis 1936 war das gesamte Parteileben durch zahllose Aktionen gegen den Militarismus, Kolonialismus und gegen den Krieg gekennzeichnet[125].
Nach dem 2. Weltkrieg hatte die PCF erneut harte Aktionen gegen die Kriege in Indochina und Algerien durchgeführt. Das Problem der Abrüstung war in jener Zeit nicht zentral, sondern wurde als ein Mittel unter anderen verstanden, den Frieden zu erreichen. Seit 1956 hatten auch die französischen Kommunisten den Wandel ihrer sowjetischen Genossen mitvollzogen und folgten seit dieser Zeit den Ideen Chrutschows von der friedlichen Koexistenz. Ab 1960 sah die PCF den Kampf für den Frieden durch eine totale Abrüstung als zentral an[126].

Im Zeichen des sich anbahnenden atomaren Patts ist die Frage nach der Weltbeherrschung auf eine andere Stufe gestellt worden. Die gewaltsame Übertragung des politischen Systems auf den Gegner ist ohne gleichzeitige eigene Vernichtung nicht mehr möglich. Der Rüstungswettlauf nimmt seit diesem Zeitpunkt andere, qualitative Dimensionen an.
So forderte die PCF getreu ihrer pazifistischen Grundeinstellung die allgemeine und vollständige Abrüstung. Das Ziel heißt "eine Welt ohne Waffen und ohne Krieg"[127]! Die Bedeutung der totalen Abrüstung zeigt sich in der Tatsache, daß die materiellen Kriegsgüter vernichtet werden müssen. Diese Aktionen verhindern nach Auffassung der PCF nicht nur das Ausbrechen von Kriegen zwischen verschiedenen Staaten, sondern führen auch zu einer gerechten Lösung der inneren Probleme der Völker. So unterstützten die französischen Kommunisten 1959 die sowjetischen Vorschläge für eine allgemeine und vollständige Abrüstung. Die sowjetischen Abrüstungsvorschläge, die von Chrutschow im September 1959 von den Vereinten Nationen vorgelegt wurden, zielten auf eine totale Abrüstung innerhalb eines Zeitraums von vier Jahren. Das bedeutete, daß keine Bodenarmeen, keine Kriegsflotten und keine Luftstreitkräfte nach vier Jahren mehr existieren sollten. Die Kriegsministerien und Generalstäbe sowie die Militärschulen sollten ebenso aufgelöst werden wie die Militärstützpunkte in fremden Gebieten. Das heißt, alles was in irgendeiner Beziehung als militärisches Gut angesehen werden konnte, sollte vernichtet werden[128].

Chrutschow selbst mußte jedoch diesen Plan als nicht sehr realistisch angesehen haben, denn er legte in der selben Sitzungsperiode noch einen weiteren Plan vor, der Teilschritte auf dem Weg zur Abrüstung enthielt[129].
Im Gegensatz zu der SFIO wird man bei den Kommunisten allerdings vergeblich eigene Vorstellungen zu der Abrüstungsfrage suchen. Während die PCF 1959 noch beide sowjetischen Abrüstungsvorschläge unterstützte, empfahl sie 1960 die Abrüstungsvorschläge, die auf der Konferenz der 81 Arbeiter- und Kommunistischen Parteien in Moskau verabschiedet worden sind und sich von den sowjetischen Vorschlägen doch erheblich unterschieden. Sie sahen folgende Schritte auf dem Weg zu einer erfolgreichen Abrüstung vor: "Verbot der Atomversuche und Verbot der Kernwaffenherstellung, Liquidierung der Blökke und der ausländischen Militärstützpunkte, erhebliche Verringe-

rung der Streitkräfte und der Waffen"[130].
Wieweit diese Vorstellungen realistisch waren, d.h. zu dem erwünschten Ziel der allgemeinen und totalen Abrüstung führen sollten, mußten sich auch die französischen Kommunisten fragen lassen. Wie sollten die NATO-Länder der Auflösung der Militärblöcke zustimmen, wenn gleichzeitig durch das Fortbestehen des umfangreichen Truppen- und Freundschaftsvertragssystems der Charakter des Warschauer Pakts von der multilateralen Ebene auf die bilaterale Ebene verlagert würde - und damit der Sowjetunion eine noch günstigere Einwirkungsmöglichkeit gegeben hätte - ohne daß der Westen ein adäquates Gegenstück hätte aufweisen können?
Nachdem die ersten Fortschritte in den Fragen der Rüstungsbegrenzung mit dem Moskauer Atomteststopabkommen von 1963 erzielt worden waren, konzentrierte sich das Interesse der PCF in der Abrüstungsfrage nicht mehr auf die Unterstützung internationaler (kommunistischer) Vorschläge, sondern auf die Kritik an der Politik der gaullistischen Staatsführung. Insbesondere die Verweigerung der Unterzeichnung des Atomteststopabkommens und die Nichtteilnahme Frankreichs an der Genfer 18-Mächteabrüstungskonferenz waren Brennpunkte kommunistischer Kritik. Dem gaullistischen Argument der nationalen Unabhängigkeit, die die Voraussetzung der nationalen Würde sei, setzten die Kommunisten ihre eigene Auffassung entgegen. Danach sollte Frankreich endlich das Moskauer Teststopabkommen unterschreiben, und da Frankreich einen Sitz im Sicherheitsrat der Vereinten Nationen habe, sollte es sich dieses "Ranges" erinnern und unmittelbar an den Abrüstungsgesprächen in Genf teilnehmen. In diesen Konferenzen könnte es konstruktive Vorschläge unterbreiten, um damit die Abrüstung zu beschleunigen[131].

4.4.2 Die PCF und die NATO

Die tiefen Gegensätze der bedeutenden Oppositionsparteien der V. Republik werden in der Haltung der Parteien gegenüber dem Atlantikpakt am deutlichsten sichtbar. Sahen die Sozialisten in der Gründung der NATO ein notwendiges Übel, so sahen und sehen die französischen Kommunisten in diesem Atlantikpakt den Beginn des Kalten Krieges. Für die PCF ist die Koalition der Atlantikstaaten bereits "geistig in den Kriegsjahren 1943/1944 gegründet"[132], also zu jener Zeit, als noch die Anti-Hitler-Koalition mit den Haupt-

mächten USA und UdSSR bestand. Die anschließende Spaltung teilte nicht nur Europa, sondern auch die ganze Welt.
Dieser Gedanke muß den französischen Kommunisten jedoch erst später gekommen sein. Als nämlich 1946 Verhandlungen über die Vergabe der Marshallplangelder geführt wurden, d.h. die amerikanische Bereitschaft, für den Wiederaufbau Europas Gelder zur Verfügung zu stellen, hatte die PCF ebenso wie ihre Schwesterparteien KPI und KPC ein lebhaftes Interesse an diesen Krediten. Nicht zuletzt durch die Regierungsbeteiligung der PCF - François Billoux hatte kurz vor der Marshallplanankündigung das Wirtschaftsministerium inne, und Marcel Paul war zu jener Zeit Minister für industrielle Produktion - sahen auch die Kommunisten im Marshallplan eine Möglichkeit für den Wiederaufstieg Frankreichs. Jacques Duclos erklärte dazu sogar: "Wir wünschen, was uns betrifft, daß die Diskussionen über den Marshallplan dem Aufbau Europas helfen"[133].
Als jedoch Molotow den Marshallplan verurteilte, mußte sich die PCF ebenso wie ihre Schwesterparteien KPI und KPC dem Votum Moskaus beugen.
Trotz der offensichtlichen Beteiligung der Kommunisten an der Diskussion um diese Gelder war nun die offizielle Version der Partei, daß der Initiator, die USA bzw. der amerikanische Imperialismus, eine günstige Gelegenheit sahen, ihre Hegemonie über die ganze Welt auszudehnen. Zu diesem Zweck benötigten die USA die Atlantische Allianz. Mit Hilfe eines durch die USA geeinten Europas versuchte der amerikanische Imperialismus Europa aufzubauen und dieses Europa als wichtige strategische Basis für einen Krieg mit der Sowjetunion und den anderen sozialistischen Staaten zu benutzen.
Die Initiatoren des NATO-Pakts hatten nicht nur das Ziel, "einen Krieg gegen die sozialistischen Länder vorzubereiten, sondern versuchten ihn auch auszulösen"[134].
So ist der Charakter der NATO für die PCF aggressiv, den die Partei in Norwegens NATO-Beitritt bestätigt sieht. Die Sowjetunion hatte im Februar 1949 Norwegen vorgeschlagen, einen Nichtangriffspakt zwischen beiden Staaten abzuschließen, doch Norwegen zog den NATO-Beitritt vor und begab sich damit nach Ansicht der französischen Kommunisten auf den antisowjetischen Kreuzzug. Und auch die Weigerung der NATO-Staaten, dem Aufnahmewunsch der Sowjetunion in die NATO zuzustimmen, ist für die PCF ein Beweis des aggressiven Charakters der Atlantischen Allianz.

Insbesondere aber die Bedeutung des NATO-Paktes für das Deutschland-Problem schätzte die PCF außerordentlich wichtig ein. Die Partei sah durch diesen Pakt nicht nur eine Remilitarisierung Deutschlands gegeben, sondern sie fürchtete vor allem, daß die NATO als Sprungbrett für die Renaissance des westdeutschen Militarismus dienen könnte.
Schließlich sahen die Kommunisten im deutschen NATO-Beitritt den Beginn einer dominierenden deutschen Stellung in den europäischen NATO-Staaten, was angesichts der Territorialforderungen Bonns als einziger nichtsaturierter Macht Europas die Gefahren für das Ausbrechen eines Konflikts stark erhöhte.
Weiterhin sah die PCF in der NATO-Gründung eine gute Ausgangsbasis für "reaktionäre Kräfte" in den Mitgliedsländern, eine Kommunistenhatz zu entfesseln. Während in den USA die Kommunistenjagd des Senators MacCarthy ihren Höhepunkt erlebte, glaubte die PCF in Frankreich das Großkapital angetreten, um die politischen, wirtschaftlichen und sozialen Errungenschaften, die die Arbeiter im Kampf gegen den Faschismus erkämpft hatten, rückgängig zu machen.
Die gewaltigen Rüstungsausgaben, die durch die Gründung des Pakts hervorgerufen wurden, hatten nach kommunistischer Auffassung verheerende Auswirkungen auf den Lebensstandard der Volksmassen in den Mitgliedsstaaten.
So brachte der Atlantikpakt für Frankreichs Kommunisten nur die "Abhängigkeit der Mitgliedsländer von der Führungsmacht der 'Freien Welt'"[135].
All die von Kommunisten aufgestellten Behauptungen bildeten den Katalog der Ablehnungsgründe der NATO durch die PCF. Die Ratifizierung des NATO-Vertrages, die bei der SFIO noch zu erheblichen innerparteilichen Schwierigkeiten geführt hatte, wurde von der PCF einstimmig abgelehnt.
Auch der Beitritt der Bundesrepublik zur NATO, der die Fraktion der SFIO erneut gespalten hatte, wurde von der PCF einstimmig abgelehnt. Die Partei sah in der Gründungsphase der V. Republik die NATO immer noch als das ursprüngliche Instrument des amerikanischen Imperialismus an.

Auch mit der Gründung der V. Republik und der damit erfolgten Machtübernahme General de Gaulles, änderte sich die Einstellung der französischen Kommunisten zur NATO nicht. Die aggressive NATO gewährleistet nach wie vor die amerikanische Vorherrschaft auf dem europäischen Kontinent. Auch die Machtübernahme de Gaulles und dessen abweichenden Vorstellungen von der Außenpolitik bisheriger Regierungen der IV. Republik konnte die PCF nicht überzeugen, daß sich im Inhalt der Außenpolitik Änderungen vollzogen. In These 11 des XV. Parteikongresses vom Jahre 1959 heißt es dazu:

> "In der Außenpolitik manifestiert sich die Klassensolidarität des französischen Kapitals mit dem weltweiten Imperialismus durch die Lehensübertragung im Atlantikpakt, die aktive Teilnahme am Kalten Krieg, die Aufrechterhaltung der amerikanischen Basen in Frankreich, die Inkraftsetzung des Gemeinsamen Marktes, die Unterstützung des Franco-Regimes und die Verweigerung der diplomatischen Anerkennung der Volksrepublik China"[136].

Die PCF sah die NATO weiterhin als Instrument des amerikanischen Imperialismus an, der auf Frankreich lastete. Dadurch wurde die ökonomische Lage der Arbeiterklasse, der Bauern und des Kleinbürgertums der Städte weiter verschlechtert. So war es selbstverständlich, daß die PCF in der NATO die Institution sah, die eine nationale und unabhängige Politik verhinderte. Als Beweis ihrer These des Vormarsches des amerikanischen Imperialismus und der amerikanischen Konzerne in Frankreich - damit wiederum der nationalen Unabhängigkeit schadend - nannten die französischen Kommunisten die Erhöhung der Direktinvestitionen amerikanischer Gesellschaften in verschiedenen Wirtschaftsbereichen. Danach hatten sich diese Investitionen von Ende 1957 bis Ende 1961 um 81 % erhöht.[137]

Auch die einzelnen Schritte der NATO-Rückzugspolitik de Gaulles waren für die PCF kein Beweis, daß der Staatschef eine unabhängige Politik führte. Die PCF vermutete in diesen Maßnahmen lediglich taktische Vernebelungstechniken, die eine nationale und unabhängige Politik vortäuschen sollten. Diese Politik war für die PCF geradezu antinational und reaktionär, da sie den Rüstungswettlauf beschleunigte.
Besonders besorgniserregend war für die PCF, daß die USA, Großbritannien und Frankreich einen "kriminellen Pakt mit den westdeutschen Imperialisten geschlossen haben, der besagt, daß eine große westdeutsche Armee unter dem Kommando ehemaliger Nazi-Offiziere aufgebaut werden soll"[138]. Insbesondere in der Allianz der BRD und Frankreichs fürchteten die französischen Kommunisten vielfältige Gefahren. Einmal, daß die Regierung Adenauer als einzige

in Europa noch Territorialforderungen stellte, zum anderen die Möglichkeit, daß jährlich 35.000 deutsche Soldaten auf französischem Territorium üben durften. De Gaulles Politik gegenüber der BRD bedeutete für die PCF eine Stärkung des westdeutschen Militarismus, weil de Gaulle hoffte, ihn gegen die Sowjetunion und die anderen sozialistischen Länder einsetzen zu können.
Die Forderung de Gaulles nach einem Dreierdirektorium innerhalb der Atlantischen Allianz sei nicht Ausdruck starker nationaler Unabhängigkeit, sondern sie zeige der PCF geradezu mit aller Deutlichkeit, daß der Staatspräsident Frankreichs Mitgliedschaft in dieser Allianz aufrechterhalten wollte:

> "Il faut bien voir que si de Gaulle réclame une place un peu plus marquée dans les organismes politiques et militaires de l'alliance atlantique ce n'est pas pour y affirmer une politique d'indépendance française de paix, mais pour y faire valoir les intérêts et les vues des monopoles qui, face à leur rivaux des autres pays impérialistes, cherchent à obtenir une plus grande place sur le marché mondial et dans les alliances entre impérialistes"[139].

Wenn man schon diese gaullistische NATO-Politik als national ansehen will, dann kann man es allenfalls in dem Sinn tun, "daß die Interessen der großen französischen Monopole besser gegenüber ihren großen amerikanischen, englischen und deutschen Konkurrenten vertreten werden können"[140]. Die Ablehnung der gaullistischen NATO-Politik erklärt sich aus der spezifischen Situation der PCF. Einmal befand sie sich noch im Schlepptau der KPdSU und zum anderen verharrte sie noch immer - innenpolitisch und gesellschaftspolitisch gesehen - in der Isolierung. Dadurch grenzte sich die PCF notwendigerweise auch sehr stark von der SFIO ab, der sie Verrat in den Angelegenheiten der Arbeiterschaft vorwirft. Insbesondere die "rechten Führer der SFIO" verhinderten ein Zusammengehen der beiden Parteien. Vor allem war es die NATO-Politik der SFIO, die diese Partei nach Ansicht der PCF zu den eifrigsten Verfechtern der Kalten Kriegspolitik machte und ein Zusammengehen beider Arbeiterparteien in diesen Fragen verhinderte.
Seit den Wahlen zur 2. Nationalversammlung der V. Republik, bei der sowohl Sozialisten wie auch Kommunisten Stimmengewinne erzielen konnten, dennoch aber relativ schwach gegenüber der gaullistischen Mehrheit blieben, ist die PCF auf einen Gemeinsamkeitskurs übergegangen, der sich auch in der Außenpolitik niederschlagen sollte. Nach dieser für die Gaullisten noch einmal erfolgreichen

Wahl sahen die Kommunisten ihre wichtigste Aufgabe "in der Stärkung und Entwicklung einer Union der republikanischen Kräfte"[141]. Dem persönlichen Regiment des Generals sollte ein Ende bereitet werden.
So trat die neue, gestärkte Fraktion der PCF in der Nationalversammlung mit dem Anspruch auf, sich dafür einzusetzen, daß die republikanischen Gruppen in allen wesentlichen Fragen des nationalen und internationalen Lebens zu gemeinsamen Positionen kommen sollten. Auch 1962 wurde nach wie vor die gaullistische NATO-Politik attackiert, jedoch die Forderung nach Auflösung der beiden großen Militärblöcke NATO und Warschauer Pakt wurde nicht mehr so dezidiert ausgesprochen, da es nun um die Zusammenarbeit mit der SFIO ging. Gerade in diesem Zusammenhang betonte die PCF, daß der Rückzug Frankreichs aus der NATO und EWG nicht eine Vorbedingung wäre, damit Sozialisten und Kommunisten zu einem gemeinsamen Aktionsbündnis finden könnten.
Die PCF stellte 1962 folgende Alternative zur gaullistischen NATO-Politik vor:

1. eine aktive Teilnahme Frankreichs an der Arbeit der UNO und an den internationalen Abrüstungskonferenzen;
2. die Zusammenarbeit mit allen Staaten auf der Grundlage der absoluten Gleichheit;
3. die friedliche Regelung aller internationalen Streitigkeiten auf dem Verhandlungswege und
4. die Entwicklung wirtschaftspolitischer und handelspolitischer Zusammenarbeit mit allen Staaten ohne jede Diskriminierung.

Im Verlauf der weiteren drei Jahre änderte sich an der Haltung der PCF zur gaullistischen NATO-Politik überhaupt nichts. Nachwievor sahen die Kommunisten in der NATO den aggressiven Block und nachwievor versuchte das französische Kapital mit Hilfe der NATO sich den nötigen Profit zu erwirtschaften[142].

4.4.3 Die PCF und die Ablehnung der force de frappe

Die französische Atombewaffnung, von den Sozialisten als das Zentralproblem der französischen Außenpolitik angesehen, war auch für die kommunistische Partei der negativste Aspekt der gaullistischen Außenpolitik. Gemäß ihrer Verteidigungskonzeption, die in einer allgemeinen und vollständigen Abrüstung ihren Höhe- und Schlußpunkt erfährt, wandten sie sich gegen die nationale Atombewaffnung der V. Republik. Es waren insbesondere folgende Gründe, die die Kommunisten zum Kampf gegen die Atombewaffnung aufrufen ließen:

1. Die Force de Frappe verlange der Bevölkerung zu große Opfer ab.
2. Die Abhängigkeit Frankreichs werde durch die Atomstreitmacht nicht aufgehoben.
3. Die Weiterverbreitung von Atomwaffen werde gefördert und damit insbesondere Westdeutschland der Zugang zu Atomwaffen ermöglicht.

Da die PCF grundsätzlich eine Verbesserung der Lage der Arbeiterschaft und des Kleinbürgertums anstrebte und diese Forderungen im einzelnen noch einmal auf dem XV. Parteikongreß von 1959 niedergelegt hatte[143], mußte sie die force de frappe schon aus finanziellen Erwägungen ablehnen. Zwar akzeptierten auch die Kommunisten gemäß ihrer Konzeption den Grundsatz, daß die Bürger eines Staates alle Opfer für die Sicherheit des Landes auf sich nehmen mußten. Sie stellten sich aber die Frage, ob für einen horrenden Preis - und hier ist der dem Parlament vorgelegte Entwurf für die Jahre 1960-1964 mit einem Volumen von etwas mehr als 6 Milliarden NF gemeint - solch ein ehrgeiziges und kostspieliges Unternehmen aufgebaut werden sollte. Anders als die Sozialisten, die bezweifelten, daß die V. Republik in der Lage wäre, das ökonomische Potential für den Aufbau einer nationalen Atomstreitmacht bereitzustellen, sahen die französischen Kommunisten diese Möglichkeit als gegeben an. Allerdings glaubten sie diese Konzentration der gewaltigen ökonomischen und wissenschaftlichen Arbeit in falsche - und in von der Technik längst überholte - Wege geleitet[144]. Die gewaltigen Ausgaben für die Mirage-Flugzeuge, die zwar nicht mehr den von den Gaullisten gestellten Anspruch auf modernste Waffen und damit auch auf Waffenträger entsprachen, kamen - so die PCF - in erster Linie den Interessen der französischen Herstellerfirmen der Flugzeugindustrie entgegen. Voller Bitterkeit bemerkte der PCF-Abgeordnete Charles Haroche dazu: "Dassault fait son fromage"[145]! Und im theoretischen Organ der PCF, den Cahiers du Communisme, stellten die Herausgeber die Rechnung über die Gewinne des gesamten Projektes "Nationale Atomstreitmacht" für die einzelnen Unternehmen auf. Danach erhielt die Gruppe Marcel Dassault allein 60 Millionen NF für das Zubehör der Mirage IV - Bomber. Außerdem waren andere große Gesellschaften wie die S.R.T.I., die T.S.I. und die U.S.S.I. am Atomforschungsprojekt Pierrelatte beteiligt[146]. So sahen die französischen Kommunisten den Aufbau der nationalen force de frappe als eine günstige Gewinnquelle der großen französischen Monopole. Die Lasten aber hatten die Steuerzahler und hier insbesondere wieder die Arbeiterschaft und das Kleinbürgertum zu tragen.

Die Unabhängigkeit, die sich gemäß de Gaulle allein durch die Unabhängigkeit der Verteidigung legitimieren kann, schien den Kommunisten durch die force de frappe gerade nicht gewährleistet. Im Gegenteil. Die gaullistische Atomstreitmacht wurde geradezu als ein Instrument der Abhängigkeit verstanden. Zum einen wurde die Abhängigkeit indirekt in Verbindung mit der NATO gesehen, in der Frankreich bis 1966 nach wie vor noch integriert war. Durch diese Mitgliedschaft könnte sich ein nationaler Einsatz der force de frappe nicht vollziehen. Die Cubakrise vom Herbst 1962 hatte im Verständnis der PCF auch ganz deutlich gemacht, daß de Gaulle nach wie vor seine Außenpolitik auf die imperialistische und militaristische Allianz stützte[147]. Zum anderen sah die PCF die Abhängigkeit auch dadurch gegeben, daß in den ersten Aufbaustufen der Atomwaffe, also bis zu jenem Zeitpunkt, an dem Raketen die Mirage-Flugzeuge ersetzen sollten, die französischen Trägerflugzeuge auf Grund ihrer geringen Reichweite auf Versorgungsflugzeuge angewiesen wären, die die Trägerflugzeuge in der Luft auftanken müßten. Diese Versorgungsflugzeuge befanden sich aber in amerikanischem Besitz. Die französische Regierung wäre also gezwungen, diese Flugzeuge von der Firma Boeing zu erwerben[148], hinter deren Entscheidung dann aber die US-Regierung stehen könnte. Außerdem wurde die Abhängigkeit vom NATO-Frühwarnsystem genannt, ohne dessen Informationen keine Operationen durchzuführen waren[149].
Die Abhängigkeit der gaullistischen force de frappe wurde 1964 auf dem XVII. Parteikongreß noch einmal ex cathedra festgestellt. In einer einmütig angenommenen Entschließung heißt es:

> "Weit davon entfernt, die Sicherheit des Landes zu gewährleisten, erhöht die sogenannte französische force de frappe die Gefahren eines Nuklearkrieges, in den Frankreich hineingezogen werden könnte.

Weit davon entfernt, die nationale Unabhängigkeit zu gewährleisten, ist die force de frappe abhängig vom Ausland. (Der Erwerb amerikanischer Versorgungsflugzeuge, der Kauf von britischem und amerikanischem Plutonium, die Benutzung amerikanischer Radareinrichtungen in Europa, die Nuklearvereinbarungen mit Westdeutschland)[150].

Wenn auch das Kostenargument und das Argument der Abhängigkeit in fast jeder Debatte durch die Kommunisten zur Sprache kam, so fürchtete aber die Partei nichts mehr, als daß die französische force de frappe zur Weiterverbreitung von Atomwaffen führen könnte und insbesondere der Bundesrepublik Deutschland die Möglichkeit damit eröffnet würde, in den Besitz von Atomwaffen zu gelangen. Fast jede Erklärung der PCF zu Beginn der 60er Jahre, die sich mit der französischen Außenpolitik befaßte, zeigte die Gefahren auf, die ein Zugang der BRD zu Kernwaffen heraufbeschwören könnte. Folgerichtig sah die Partei in der force de frappe ein Hindernis der Entspannung und der friedlichen Koexistenz, das den Militarismus und die Weiterverbreitung von Atomwaffen förderte. Diese Waffe akzeptierte den kriegerischen Charakter der Allianzen, die Frankreich abgeschlossen hatte, insbesondere aber den Charakter der deutsch-französischen Allianz. Die deutschen Gefahren wurden von der PCF folgendermaßen gewertet:

"De Gaulle ist Bundesgenosse der revanchivistischen Deutschen, die auch die nukleare Bewaffnung anstreben. Diese handeln geschickt und spielen an allen Tischen im Hinblick auf schnellen Besitz atomarer Waffen. Sie akzeptieren zum Beispiel den Vorschlag der USA einer multilateralen Atomstreitmacht mit Polarisraketen, während sie sich gleichzeitig in den Prozeß der französischen Atomwaffenproduktion integrieren, indem sie die Militärklauseln des Elysée-Vertrages anwenden. Westdeutschland zielt also darauf ab, so billig wie möglich in den Besitz von Nuklearwaffen zu kommen, was ihm gleichzeitig erlaubt, mehr Aufwand auf das Gebiet der klassischen Waffen zu konzentrieren. Das kürzlich Washington gegenüber erklärte Einverständnis Bonns, die Stärke der Bundeswehr von 500.000 auf 750.000 Mann zu erhöhen, zielt in diese Richtung.

So würde über die Polarisrakete hinaus die gaullistische force de frappe die Nuklearstreitmacht der Axe Bonn-Paris, das heißt, daß sie auch in den Händen von Nazi-Generälen und deutscher Monopole läge. Die derzeitige finanzielle, wissenschaftliche und technische Beteiligung der BRD an der französischen Militär-Atomforschung ist also nicht selbstlos. Die Bundesrepublik beteiligt sich nur um des eigenen Vorteils willen. Daraus folgt, daß die sogenannte nationale gaullistische force de frappe zumindest französisch-deutsch genannt werden müßte. Und wenn die Verbindung zwischen den Streitkräften

> Frankreichs und Deutschlands hergestellt ist, wird sie schnell zu einer deutschen Nuklearstreitmacht im Dienste der revanchistischen Ziele Deutschlands werden. Genügt diese atomare Zündkapsel, diesmal mitten im Herz Europas plaziert, nicht, um die extreme Gefahr zu verdeutlichen, die die gaullistische force de frappe und das Bündnis mit den deutschen Revanchisten für den Frieden und für Frankreich bedeuten - denn einen thermonuklearen Weltkrieg würde Frankreich nicht überleben. Genügt es nicht, den demagogischen Aspekt zu verdeutlichen, den de Gaulles angebliche Nationalpolitik auf militärischem Gebiet verfolgt? Unter diesen Umständen muß man auch die stets mögliche Gefahr eines Irrtums, eines Atomunfalls einkalkulieren, besonders wenn man die Präsenz zahlreicher faschistischer Generäle in der französischen Armee, (die zu säubern sich de Gaulle geweigert hat) in Rechnung stellt, da sie eine nicht zu vernachlässigende Quelle von Provokationen auf diesem Gebiet bedeutet"[151].

Gerade in bezug auf die Bundesrepublik verkannte die PCF die Politik de Gaulles. Die Abmachungen über die Atomforschung, die von den Verteidigungsministern Chaban-Delmas und Franz-Josef Strauß noch vor Gründung der V. Republik im Jahre 1958 geschlossen worden waren, sind sofort nach Regierungsantritt des Ministerpräsidenten de Gaulle aufgekündigt worden. Es wäre auch völlig abwegig im deutsch-französischen Vertrag von 1963 aus den Konsultationen im militärpolitischen Bereich eine nukleare Teilhabe der BRD an der französischen force de frappe herauslesen zu wollen. Gerade auf diesem Gebiet wollte de Gaulle zwar eine finanzielle Unterstützung der BRD erlangen, die Einsatzentscheidung der force de frappe hielt er aber für unteilbar. Hier konnte nur der französische Präsident entscheiden. Und gerade mit dem Instrument force de frappe wollte de Gaulle den Deutschen klar machen, daß es in Europa Staaten von unterschiedlicher Entwicklung und Bedeutung gäbe. Die Befürchtungen der PCF in bezug auf eine nukleare Teilhabe an der force de frappe waren vollkommen unbegründet und dienten nur Propagandazwecken. Das gaullistische Verhalten aber, das auf ein Fernhalten der Deutschen von Atomwaffen zielte, bewirkte das Gegenteil der ursprünglich verfolgten Absicht, nämlich das deutsche Interesse an einer multilateralen Atomstreitmacht.

Neben der Abhängigkeit der force de frappe von Amerika und der NATO war für die PCF auch die geringe Schlagkraft dieser Waffe ein Ablehnungsgrund. Trotz der Fähigkeiten und Anstrengungen französischer Wissenschaftler und Techniker konnte die force de frappe im Vergleich zu den Abschreckungswaffen der beiden Supermächte nur

ein verschwindend kleines Element sein. In jedem vorstellbaren Konfliktfall "könnte es sich für unser Volk nur darum handeln, zugrunde zugehen ... oder den Funken zu erzeugen, der das Feuer an das Pulver brächte und einen thermonuklearen Krieg nach sich zöge"[152]. Aber trotz ihrer Winzigkeit sah die PCF die force de frappe als gefährliches Instrument an, weil sie als Auslöser für den 3. Weltkrieg benutzt werden könnte[153].
Deshalb wurde die force de frappe von der PCF als ein noch größeres Übel als die Maginotlinie aus dem Jahre 1939 angesehen. Nicht nur, daß sie Frankreich nicht vor einem Angriff schützen könnte, sondern gerade durch ihre Existenz würde sie in einem Konfliktfall als Zielpunkt für andere Kernwaffenmächte dienen. Und auch der Besitz von Kernwaffen würde Frankreich als Zielscheibe für den Gegner erst recht attraktiv machen[154].
Selbst als diplomatisches Instrument kann die force de frappe den Kommunisten nicht genügen. Die diplomatische Drohung mit dem Einsatz nuklearer Waffen bedeutete im Verständnis der PCF nationalen Selbstmord.
Weiterhin lehnten die Kommunisten die Nuklearstreitmacht ab, weil sie in ihr den Ausdruck des persönlichen Regimes des Generals sahen. Die Tatsache, daß de Gaulle allein über den Einsatz der force de frappe entscheiden konnte, d.h. daß er ohne Befragen des Parlaments, der UNO oder der Alliierten den Einsatz nuklearer Waffen anordnen konnte, war die größte Gefahr, die mit der force de frappe verbunden war[155].

4.4.4 PCF und MLF

Das Problem der multilateralen Atomstreitmacht, das eigentlich erst in den Jahren 1963/1964 in das Bewußtsein der europäischen Staaten drang, schien für die Kommunisten nicht vorhanden. Entsprechend ihrem Konzept der internationalen Abrüstung wollten sie auch den Aufbau neuer Atomstreitkräfte in anderen Staaten und erst recht im eigenen Lande verhindern. Sie widersetzten sich verbal auch jeder multinationalen oder multilateralen Atomstreitmacht[156].
Das hinderte jedoch die PCF nicht daran, im Juli 1962 den Mißtrauensantrag gegen die Regierung Pompidou zu unterstützen, in dem es hieß, "daß sie (die Nationalversammlung d.V.) glaubt, daß es in der Verteidigungsplanung Platz für eine Lösung gibt, die zwischen

dem nuklearen Monopol der USA und der Weiterverbreitung der nationalen Atombewaffnungen, zu der die Regierungspolitik führt, liegt"[157]. Damit war nichts anderes gemeint, daß es in irgendeiner Form, über die noch vollkommene Unklarheit und Ungewißheit herrschte, eine wie auch immer integrierte Atomstreitmacht geben sollte.

Doch spätestens 1964, als die MLF konkrete Formen anzunehmen schien, widersetzten sich die Kommunisten diesem Vorschlag. Sie sahen in der MLF ein Instrument der Außen- und Militärpolitik der USA. Mit Hilfe dieses Instruments MLF sollte die sich "auflösende Allianz" besser durch die USA kontrolliert werden[158].
Da die Finanzierung dieser multilateralen Atomstreitmacht zu 30 % von den USA und zu 40 % von der BRD getragen werden sollte, befürchteten die Kommunisten ein Übergewicht der Bundesrepublik, die schließlich auf diesem Weg doch noch Zugang zu Atomwaffen erhalten könnte. "Die Polaris-Strategie ist eine Aggressionsstrategie, weil sie in die Hände der Hitlergenerale, die bereits wieder in den Vorbereitungen eines Krieges engagiert sind, ... eine entscheidende Waffe gibt"[159], heißt es dazu in den Cahiers du Communisme.

4.5 Andere Oppositionsparteien und gaullistische Verteidigungspolitik

4.5.1 Die Radikalsozialisten

Im Parteiensystem der IV. Republik nahmen die Radikalsozialisten einen Platz in der Mitte ein, der ihre Regierungsbeteiligung fast unausweichlich machte. In der V. Republik nahmen sie aber nach der Übernahme der Präsidentschaft durch de Gaulle die Oppositionsrolle an. Insbesondere in der Außenpolitik, d.h. in erster Linie in der NATO-, Europa- und Militärpolitik vertraten sie eine andere politische Zielrichtung als die Gaullisten.
Grundsätzlich stimmten die Radikalsozialisten mit der Regierung darin überein, daß das Militär modernisiert werden müsse, und daß damit zwangsläufig auch der Bevölkerung Opfer abverlangt werden müssen. Und schließlich stimmten auch die Radikalsozialisten der These der Regierung zu, daß das Land mit den modernsten Waffen ausgerüstet werden müsse[160]. Doch sah die Partei in der gesamten Institution force de frappe nicht so sehr ein militärisches Instru-

ment, sondern zuallererst ein politisches, mit dem de Gaulle die Tür zum Dreierdirektorium in der NATO noch immer aufstoßen wollte. Weit vorausdenkend erkannte bereits der Vorsitzende der RRRS in jener Zeit, daß diese gaullistische Konzeption "einen tiefen Einschnitt der traditionellen Außenpolitik unseres Landes seit dem Kriege bedeutet". Das gesamte Projekt force de frappe sah die RRRS folgendermaßen:

> "obtenir que l'alliance soit dirigée par un triumvirat franco-anglo-américain donnant à la France un droit de contrôle sur l'utilisation par L'Occident d'armes nucléaires dans quelque partie du monde que ce soit. Deuxième postulat: pour accéder à ce triumvirat et influer sur lui reprende le contrôle de nos forces armées classiques et construire les élements d'une force atomique indépendante de celle de nos alliés anglo-saxons pour être capable, si nécessaire, d'exercer sur eux quelques pressions"[161].

Durch dieses französische Vorgehen befürchteten die Radikalsozialisten nicht nur eine militärische, sondern vor allem eine politische Erschütterung des NATO-Bündnisses. Frankreichs Haltung würde zu Rivalitäten im Bündnis führen. Insbesondere würden aber die Folgen des Aufbaus der force de frappe auf die europäischen Partner der NATO von besonders schwerwiegender Bedeutung sein. Aus diesem Grunde ist für die Radikalsozialisten die nationale force de frappe anti-europäisch, was für sich allein genommen schon einen Ablehnungsgrund bedeutete.

Als Alternative zur gaullistischen force de frappe schlugen die Radikalsozialisten eine integrierte Atomstreitmacht vor, die aus folgenden Gründen einer nationalen Atomstreitmacht überlegen wäre:

1. Trotz geringerer Kosten, die in einer integrierten Form von den Partnern nach einem bestimmten Schlüssel getragen werden müßten, wäre Frankreich immer in der Lage, über ein militärisches Instrument zu verfügen, das technisch auf dem neuesten Entwicklungsstand wäre.
2. Die Integration der Streitkräfte würde die Glaubhaftigkeit ihres Einsatzes erhöhen.
3. Eine integrierte Atomstreitmacht würde die hierarchischen Probleme der Atlantischen Allianz lösen helfen.
4. Und schließlich wäre diese Form die einzige akzeptable Lösung für Europa, die dazu beiträgt, den Nationalismus zu überwinden[162].

Wenngleich die RRRS die Schwierigkeiten zur Realisierung solch eines ehrgeizigen Projektes auch nicht verkannte, wie z.B. die Änderung des MacMahon-Gesetzes in den USA oder die Frage des Einsatzbefehles der Atomstreitmacht, so konnte dieser Vorschlag aber ebensowenig eine realistische Alternative sein wie der nebulöse Vorschlag der Sozialisten. Der Adressat waren neben den USA auch die europäischen Mitglieder des Bündnisses, in denen aber das Problem einer integrierten Atomstreitmacht im Jahr 1960 noch nicht oder kaum gesehen wurde. So rückten die Radikalsozialisten knapp zwei Jahre später bereits von der ursprünglichen, atlantischen integrierten Konzeption ab. Diese Form wurde nun nur noch als Umschreibung des amerikanischen Kernwaffenmonopols angesehen[163]. Das Ziel für die Radikalsozialisten war es jetzt, eine europäische force de frappe aufzubauen, die neben den USA die andere große Stütze der NATO bilden sollte. Dazu erklärte Maurice Faure:

> "Wenn Sie anerkennen, daß man auf dem Weg einer integrierten europäischen Atomstreitmacht vorangehen muß, damit Europa der andere große Pfeiler der atlantischen Verteidigung auf einer Stufe der Gleichheit mit den USA wird ... dann statten Sie auch Europa mit einer politischen Autorität aus, die im entscheidenden Augenblick über den Einsatz der Atomstreitmacht bestimmen kann.
> Da die große Schwierigkeit für die europäische Atomstreitmacht weder auf finanziellen noch industriellen oder gar wissenschaftlichen Problemen beruht, ist sie vor allem ein politisches Problem. Es handelt sich vor allem darum, zu wissen, ob wir uns Europäer mit einer genügend effizienten und demokratischen Struktur versehen können und diese dann imstande ist, in kurzen Zeiträumen die notwendigen Entscheidungen zu treffen, um unsere Sicherheit zu gewährleisten"[164].

Und auch 1964, als der zweite Fünfjahresplan für den weiteren Ausbau der strategischen Nuklearwaffe in der Nationalversammlung debattiert wurde, verfochten die Radikalsozialisten weiterhin ihr Konzept der europäischen Atomstreitmacht. Nüchterner als noch zwei Jahre zuvor wurde von der RRRS die Rolle der USA in solch einer multilateralen Atomstreitmacht der NATO, also europäische plus amerikanische Beteiligung, gesehen. Nach diesem bestehenden Alternativkonzept gäbe es eine Möglichkeit für die USA, mit Hilfe der MLF "sich organischer an Europa zu binden"[165]. Und schließlich sah die RRRS in dieser MLF, ähnlich wie die Sozialisten, eine Möglichkeit, um einen neu entstehenden deutschen Nationalismus mit dem Wunsch einer eigenen nationalen Atomstreitmacht zu verhindern.

4.5.2 Die Unabhängigen

Zwar stimmten nicht alle Abgeordneten des Zentrums der Nationalen Unabhängigen gegen die gaullistische Verteidigungspolitik, doch machte sich gleich zu Beginn der Beratungen über das Gesetz zum Aufbau der force de frappe die Ablehnung durch die Partei in überzeugender Weise bemerkbar. Der Tadelsantrag gegen die Regierung Debré wurde gemeinsam mit der SFIO, MRP, RRRS und den Kommunisten am 24. Oktober 1960 eingebracht. Die Kritik des größten Teils der Unabhängigen sprach am deutlichsten der frühere Ministerpräsident Paul Reynaud aus. Ähnlich wie für die Volksrepublikaner war auch für Reynaud die Verteidigung Frankreichs im Rahmen eines integrierten Europa von absoluter Priorität. Solange dieses Ziel nicht erreicht wäre, basierte für ihn Frankreichs Sicherheit auf der NATO. Wäre Frankreich nicht Mitglied in der NATO, "so müßte unsere Armee, die heute in Algerien steht, am Rhein sein und Gott bitten, daß der Gegner keine Atomwaffen gebraucht"[166]. Für Reynaud stellte sich die Frage der Verteidigungsfähigkeit des europäischen Kontinents angesichts der weiteren Stärkung des sowjetischen Rüstungsarsenals. Die nukleare amerikanische Überlegenheit war durch die UdSSR ausgeglichen worden und damit die Möglichkeit für einen Überraschungsangriff, z.B. auf West-Berlin oder Hamburg, für ihn gegeben. Deshalb sah Reynaud in dem Aufbau der nationalen französischen Nuklearstreitmacht lediglich eine Ablenkung von der wesentlichen Gefahr. Er warf der Regierung vor, daß sie im Schutze des amerikanischen Atomarsenals durch steigende französische Rüstungshaushalte Raketen bauen wollte, wohingegen die NATO in erster Linie für ihre Verteidigungsfähigkeit konventionelle Streitkräfte benötigte. Reynaud befürchtete vor allem die Rückwirkungen dieses französischen Nationalismus auf die Bundesrepublik und fragte anklagend:

> "Wird Deutschland, das alle seine Verpflichtungen erfüllt und die größte Armee Westeuropas haben wird, sich dann nicht in einer günstigeren Position befinden, um mit den gleichen Argumenten, deren wir uns heute bedienen, von uns zu verlangen, daß der Pariser Vertrag revidiert und ihm gestattet werden soll, gleichfalls eine nationale Atomstreitmacht zu haben"[167].

Reynaud forderte aber ebenfalls wie de Gaulle ein Mitspracherecht in einem NATO-Direktorium, ohne allerdings auf die Teilnehmer dieses Direktoriums einzugehen, um damit innereuropäischen Konflikten aus dem Weg zu gehen. Dieses Direktorium sollte seiner Ansicht nach - und hier folgte er auch dem General de Gaulle - das Entscheidungsmonopol über die Anwendung der force de frappe besitzen. Die Problematik des Einsatzbefehles, die bei allen integrierten Streitkräften in bezug auf die Atomwaffe immer wieder sich aufs Neue stellte, sah Reynaud jedoch nicht oder er überging sie bewußt.

4.6 Parlament und Verteidigungspolitik 1958-1965

Das Parlament der V. Republik bilden die Nationalversammlung und der Senat. Im folgenden Abschnitt soll gezeigt werden, wie sich das Parlament, d.h. die Nationalversammlung und der Senat sowie ihre Teilkörperschaften (Ausschüsse) gegenüber der gaullistischen Verteidigungspolitik verhalten haben.

4.6.1 Die Nationalversammlung

Die Nationalversammlung war zwischen 1958 und 1965 durch ihre wechselnde Zusammensetzung gekennzeichnet. Michel Debré bildete bis zum Frühjahr 1962 mit den Volksrepublikanern und den Konservativen eine Regierung. Ab Mai 1962 regierte Georges Pompidou nur noch mit den Konservativen, als die Volksrepublikaner wegen der Antieuropapolitik de Gaulles aus der Regierung ausgeschieden waren. So hatten die gaullistischen Regierungen auch in diesem präsidentiell-parlamentarischen Mischsystem die notwendige parlamentarische Mehrheit durch die sie unterstützenden Fraktionen abgesichert. Nach den Wahlen im Herbst 1962 besaßen die Gaullisten sogar allein die parlamentarische Mehrheit.
In der Zeit von 1959 bis 1965 wurden insgesamt zehn Tadelsanträge gegen die Regierungen Debré und Pompidou eingebracht, von denen einer erfolgreich war und zum Sturz des ersten Kabinetts Pompidou und der anschließenden Auflösung der Nationalversammlung führte. Allein vier Tadelsanträge bezogen sich auf die Verteidigungspolitik. Ein Tadelsantrag, der auf die Gesamtpolitik der Regierung Debré abgesteckt war, sollte ebenfalls die Verteidigungspolitik in die Kritik mit einbeziehen. Die Verteidigungspolitik bildete also im Verständnis der meisten Parteien der Nationalversammlung den ersten Ansatzpunkt, die Regierung zu tadeln.
Es ist aber wiederum bezeichnend für die Nationalversammlung, daß

die Tadelsanträge, die sich auf die Verteidigungspolitik bezogen, in die erste Phase der Präsidentschaft de Gaulles fielen. Die ersten drei Tadelsanträge wurden anläßlich der drei Beratungen über das Programmgesetz zur Aufstellung einer nationalen Atomstreitmacht im Oktober, November und Dezember 1960 gestellt und der vierte Tadelsantrag anläßlich der Forderung der Regierung Pompidou, im Juli 1962 zusätzliche Militärkredite von der Nationalversammlung genehmigen zu lassen.
In dieser Zeit vollzog sich auch der grundsätzliche Richtungswandel der französischen Verteidigungspolitik. Alle Parteien, mit Ausnahme der gaullistischen UNR, hatten diesen Richtungswechsel abgelehnt, denn in den Tadelsanträgen kam zum Ausdruck

> "daß die Regierung weniger getrachtet hat, durch die Vorlage des Projektes des militärischen Programmgesetzes die dazu notwendigen Mittel zu erhalten, als vielmehr das Parlament zur Genehmigung einer neuen Konzeption der europäischen und atlantischen Politik zu bringen"[168].

Die diesen Tadelsantrag unterstützenden Parteien konzentrierten sich nun also immer mehr auf die außenpolitische Orientierung der Regierungspolitik und ließen die technischen Fragen der Atombewaffnung immer stärker in den Hintergrund treten. Die Tadelsanträge des Jahres 1960 erhielten 207, 214 und 215 Stimmen und wurden von den Kommunisten und den Sozialisten einstimmig, von den der Regierung angehörenden MRP-Parlamentariern von etwas mehr als einem Drittel, von der Hälfte der Unabhängigen, von drei Vierteln der Unité de la République und von einigen fraktionslosen Abgeordneten unterstützt. Dieser Stimmenanteil reichte zwar nicht aus, um die Regierung zu stürzen, aber er machte die Unzufriedenheit vieler Parlamentarier mit der NATO- und Europapolitik des Generals deutlich. Es darf nicht vergessen werden, daß sich die Abgeordneten, die diesen Tadelsanträgen zustimmten, in einer Zwangslage befanden. Der auf Frankreich immer noch wie ein Alptraum lastende Algerienkrieg beeinflußte die Stimmabgabe nicht weniger Parlamentarier. In jener kritischen Phase der Algerienpolitik die Regierung Debré zu stürzen, hätte bedeutet,

> "dem Staatspräsident de Gaulle, auf den die parlamentarische Mehrheit ihre Hoffnungen für eine Lösung des Algerienkonfliktes setzte, in den Arm zu fallen oder ihn gar zu einem diktatorischen Abenteuer unter Ausschaltung des Parlaments zu verleiten"[169].

Als es 1962 wegen der zusätzlichen Militärkredite erneut zu einem Tadelsantrag kam, stimmten diesmal nur 206 Abgeordnete, gleicher Herkunft wie bei den ersten drei Tadelsanträgen, diesem Votum zu. Eine Mehrheit fand sich auch diesmal nicht bereit, die neue Regierung Pompidou über die Verteidigungspolitik zu stürzen, da eine eventuelle Auflösung der Nationalversammlung mit anschließender Neuwahl im ungünstigen Monat August nicht wenige Parlamentarier befürchten ließ, in einer neuen Nationalversammlung ungünstigere Mehrheiten vorzufinden.
Als schließlich 1964 das zweite Fünfjahresprogramm für die Atombewaffnung in der Nationalversammlung verhandelt wurde, fanden sich nicht genügend Abgeordnete, einen Tadelsantrag zu stellen. Die Verteidigungspolitik schien endgültig in die gaullistische Richtung gelaufen zu sein; es lohnte sich nicht mehr, darüber große Kontroversen zu entfachen. Dem Beobachter mußte die ganze Debatte als Resignation der Opposition erscheinen, die an der gaullistischen Militärpolitik nichts glaubte ändern zu können und deshalb auch nicht bereit war, einen Versuch zur Änderung zu unternehmen.

4.6.2 Der Senat

Anders als in der IV. Republik, in der der Senat mit der Abgeordnetenkammer gleichgestellt war, besitzt er in der V. Republik wenig Kompetenzen, die im wesentlichen auch nur dann wirksam werden, wenn er sich mit der Regierung in Übereinstimmung befindet. Entgegen den Erwartungen der Verfassungsgeber wurde aber gerade der Senat zu einem wichtigen Ort der parlamentarischen Opposition gegen das gaullistische Regime, zumal die Gaullisten in diesem Organ nur etwa ein Zehntel der Senatoren stellten.
Bereits die Ausschüsse des Senats äußerten sich zum Atomprogrammentwurf negativ. Der Finanzausschuß stimmte zwar der Finanzierung des Programmentwurfs zu, lehnte ihn insgesamt jedoch wegen seiner Auswirkungen auf die Bündnispolitik und die Europapolitik ab und bestätigte damit die Haltung des Verteidigungsausschusses. Während der Senatsdebatte im Dezember 1961 sagte der der "gauche démocratique" zugehörige oppositionelle Senator Rotinat, der gleichzeitig Präsident des o.a. Ausschusses war, daß die force de frappe mehr eine Waffe der Illusion als eine Abschreckungswaffe sei, daß sie

zwar technisch für Frankreich möglich sei, daß die Nation aber nicht die finanziellen Mittel besitze, um die force de frappe bezahlen zu können[170]. Der Senat weigerte sich zweimal mit der großen Mehrheit von 186 gegen 83 Stimmen bzw. 182 gegen 84 Stimmen, die Debatte über den Programmentwurf der Regierung aufzunehmen. Die Opposition des Senats war stärker als die der Nationalversammlung, ändern konnte jedoch auch der Senat an der gaullistischen Militärpolitik nichts.
In einer Erklärung des Senats hieß es dazu wie folgt:

> "Ausgehend von der Tatsache, daß der Aufbau einer nationalen Nuklearstreitmacht vor allem eine politische Handlung ist, die tiefgreifende Auswirkungen auf die internationale wirtschaftliche Lage hat, beschließt der Senat, der Behandlung des Regierungsvorhabens zunächst die Frage voranzustellen, die französische Europa- und Weltpolitik durch die Exekutive genauer zu bestimmen und durch das Parlament zu ratifizieren, dessen Meinung, ausgesprochen durch die beiden Kammern, aus denen es sich zusammensetzt, in ihrem Gehalt nicht verkannt oder übergangen werden kann"[171].

4.7 Außerparlamentarische Opposition und gaullistische Verteidigungspolitik

In der V. Republik gab es neben der außerparlamentarischen Opposition einiger Wissenschaftler insbesondere zwei Gruppen, die zu Beginn der 60er Jahre den Kampf gegen die force de frappe als ihr zentrales Aufgabenfeld ansahen.
Zum einen war es der auch heute noch existierende Club Jean Moulin, der sich 1958 angesichts der unbeständigen innenpolitischen Verhältnisse neben einer ganzen Anzahl von Zirkeln, Gruppen und Studiengesellschaften konstituierte, jedoch von allen am bedeutendsten wurde. Dem Club Jean Moulin gehörten in den 60er Jahren ungefähr 400 führende Persönlichkeiten aus verschiedenen Parteien sowie dem öffentlichen Leben an, die es sich zur Aufgabe gemacht hatten, der Demokratie als Berater zu dienen und ihr neue Wege zu weisen[172].
Die andere größere und weit über Frankreich hinaus bekanntgewordene Bewegung gegen die französische Atombewaffnung war die "Nationale Liga gegen die force de frappe". Sie wurde Anfang 1963 als Reaktion auf die gaullistische Atompolitik gegründet und wurde von den parlamentarischen Oppositionsparteien PCF, SFIO und PSU unter-

stützt[173]. "Die Liga bestand hauptsächlich in der Formation eines Komitees ... Die Parteien lieferten die Truppen"[174].

4.7.1 Der Club Jean Moulin

Der Club Jean Moulin befaßte sich mit der force de frappe vor allem deshalb, weil er in der nationalen Atombewaffnung das wichtigste und am wenigsten geklärte politische Problem der V. Republik sah[175]. Seinem politischen Selbstverständnis treu bleibend versuchte der Club zu einer Versachlichung dieses Problems beizutragen, indem er eine interessante und aussagekräftige Studie über die Atombewaffnung der Öffentlichkeit vorlegte, um dem französischen Bürger eine Entscheidungshilfe bei seiner Meinungsbildung über die Atombewaffnung zu geben. Gerade angesichts einer "falschen Regierungspropaganda"[176] sollte der Bürger Daten und Vorschläge des Clubs präsentiert bekommen, um sich mit dieser schwierigen Materie vertraut machen zu können.

Ebenso wie die Oppositionsparteien in der V. Republik lehnte auch der Club eine nationale Atomstreitmacht ab. Politische, militärische, wissenschaftliche, technologische, ökonomische und finanzielle Gründe ließen den Club zu dieser Haltung gelangen. Die Übereinstimmung mit den von den Oppositionsparteien angeführten Argumenten liegt hier auf der Hand.

Innenpolitisch stellte jedoch der Club eine Forderung auf, die sich von den Parteien dadurch unterschied, daß er die Realität force de frappe als gegeben ansah und den Versuch unternahm, auftretende Mißstände zu beseitigen. Zum ersten Mal wurde der sachliche Versuch unternommen, daß durch den Aufbau der force de frappe besonders gravierend gewordene Problem der Inkompatibilität zu lösen. Durch den Aufbau der force de frappe hatte sich insbesondere das Problem der Durchdringung politischer Instanzen von ökonomischen Interessengruppen ergeben. Politiker, Militärs und Industrielle bedurften gerade in der so wichtigen Frage der nationalen Atomstreitmacht einer Kontrolle, die dem Club bei der Konstituierung der force de frappe aber gerade nicht gegeben schien, da der Vertreter der Herstellerfirma der Mirage IV Flugzeuge, also der Atomwaffenträger, Mitglied des Verteidigungsausschusses war. Solche Verfilzungen könnten nach Auffassung des Clubs dazu beitragen, daß sich wirtschaftliche Macht in politische Macht umwandelt. Dadurch könnte wiederum das gesamte System in seiner Glaubwürdigkeit geschwächt werden. Dieser Prozeß hätte dann auch wiederum Rückwirkungen auf das politische System und könnte zu einer großen Instabilität beitragen, d.h. letztendlich zur Systemzerstörung führen. Diese Gefahren aber wollte der Club Jean Moulin abwehren, da sein eigentliches Ziel eine Verbesserung des augenblicklichen Systems war.

Der Club respektierte also die von der Regierung getroffene Entscheidung. Wenngleich er auch seine grundsätzlichen Vorbehalte gegenüber der nationalen Atomstreitmacht zum Ausdruck brachte, so versuchte er doch auch, in der konkret gegebenen Situation offenkundige Mängel zu beseitigen.

Der Unterschied des Clubs zu den Alternativen der Parteien zeigte sich in einer Präzisierung der Vorschläge, die wir bei den Oppositionsparteien vergeblich suchen. Der Ausgangspunkt des Clubs war in seinen außenpolitischen Vorstellungen zu suchen. Danach sollte Frankreich nicht als erstes und wichtigstes Ziel die nationale Unabhängigkeit mit dem Hintergedanken der Hegemonie über Europa zu Grunde liegen, sondern der schrittweise Aufbau eines multinationalen Europa. Allein in diesem Rahmen sah der Club auch Möglichkeiten für eine französische Atombewaffnung.

Die erste Option, die Denuklearisierung, lehnte der Club ab, weil sie weder für ein isoliertes Land noch für "ein Vereintes und dynamisches Europa" akzeptabel wäre[177].

Die Ablehnung der zweiten Option, nämlich die Teilnahme an der von den USA vorgeschlagenen multilateralen Atomstreitmacht, wurde mit der relativ hohen finanziellen Beteiligung der Europäer begründet, ohne daß sie auch über die notwendige Entscheidungskompetenz verfügen könnten[178]. Die dritte Option, eine europäische autonome force de frappe, bezeichnete der Club als einen indiskutablen Vorschlag, weil diese Lösung auf lange Sicht von den Amerikanern als Wunsch der Loslösung Europas von den USA, ohne deren Unterstützung keine europäische Sicherheit gewährleistet wäre, interpretiert werden könnte.

So ergab sich für den Club Jean Moulin folgende Schlußfolgerung:

> "Die Verteidigung Europas kann sich während längerer Jahre nicht ohne die USA organisieren ... Also braucht man eine Form der nuklearen Verteidigung, die eine dauerhafte Verbindung Europas mit den USA garantiert und gleichzeitig Europa wachsende Verantwortung überträgt"[179].

Deshalb sah der Club in der gemeinsamen a t l a n t i s c h e n Atomstreitmacht die einzig mögliche Lösung zur Überwindung des Problems nationale französische Atomstreitmacht. Diese Form könnte dazu beitragen, die internen Widersprüche der Allianz und die augenblicklichen Schwierigkeiten zu lösen. Danach müßte eine Atlantische Allianz mit zwei Polen aufgebaut werden, wobei der eine Pol von den USA und der andere Pol von Europa gebildet wird. Diese installierte Bipolarität zwischen gleichen Partnern - und nicht länger zwischen Beschützer und Beschütztem - würde Europa die amerikanische Unterstützung sichern. Die schwierige Frage der Einsatzbefugnis von Kernwaffen sieht der Club dadurch gewährleistet, daß eine "Planungsgruppe" gemeinsam die Nuklearstrategie ausarbeitet und sich außerdem die amerikanisch-europäischen Beziehungen auf allen Gebieten so verbessern, d.h. ineinander integriert werden, daß der amerikanische Präsident letztendlich auch eine europäische Entscheidung fällen würde.
Neben den bereits aufgeführten Vorteilen hätte dieses Lösungsmodell die gleiche technische Glaubwürdigkeit wie die amerikanische Nuklearstreitmacht und eine gewachsene politische Glaubwürdigkeit, was die Verteidigung Europas betrifft. Dieses Modell könnte auch die Weiterverbreitung der Nuklearwaffen ebenso wie die Aufstellung kleinerer Atomstreitmächte verhindern[180]. Allein diese Lösung könnte das Problem force de frappe zufriedenstellend lösen.

4.7.2 Die "Nationale Liga gegen die force de frappe"

Die Nationale Liga gegen die force de frappe wurde gegründet, um den Aufbau der französischen Atomstreitmacht zu verhindern. Sie nahm erst 1963 ihre Tätigkeit auf, also zu jenem Zeitpunkt, als die Entscheidung über den Aufbau der force de frappe mit dem 1. Fünfjahresplan bereits definitiv gefallen war.
"Die Anhänger der Liga rekrutierten sich aus den Linksparteien PCF, SFIO und PSU"[181]. Über ihre Anzahl liegen keine Zahlen vor; jedoch ist zu bemerken, daß die Liga zwei große Volkskundgebungen gegen die Atombewaffnung veranstaltete. Drei Gründe machte die Liga vor allen Dingen für ihre ablehnende Haltung geltend:

1. die force de frappe ruiniere Frankreich, da ungeheuere Summen für die Atombewaffnung ausgegeben werden, so daß schließlich das soziale und wirtschaftliche Leben und die

Chancen im internationalen Wettbewerb verschlechtert werden;
2. sie sei unwirksam, um eine Nuklearmacht anzugreifen, um unserem Alliierten zu helfen, um zurückzuschlagen und um abzuschrecken;
3. sie sei gefährlich, weil sie Atomwaffen potentieller Gegner auf Frankreich ziehe und weil sie nur den diplomatischen Sinn hat, unsere Alliierten in einen Krieg zu ziehen[182].

Die force de frappe erschien der Liga als der größte finanzielle, ökonomische, soziale, diplomatische und militärische Fehler, den die Regierung je begangen hatte. Den Ausweg sah sie allein in einer allgemeinen und kontrollierten Abrüstung und der Verhinderung jeder Weiterverbreitung von Kernwaffen, unter welcher Form auch immer, sei es national, französisch-deutsch, multilateral europäisch oder atlantisch. In jedem dieser Fälle schien der Liga der Weltfrieden auf das schwerste bedroht.

4.7.3 Möglichkeiten und Grenzen außerparlamentarischer Opposition

Die Effizienz einer außerparlamentarischen Opposition kann daran gemessen werden, ob es ihr gelingt, politische Maßnahmen, die durch die parlamentarische Opposition nicht verhindert werden konnten (oder wollten), rückgängig zu machen, oder ob die Ideen dieser außerparlamentarischen Opposition bei den folgenden politischen Maßnahmen der Regierung berücksichtigt werden. Auf die Verteidigungspolitik der V. Republik bezogen heißt dies, daß sowohl die parlamentarische als auch die außerparlamentarische Opposition den Aufbau einer nationalen Atomstreitmacht nicht verhindern konnten. Während der Club Jean Moulin die nationale Atombewaffnung als gegeben ansah und deshalb intensiv nach einer Lösung suchte, die die einmal geschaffenen Tatsachen mit in Rechnung zog, hing die Nationale Liga der alten - utopischen - Abrüstungsidee an. Die Liga stilisierte sich dadurch zu einer Art moralischer Bewegung, in der sich idealistisches Gedankengut manifestierte, der aber jeglicher Realitätssinn abgesprochen werden muß. Ähnlich wie der bundesdeutschen Paulskirchenbewegung zur Verhinderung der Aufrüstung in Westdeutschland, die nicht mehr als die moralische Beruhigung mehrerer Pazifisten unterschiedlicher Spielart war, kann man der Liga das Prädikat "moralische Bewegung ohne Realitätssinn" verleihen. Der Unterschied zwischen diesen beiden Organisationen bestand aber darin, daß Konflikte innerhalb der Linksparteien zu der Auflösung der Liga führten, während die Paulskirchenbewegung in dem Augenblick zusammenbrach, als die Wiederaufrüstung konkrete Gestalt annahm.

Die Vorstellungen des Club Jean Moulin waren realitätsnäher, wenn man sich einmal die Einstellung der französischen Bevölkerung zur Verteidigungspolitik ansieht, wie es das nächste Kapitel zeigen wird ... Danach war bei der Mehrheit der Franzosen ein Sicherheitsbedürfnis vorhanden, das in der Zugehörigkeit zur Atlantischen Allianz mit einer integrierten Atomstreitmacht tendierte. Allein diese Lösung hätte eine breite Zustimmung der öffentlichen Meinung gefunden. Da bis auf die Kommunisten sämtliche Oppositionsparteien solch einer Lösung prinzipiell positiv gegenüberstanden, lag hier die Chance im Zusammenspiel von parlamentarischer und außerparlamentarischer Opposition. Da die Entscheidung zum Aufbau der force de frappe nur mit den Stimmen der späteren Oppositionspartei MRP zustande gekommen war - angesichts des alles überschattenden Algerienkonfliktes wurden die späteren außenpolitischen Folgen der Entscheidung über die force de frappe von einigen Parlamentariern nicht gesehen - hätte es gerade nach 1963 der Einigkeit der außerparlamentarischen und parlamentarischen Opposition bedurft, um dem Bürger die Konsequenzen der einmal eingeschlagenen Richtung bewußt zu machen. Die Aufsplitterung sowohl der parlamentarischen als auch der außerparlamentarischen Opposition kam wie immer den Gaullisten gelegen, die auch alles taten, um diese Tendenzen zu beschleunigen. Ohne diese Einigkeit waren aber die Aktionen der außerparlamentarischen Opposition zum Scheitern verurteilt.

4.8 Öffentliche Meinung - Schweigende Opposition zur Verteidigungspolitik?

Die Problematik der französischen Atombewaffnung und die Rolle Frankreichs in der NATO, also die Zentralpunkte französischer Verteidigungspolitik, sind seit Jahren in regelmäßigen Abständen vom Französischen Institut für Meinungsforschung (IFOP) der Bevölkerung zur Beurteilung vorgelegt worden. Die Aussagen bzw. die aus den Aussagen zu ziehenden Folgerungen werden aber durch den sehr hohen Anteil unentschlossener Franzosen relativiert. Die Ergebnisse des IFOP bieten jedoch trotzdem genügend Material, um Trends zu kennzeichnen.

Als im Juli 1959 Franzosen in einer Repräsentativumfrage danach befragt wurden, ob es für Frankreich wünschenswert oder nicht wünschenswert sei, eigene Atombomben zu bauen, wurde keine einheitliche Meinung vertreten. 37 % der Befragten begrüßten den Bau französischer Atombomben, während 38 % ihn ablehnten und sich 25 % der Befragten nicht äußerten[183]. Die konkrete Frage nach einer eigenen französischen Nuklearstreitmacht beantworteten im Juli 1962 39 %, im Juli 1963 37 % und im April 1964 39 % positiv, während sich die Zahl der Ablehnenden in dieser Zeit von 27 % über 38 % auf 40 % steigerte[184]. Parallel dazu verhält sich auch die Einstellung der Bevölkerung in bezug auf die Sicherheit und politische Unabhängigkeit Frankreichs. Im Oktober 1964 glaubten sowohl 38 % der Franzosen, daß die force de frappe eine wesentliche Rolle für die Sicherheit Frankreichs spielt wie auch ebenso 38 % davon gerade nicht überzeugt waren[185]. Und 1965, als die Frage der ökonomischen, politischen und militärischen Unabhängigkeit gestellt wurde, billigten 46 % Frankreich die politische, 41 % die ökonomische, aber nur 31 % die militärische Unabhängigkeit zu[186]. Längst nicht alle Befürworter der force de frappe waren auch von ihrer Effizienz überzeugt. Im Jahr 1965, als sich noch 39 % für die nationale force de frappe ausgesprochen hatten, glaubten nur 31 % an die Wirksamkeit dieser Waffe[187]. Proportional der Intensität ihrer parlamentarischen Vertretung, d.h. mit dem zunehmenden Widerstand der Oppositionsparteien in der Nationalversammlung gegen die Atompolitik der Regierung, waren auch die Anhänger der Oppositionsparteien davon überzeugt, daß die force de frappe eine unbrauchbare Waffe wäre und ihren eigentlichen Zweck nicht erfüllen könnte[188].

Ein Urteil über die Haltung der Franzosen zur NATO ist nur mit methodischen Vorbehalten möglich. Da Fragen der internationalen Politik das Interesse des Durchschnittsfranzosen nicht so sehr berühren, sind hier die unentschlossenen Bürger bzw. diejenigen ohne Grundkenntnisse extrem hoch. Diese negativen Voraussetzungen führten schließlich dazu, daß sich einmal genau 50 % der Befragten zu diesem Themenbereich nicht äußern konnten oder wollten. Insgesamt gesehen sieht die knappe Hälfte der Franzosen die NATO als Voraussetzung der französischen Sicherheit an. Sie glaubten im Jahr 1964, daß die Atlantische Allianz für die europäische Sicherheit im allgemeinen (47 %) und für die französische Sicherheit im besonderen (44 %) eine wichtige Rolle spielte[189]. Diese mit der offiziellen Politik nicht unbedingt übereinstimmende Tendenz war auch der Grund dafür, daß diese Befürworter der NATO es nicht als wünschenswert empfanden, daß sich Frankreich aus der NATO zurückziehen sollte. 36 % der Befragten plädierten 1963 für engere Bindungen an die NATO, während sich 14 % dagegen aussprachen und 50 % ohne Meinung waren[190].

Insgesamt gesehen kann man sagen, daß die Franzosen mehrheitlich der gaullistischen Verteidigungspolitik nicht ausdrücklich zustimmten, daß andererseits aber auch wieder mehrheitlich keine Verurteilung zu Stande kam. Deshalb waren die Ergebnisse der Meinungsumfragen auch für die Parteien nicht eindeutig verwertbar, weil die unentschlossenen Befragten sowohl für als auch gegen die Verteidigungspolitik "vereinnahmt" werden konnten. Versucht man jedoch Tendenzen zu analysieren, so läßt sich feststellen, daß die Befürworter einer eigenen nationalen Atomstreitmacht fast immer um 40 % schwankten, während die Zahl der Gegner von 27 % im April 1962 bis auf 40 % im Jahr 1964 stieg, so daß sich die Opposition diese ansteigende Gegnerschaft zur force de frappe hätte nutzbar machen können.

5 Opposition und gaullistische Verteidigungspolitik 1966 - 1973

5.1 Die gaullistische Verteidigungspolitik 1966 - 1973

Die Präsidentenwahl im Dezember 1965 brachte de Gaulle nicht den erhofften Triumph. Erst im 2. Wahlgang konnte er sich gegen seinen sozialistischen Gegenkandidat Mitterand durchsetzen. Durch dieses 2. Septennat des Generals sollte auch eigentlich die Verteidigungspolitik ihre Kontinuität behalten. Doch bereits vor dem Rücktritt Charles de Gaulles und der Übernahme des Präsidentenamtes durch Georges Pompidou machten sich Tendenzen bemerkbar, die auf einen Wandel in der Verteidigungspolitik der V. Republik hindeuteten. Durch die Übernahme des Ressorts Landesverteidigung im Sommer 1969 hat Michel Debré zweierlei deutlich machen wollen:
1. Durch seine Person wird die Kontinuität der "reinen" gaullistischen Politik gerade in diesem wichtigen Bereich garantiert.
2. Durch die Heraufstufung des Ministeriums in ein Staatsministerium wird die Verteidigungspolitik als Kernstück der gaullistischen Außenpolitik stark betont. War der bisherige Minister dieses Ressorts kurz und bündig Armeeminister und fast nur für Verwaltung und Organisation zuständig, so zeigt die Unbenennung in "Staatsminister für Nationale Landesverteidigung" (ministre d'Etat chargé de la défense nationale) auch eine inhaltliche Gewichtsverteilung. Michel Debré hat diese Änderung sofort nach seiner Amtsübernahme mehrfach praktiziert. Ihm ging es um Mitsprache in der Außenpolitik und folgerichtig sah er die Verteidigungspolitik nicht länger als "domaine reservé" des Staatspräsidenten an[1].

Deutlicher wird der Anspruch Debrés in der Waffenhandelspolitik, als auf seine Initiative hin der Verkauf von 110 Mirage-Düsenjäger an Libyen abgeschlossen wurde, dem das Außenministerium nur zögernd seine Zustimmung gab[2].

5.1.1 Frankreichs NATO-Politik bis zu den Parlamentswahlen im März 1973

Im Jahr 1965 bestand eine tiefe Kluft zwischen Franzosen und Amerikanern in der Nuklear-Politik. Die französischen und die amerikanischen Ziele über die Verteidigung Europas und noch mehr über die Rolle Europas in der Welt standen sich diametral gegenüber. Und trotzdem kam die Mitteilung des französischen Staatspräsidenten im Frühjahr 1966, Frankreich aus der NATO-Integration zurückzuziehen, für die meisten Staaten überraschend. Auf Anordnung des Staatschefs zog Frankreich alle seine Streitkräfte unter NATO-Kommando zurück und beendete seine Teilnahme in allen NATO-Kommando-Stäben. De Gaulle verlangte, daß alle NATO-Basen bis zum 1.4.1967 das Land zu verlassen hätten. Der französische Staatspräsident sah sich aus folgenden Gründen zu diesem Schritt veranlaßt:

1. Die spezifische Situation gegenüber 1949, dem Jahr der Gründung, hatte sich fundamental verändert. Die Bedrohung aus dem Osten sah er nicht mehr als gegeben an, und die europäischen Nationen hatten sich seit dem 2. Weltkrieg erholt.
2. Frankreich hatte sich mit einer nationalen Atomstreitmacht ausgerüstet. Die Integration war deshalb überflüssig.
3. Es existierte ein neues nukleares Gleichgewicht zwischen der UdSSR und den USA, welches die Bedingungen der westlichen Verteidigung verändert hatte und
4. hatten sich die schweren internationalen Krisen nach Asien verlagert, an denen nicht mehr alle europäischen Staaten beteiligt waren[3].

Die Vorwürfe Frankreichs gegen die NATO konzentrierten sich auf vier Elemente des Bündnissystems:

"1. Frankreich vertritt die Ansicht, daß die NATO dem weitaus stärksten Partner, den Vereinigten Staaten, in den europäischen Angelegenheiten einen dominierenden Einfluß einräume, der, institutionell und praktisch verankert, den Interessen Europas zuwiderlaufe ...

2. Die Allianz betreibe eine Militärpolitik und Strategie, die nicht auf die aktuellen und künftigen Erfordernisse des Atomzeitalters zugeschnitten sei ...
Die gemeinsame militärische Organisation und die integrierten Hauptquartiere hätten, wie es heißt, ihre ursprüngliche Bedeutung eingebüßt.

3. Die Beibehaltung des starren NATO-Schemas verhindere die Ablösung des in Jalta beschlossenen Status quo ...

4. Das augenblickliche Bündnissystem - den Warschauer Pakt betrachtet Paris als nicht gleichwertige Atrappe ohne Ei-

gengewicht - beruhe auf multilateralen Verflechtungen, die dem stärksten Partner in Krisensituationen praktisch die Alleinentscheidung überließen. Es sei notwendig, dieses System durch bilaterale europäische Abkommen zu ersetzen, die den berechtigten Eigeninteressen der Europäer besser gerecht würden"[4].

Das französische Vorgehen schien sich für Staatspräsident de Gaulle als ein Erfolg auszuwirken. Frankreich wurde weder isoliert noch Sanktionen ausgesetzt. Eine Einheitsfront der übrigen 14-NATO-Partner kam nicht zustande. Das immer stärkere Engagement der USA in Vietnam, die damit verbundene Ankündigung Präsident Johnsons, die Priorität der amerikanischen Außenpolitik läge von nun an in Südostasien, die britische Wirtschaftskrise, die es dem Sozialisten Wilson nicht erlaubte, in der NATO-Krise initiativ zu werden und schließlich das Siechtum der Regierung Erhard in der BRD hatten die stärksten NATO-Partner in anderen Bereichen aktiv werden lassen. Und schließlich die zunehmende Bejahung in der öffentlichen Meinung Frankreichs über die Lösung der Bindungen zur NATO[5] mußten de Gaulle auf dem Weg seiner als richtig empfundenen Verteidigungspolitik unterstützen. Frankreich war auf dem von de Gaulle gewiesenen Weg der politischen Unabhängigkeit, die nur über die militärische Unabhängigkeit zu erreichen ist, ein gutes Stück näher gekommen.
Doch schon zwei Jahre später sollte das Schicksalsjahr der nationalen Verteidigungspolitik werden. Drei Ereignisse waren es vor allem, die nicht ohne Folgen für die Außen- und Verteidigungspolitik des Generals bleiben konnten. Die Mai-Unruhen von 1968 erschütterten die V. Republik derart, daß de Gaulle zeitweilig seinen Rücktritt erwog. Mit der Intervention der 5 WP-Staaten UdSSR, Polen, Ungarn, Bulgarien und der DDR in die CSSR brach die gaullistische Konzeption von der Aufweichung der Blöcke und dem Übergang der multilateralen in die bilaterale Phase vollkommen zusammen. Und schließlich machte die Währungskrise vom November 1968 deutlich, daß Frankreich im "Goldkrieg" gegen die USA doch unterlegen war. So erfolgte die Zäsur in der französischen Außenpolitik und damit verbunden in der französischen Verteidigungspolitik nicht erst nach dem Präsidentenwechsel im April 1969, sondern bereits während des letzten Amtsjahres de Gaulles.

"Mit der Erschütterung des Staatsgefüges und dem Verfall der Währung (war) Frankreich die reale Machtbasis entzogen, um den großen Wurf - die Anfechtung der Hegemonialmächte durch Schaffung einer neuen Staatenordnung in Gesamteuropa - noch weiterhin wagen zu können. Die im Herbst 1968 zutage getretene Abhängigkeit von der Devisenhilfe der westlichen Partner bewog den Staatschef zu einem Kurswechsel, nachdem mit dem Einmarsch der Armeen des Warschauer Paktes in Prag im August bereits deutlich geworden war, daß dieser 'Verkehrsunfall', wie es der damalige Außenminister Michel Debré nannte, den Auflockerungs- und Wandlungsprozeß im osteuropäischen System um Jahre verzögern mußte"[6].

Auf die NATO bezogen bedeuteten diese für die gaullistische Außenpolitik so unerfreulichen Mißerfolge eine langsame Annäherung auf Teilgebieten. Als schließlich Präsident Johnson am 31. März 1968 den Beschluß verkündete, die Bombenangriffe auf Nordvietnam einzustellen, war auch die Voraussetzung für eine Verbesserung der Beziehungen zur führenden NATO-Macht gegeben.
Nachdem NATO-Flugzeugen nach dem Memorandum vom März 1966 jeweils nur monatlich das Überfliegen des französischen Territoriums gestattet wurde, ging Frankreich ab Januar 1968 zur jährlichen Genehmigung über. Wenngleich diese Vereinfachung wahrscheinlich aus verfahrenstechnischen Gründen gewährt wurde und noch nicht als Umkehrpunkt der französischen Verteidigungspolitik bewertet werden kann, so ist der eigentliche Anlaß des Umschwenkens auf eine Zusammenarbeit mit der NATO die Intervention in der CSSR! Der französische Außenminister unterschrieb im November 1968 ein Kommuniqué des NATO-Ministerrats, in dem es hieß:"Jede sowjetische Intervention, die die Situation in Europa oder im Mittelmeer mittelbar oder unmittelbar beeinflußt, würde zu einer internationalen Krise mit schwerwiegenden Folgen führen"[7]. Damit stimmte Frankreich einer sehr harten Formulierung zu, "während es sich auf der vorhergehenden Ministertagung in Reykjavik im Juni 1968 noch geweigert hatte, eine mildere Entschließung zur sowjetischen Flottentätigkeit im Mittelmeer gutzuheißen"[8]. Seit Herbst 1968 ist auch wieder eine partielle Kooperation mit der NATO zu beobachten. Gemeinsame Manöver der französischen Mittelmeerflotte mit den NATO-Einheiten sowie die Zusammenarbeit französischer Seeaufklärer und Luftwaffeneinheiten mit dem neugeschaffenen NATO-Kommando MARAIRMED, das die Überwachung der sowjetischen Mittelmeerflotte als Aufgabe hat, sind die Entwicklungspunkte eines neuen Verhältnisses zu der NATO. Der Amtswechsel Johnson - Nixon und der wenige Monate später vollzogene Präsidentenwechsel de Gaulle - Pompidou erleichterte die

Zusammenarbeit Frankreichs mit der Führungsmacht der NATO. Anfang der 70er Jahre "arbeitet Frankreich zwar wieder mit der NATO zusammen, doch sind der Kooperation unweigerlich Grenzen gezogen"[9]. Folgt man der Auffassung Walter Schützes, der das derzeitig gültigste Dokument der französischen Verteidigungspolitik, das Weißbuch 1972[10], analysiert, so kann man die französische Verteidigungspolitik auf drei Grundthesen reduzieren:

"1. Frankreich benötigt volle nationale Ermessensfreiheit; daraus folgt:
2. Frankreich treibt eine Politik des 'non-alignment' was hier nicht Blockfreiheit bedeutet, sondern die Weigerung, sich von der Führungsmacht des Bündnisses Entschlüsse aufzwingen zu lassen; daraus wiederum folgt:
3. Frankreich lehnt uferlose Bindungen, etwa durch die Automatik integrierter Systeme, gleich ob NATO oder Europäische Gemeinschaft, ab und besteht darauf, seine Verpflichtungen in Europa seien eine Funktion der politischen Umstände"[11].

5.1.2 Fortentwicklung der force de frappe

Nachdem ohne große Schwierigkeiten im Spätherbst 1964 das zweite Fünfjahresprogramm über die Atombewaffnung in der Nationalversammlung verabschiedet worden war, galt für Frankreich die Theorie der massiven Abschreckung, d.h. einem potentiellen Agressor - (und er wurde nach wie vor in der UdSSR gesehen) - wurde mit sofortiger atomarer Vergeltung gedroht. Der Hintergrund für diese französische Theorie bildete die zunehmende Destabilisierung des bipolaren Systems, in dem der Ost-West-Konflikt nicht von Dauer sein würde. Man stellte sich die Frage, was geschehen würde, wenn sich die beiden Supermächte zu einer atomaren Komplizenschaft zusammenfänden? Wie sollte sich Europa verteidigen, wenn die Verteidigungsbereitschaft der USA nachließe? Die Antwort darauf war die massive Vergeltung durch die nationale französische Atomstreitmacht, um im Falle eines eventuellen Angriffs der UdSSR auf einen an der Peripherie liegenden Verbündeten sofort zurückschlagen zu können[12]. Ebenso wie die französische Nuklearstreitmacht mit den anderen Teilstreitkräften koordiniert werden sollte, war diese Koordination auch mit den Bündnispartnern im 2. Militärprogramm vorgesehen[13]. Diese proportionale Abschreckung, wie sie vom französischen

Militärtheoretiker, General Gallois, entwickelt und von de Gaulle übernommen worden ist, beruht auf der Annahme, daß eine kleine nationale Atomwaffe einen Abschreckungswert gegenüber einem potentiellen Großmachtagressor besitzt, weil die Konsequenzen für die Großmacht, die durch den Einsatz der kleinen Atomstreitmacht entstehen würde, nicht tragbar wären. In der zweiten Hälfte der 60er Jahre entwickelte sich die französische Strategie in Übereinstimmung mit de Gaulles außenpolitischen Zielen. Für Frankreich wurde es nun immer wichtiger, seine Unabhängigkeit zu erhalten und sich nicht in einen Konflikt hineinziehen zu lassen, sei dies in Europa oder in Indochina. "Der Höhepunkt dieser Entwicklung war die 'Strategie in alle Himmelsrichtungen' (tous azimuts), die im Dezember 1967 von General Ailleret verkündet und einen Monat später von Präsident de Gaulle bestätigt wurde"[14]. Diese Theorie konnte nur als Zusatz zur politischen Unabhängigkeit Frankreichs verstanden werden. Zu einer Zeit, in der Frankreich von keinem Land bedroht wurde, schien dank dieser Theorie mit Hilfe der Drohung der Einfluß Frankreichs in der Weltpolitik gestärkt zu werden. Doch bereits noch während der Präsidentschaft de Gaulles deutete sich die Abkehr von dieser mehr politischen als strategischen Doktrin des General Ailleret an. Im November 1968 hatte der Generalingenieur Combaux in der Revue de Défense Nationale unter dem Titel "Défense tous Azimuts? Qui, Mais ...", sich für eine effektive französische Verteidigung ausgesprochen[15]. Am 3. März 1969, also sieben Wochen vor dem Rücktritt General de Gaulles, kündigte Generalstabschef Fourquet, der Nachfolger des im Frühjahr 1968 tödlich verunglückten General Ailleret, eine Umkehr der französischen Verteidigungspolitik an. Fourquet verzichtete zwar nicht ausdrücklich auf die Konzeption der "défense à tous azimuts", aber er verwarf das "Alles oder Nichts". Er betonte nachdrücklich den Einsatz taktischer Nuklearwaffen und näherte sich damit erstaunlich der Mac-Namara-Doktrin der "flexible response"[16].

> "The Fourquet strategy provides the basis for increased French cooperation with NATO in the post - de Gaulle era. First, in terms of strategic doctrine, France approached for the first time the "flexible response" principle practiced by NATO officially since 1967 and de facto since the early part of the decade. The exact definition of the French nuclear threshold is still unspecified, however, and is likely to be below that envisioned by NATO forces. But for the strategy to work, given the location of French forces in Germany behind allied forces immediately stationed in the East German-Czech

> frontier, French forces will have to work organization and firepower, and coordinate contingency plans with them concerning, inter alia, the circumstances when the threshold between conventional and tactial nuclear weapons is to be crossed in case of an enemy attack"[17].

Fourquet sprach unmißverständlich von "diesem Feind im Osten", gegen den die französischen Divisionen "in enger Koordinierung mit ihren Verbündeten" eingesetzt würden. Die Rundumverteidigung wurde also ad acta gelegt.

Der Annäherung an die Theorie der "flexible response" wurde auch in dem 1970 verabschiedeten 3. Militärprogramm, das für die Jahre 1971 bis 1975 gelten soll, Rechnung getragen. Zum ersten Mal wurden wesentliche finanzielle Mittel für die taktische Atombewaffnung zur Verfügung gestellt. Das Militärbudget, das für diese fünf Jahre einen Betrag von 168,5 Milliarden F vorsah[18], und das in dem parallel laufenden VI. Plan nur eine Wachstumsrate von 3 % enthielt, während die Gesamtwachstumsrate des Plans 6 % betrug, gab der strategischen Nuklearrüstung mit 30,9 Milliarden F von insgesamt 93,5 Milliarden F den Vorrang[19]. Für die taktische Atombewaffnung war mit knapp 2,8 Milliarden F ein Betrag vorgesehen, den die beiden vorangegangenen Programme nicht im entferntesten erreichten[20]. So gilt auch nach der Veröffentlichung des französischen Weißbuches im Juni 1972 die Fourquet-Theorie von der Zusammenarbeit mit den Verbündeten im Konfliktfall fort. Die heutige französische Position lautet folgendermaßen:

> "Für Frankreich gilt es, die Konsequenzen zu ziehen, das heißt, sich selber eine Abschreckungstheorie zu geben, die auf einem nationalen Nuklearpotential beruht. Seine Stellung als nukleare Macht erlaubt es, einen Rüstungsstand anzustreben, der nicht mit demjenigen der großen Mächte vergleichbar zu sein braucht, aber einen Stand, der mit den verfügbaren technischen, industriellen und finanziellen Hilfskräften erreichbar ist ...
> ... Frankreich lebt in einem Gewebe von Interessen, das über seine Grenze hinausreicht. Es ist nicht isoliert, Westeuropa kann deshalb in seiner Gesamtheit nicht verfehlen, indirekt Nutzen aus der französischen Strategie zu ziehen, die einen stabilen und bestimmten Faktor der Sicherheit in Europa bildet.
> Die Option zugunsten der Nuklearstrategie war für Frankreich notwendig, sowohl weil sie heute die einzig wirklich wirksame ist, als auch weil es für uns keine Ersatzlösung gibt. Früher wurde die militärische Stärke unseres Landes an der Zahl gemessen, doch heute gehört Frankreich zu den am schwächsten bevölkerten mittleren Mächten, und im Atomzeitalter beruht die Glaubwürdigkeit der Wehrpolitik nicht mehr auf der Zahl"[21].

Wie sehr die nationale Verfügungsgewalt über Atomwaffen weiterhin aufrechterhalten wird, geht auch aus den mißglückten Versuchen über eine britisch-französische Atommacht hervor. Nachdem in Großbritannien die Konservative Partei mit Edward Heath die Regierung übernommen hatte und die Möglichkeit einer britisch-französischen Atomstreitmacht in Erwägung gezogen wurde, erklärte Präsident Pompidou, daß es in der Tat möglich und wahrscheinlich sogar wünschenswert sei, daß es auf dem Nukleargebiet zu Absprachen zwischen Frankreich und Großbritannien kommen werde[22]. Die Möglichkeit einer gemeinsamen Atomstreitmacht mußte schon aus dem französischen Anspruch der nationalen Verfügungsgewalt scheitern. Zusätzlich wurden solche Absprachen noch von der französischen Vorbedingung abhängig gemacht, daß auf diesem Wege nicht versucht werden dürfte, Frankreich wieder in die NATO zurückzuführen.

5.1.3 Frankreichs Haltung zur Abrüstung

> "In der Gesamtkonzeption General de Gaulles nehmen Schritte zur Rüstungsbeschränkung einen zweitrangigen Platz ein. Die Entspannung mit dem Fernziel einer Neugestaltung des europäischen Staatensystems wurde in erster Linie unter psychologisch-politischen Aspekten gesehen. Vorrang hatte die Auflockerung und Überwindung der Blockstrukturen in Europa im Rahmen eines Prozesses, der wesentliche gesellschaftspolitische Wandlungen im kommunistischen System und eine wachsende Selbständigkeit der Nationalstaaten in Ost und West voraussetzte"[23].

Aus diesem Grunde unterzeichnete Frankreich auch 1963 nicht das Atomteststopabkommen, weigerte sich beharrlich (und auch heute noch) an der Genfer 18-Mächteabrüstungskonferenz teilzunehmen und unterzeichnete auch im Juli 1968 nicht den Atomwaffensperrvertrag. Frankreich sah in diesem Vertrag keine wirkliche Abrüstungsmaßnahme[24], sondern nur eine Bestätigung der in Jalta geschaffenen Tatsachen. Das eigentliche Problem - die Notwendigkeit der Zusammenarbeit der Atommächte sich über Schritte zum Verbot und zur Vernichtung der bestehenden Atomwaffen zu einigen - wurde nicht angegangen und deshalb von Frankreich abgelehnt.

Im Verlauf der internationalen Entspannungspolitik, vom ehemaligen Präsidenten Nixon als Ära der Verhandlungen bezeichnet, war es auch für Frankreich nicht länger möglich, sich außerhalb dieser

Entwicklung zu stellen. Die Gespräche über die Begrenzung der strategischen Rüstung zwischen den USA und der UdSSR, die erfolgreichen bilateralen Abmachungen der BRD mit den Staaten Osteuropas sowie der Abschluß des Berlinabkommens trugen dazu bei, daß die seit zwei Jahrzehnten geforderte europäische Sicherheitskonferenz Gestalt annahm. Das Zustandekommen dieser Konferenz wurde aber wiederum von den NATO-Staaten - mit Ausnahme von Frankreich - von den gleichzeitigen Verhandlungen über einen gegenseitigen Truppenabbau in Mitteleuropa abhängig gemacht. Den Franzosen erschien eine Truppen- und Rüstungsbeschränkung in Mitteleuropa nur sinnvoll, wenn sie zur Überwindung der Blöcke und nicht zu ihrer Konsolidierung beitrügen.
"Die Situation war also seit 1967 dadurch gekennzeichnet, daß die vierzehn Partner die strukturerhaltenden, Frankreich dagegen die systemverändernden Elemente der beiderseitigen ausgewogenen Truppenverminderungen in den Vordergrund stellten"[25].
Der KSZE stand Frankreich von Anfang an also positiv gegenüber, weil es hoffte, die Blöcke mit Hilfe dieses Instruments überwinden zu können. An der grundsätzlich ablehnenden Haltung in der Frage der Truppenverminderung hat sich auch bis 1973 nichts geändert. Die Abwesenheit Frankreichs bei den MBFR-Gesprächen in Wien wird damit begründet, daß hier wiederum nur zwei Blöcke verhandeln, und somit das eigentliche Problem nach französischer Auffassung nicht gelöst werden kann.

5.2 Opposition und Verteidigungspolitik 1966 - 1973

5.2.1 Wandlung der Opposition

Die parlamentarisch bedeutendsten Oppositionsparteien PCF, SFIO und mit Einschränkung die RRRS sollten im zweiten Septemnat de Gaulles auch weiterhin die dominierenden Oppositionsparteien bleiben. Seit 1962, als de Gaulle mit Hilfe des Referendumssieg die Einführung der Volkswahl des Staatspräsidenten durchgesetzt hatte und es gegen dieses Referendum das "Cartel de Non" aller Parteien mit Ausnahme der Gaullisten gab, ist die gesamte Opposition mit dem Problem konfrontiert, wie sie reagieren soll, falls die Macht errungen werden könnte. Den Oppositionsparteien wurde immer bewuß-

ter, daß es für eine einzige von ihnen unmöglich war, jemals allein die Regierung zu stellen. Die Folgerung daraus konnte nur ein Zusammengehen der Oppositionsparteien sein. In der Zukunft schien das gesamte politische Leben Frankreichs nur um die beiden Pole Gaullismus und Anti-Gaullismus kreisen zu müssen:
"Der Gaullismus hat zum Mehrheitssystem geführt, der Anti-Gaullismus gibt Anstoß zur Neugruppierung der Linken"[26].

5.2.1.1 Die nichtkommunistische Linke

Noch während des ersten Septennats de Gaulles kam es zu einem Versuch, die Parteien links von der UNR zu sammeln. Die für 1965 vorgesehene erstmalige Volkswahl des Staatspräsidenten veranlaßte im Herbst 1963 den Oberbürgermeister von Marseille und SFIO-Fraktionsvorsitzenden, Gaston Deferre, die große Föderation zu schaffen, die von den Sozialisten bis zu den Volksrepublikanern reichen sollte. Dieses Vorhaben scheiterte aber im Juli 1965, weil insbesondere zwischen der SFIO und dem MRP zuviel strittige Fragen bestanden[27].
Deferres mißglückter Versuch hatte jedoch das Umdenken in der nichtkommunistischen Linken gefördert, so daß bereits im Juli desselben Jahres vom Dachverband der politisch engagierten Clubs, der "Convention des Institutions républicaines (CIR)", unter maßgeblicher Beteiligung des Abgeordneten Mitterand ein erneuter Einigungsversuch unternommen wurde. Schließlich gelang es Mitterand eine Föderation zu bilden, die sich aus der SFIO, der RRRS und der CIR sowie einigen politischen Clubs zusammensetzte und den Namen "Fedération de la gauche démocratique et socialiste" trug. Diese Aktion hatte Erfolg, "da Mitterand über keinerlei eigene "Hausmacht" verfügte und somit die alten Parteiführer nicht aus ihren Ämtern verdrängen konnte; außerdem überzeugte er die kommunistische Parteiführung von der Notwendigkeit eines einheitlichen Kandidaten der gesamten Linken, ohne daß gleichzeitig Absprachen über sein politisches Programm nach einem eventuellen Sieg getroffen wurden"[28].
Nachdem Mitterand bei den Präsidentschaftswahlen im November 1965 einen bemerkenswerten Erfolg mit 45 % der Wählerstimmen im 2. Wahlgang erzielt und de Gaulle zu einem zweiten Urnengang gezwungen hatte, gelang es ihm, die FGDS zu einem arbeitsfähigen Gremium auszu-

bauen. Das eigentliche Ziel dieses Parteienzusammenschlusses war es, ein Wahlabkommen zwischen der Föderation und den Kommunisten abzuschließen, um bei den Parlamentswahlen im März 1967 möglichst viele Mandate zu erringen. Schließlich gelang das Wahlabkommen zwischen PCF und FGDS im Dezember 1966.

> "Man einigte sich, in allen für die Linke aussichtslosen Wahlkreisen beim zweiten Wahlgang der kommenden Neuwahlen dem jeweils bestplazierten Kandidaten gemeinsam zu unterstützen. Zudem erklärten die Kommunisten ihre Bereitschaft, in 'besonderen Fällen' sogar an der Spitze liegende kommunistische Kandidaten zugunsten eines anderen Linkskandidaten zurückzuziehen. Sie nahmen darüberhinaus einen Vorbehalt der Föderation hin, in einigen für die Linke hoffnungslosen Wahlkreisen für antigaullistische Kandidaten der Mitte einzutreten"[29].

Der Erfolg blieb auch nicht aus, die Mandate konnten z.T. erheblich erhöht werden[30]. Jetzt mußte der Versuch unternommen werden, auf der Woge des Erfolges diese in der Förderation zusammengeschlossenen Parteien zu einer einzigen Partei zusammenzuschmelzen, um bei späteren Verhandlungen mit den Kommunisten eine stärkere Ausgangsbasis zu besitzen. Diese Vereinigung kam aber nicht zustande. Im Februar 1968 wurde zwar eine gemeinsame programmatische Erklärung mit den Kommunisten veröffentlicht, die aber eher die Differenzen als die Gemeinsamkeiten aufzeigte. Eine Einigung zwischen der kommunistischen und nichtkommunistischen Linken war insbesondere nicht in der Außen- und Verteidigungspolitik zu erzielen. Wie sollte dieses Bündnis aufgrund dieser Plattform jemals regierungsfähig werden? Die Ereignisse des Mai 1968 und die anschließenden Parlamentswahlen mit ihren für die F.G.D.S. vernichtenden Ergebnis - die Föderation erhielt anstelle ihrer bisherigen 118 nur 57 Mandate - führten zu inneren Rivalitäten, an denen sie scheiterte. Als schließlich François Mitterand im Sommer 1968 den Vorsitz niederlegte, bedeutete diese Aktion den endgültigen politischen Tod der Föderation. Das Dilemma der nichtkommunistischen Linken wurde in den durch Präsident de Gaulles Rücktritt folgenden Präsidentschaftswahlen sichtbar, als der sozialistische Kandidat Deferre gerade noch 5 % der Wählerstimmen auf sich vereinigen konnte[31].

Nach dieser Niederlage wurde den Sozialisten endgültig bewußt, daß ohne eine enge Zusammenarbeit mit den Kommunisten keine Alternative zu den Gaullisten möglich war. Die daraus resultierenden Konsequenzen wurden auf dem Parteikongreß vom Juli 1969 vorsichtig begonnen, als nach dem Rücktritt des langjährigen Parteivorsitzenden Mollet der dem linken Flügel der Sozialisten zugerechnete Alain Savary zum Nachfolger gewählt wurde.

> "Als Konsequenz aus den Mai-Unruhen und auf Druck der gewerkschaftlichen organisierten Mitglieder des Parteivorstandes sprach sich der Kongreß gegen jede weitere Allianz mit bürgerlichen Parteien aus und befürwortete die Aufnahme von umfassenden Verhandlungen mit der kommunistischen Partei"[32].

Der Konsolidierungsprozeß innerhalb der in "Sozialistische Partei" umbenannten Partei setzte sich fort. Als schließlich François Mitterand auf dem Parteikongreß im Juni 1971 zum neuen Vorsitzenden gewählt wurde, "waren die Weichen für eine weitere Zusammenarbeit mit der PCF gestellt",[33] ohne daß Mitterand auf die linken Radikalsozialisten und die republikanischen Clubs verzichten wollte. Schließlich wurde mit der Veröffentlichung des gemeinsamen Regierungs-Programms der Sozialisten und Kommunisten im Sommer 1972 der Grundstein für den relativen Wahlerfolg im März 1973 gelegt.

5.2.1.2 Die Kommunistische Partei

Die PCF mußte ihre vorsichtige Annäherung an die nichtkommunistische Linke fortsetzen, die 1965 mit dem Verzicht auf einen eigenen Präsidentschaftskandidaten und der Unterstützung des Sozialisten Mitterand - für die Öffentlichkeit erstmals deutlich erkennbar - begonnen hatte. Sollte jemals die Regierungsbeteiligung auf legalem Wege erreicht werden, so mußte die PCF mit anderen Oppositionsparteien eine gemeinsame Basis suchen. Die Wahlabsprachen mit den Sozialisten bei den Märzwahlen 1967 bestätigten den einschlagenden Weg der Kommunisten, durch die Öffnung nach rechts einerseits sich selbst als Garant dieses politischen Systems zu bestätigen und andererseits für mehr Wähler attraktiv zu werden. Die Mai-Unruhen 1968 zeigten dann auch, wie sehr sich die PCF zu einer systemerhaltenden Partei entwickelt hat,

> "als sie stärksten Druck auf ihre gewerkschaftlich organisierten Mitglieder ausübte, den wochenlang andauernden Streik zu beenden und damit auch die Gefahr zu bannen, von der äußersten Linken innerhalb der Gewerkschaften überspielt zu werden"[34].

Das Aufkommen der Gauchisten - hierunter fallen Linksextremisten verschiedenster Schattierungen - hat die Position der kommunistischen Partei in der französischen Gesellschaft vollkommen in Frage gestellt. Dieser organisierte Linksradikalismus sieht in der PCF eine revisionistische Partei. So ist die PCF seit dem Mai 1968 gezwungen,

> "sich also zur gleichen Zeit sozialdemokratisieren und radikalisieren, verhärten und liberalisieren. Sie muß politische Analysen erstellen, die die prozentuale Reduzierung des Anteils der Industriearbeiterschaft an der Gesamtbevölkerung ebenso einbezieht wie die politische Radikalisierung der Intelektuellen, Lehrer, Studenten und vor allem auch eines wachsenden Teils des abhängigen technischen Mittelstandes, der Kader, Techniker, Ingenieure sowie der Bauernschaft. So verschiedene Elemente müssen unter dem Begriff Proletariat subsummiert werden, damit man beim marxistischen Schema bleiben kann, und ihre tatsächlichen Interessen müssen in das politische Programm der Partei aufgenommen werden"[35].

Trotz dieser von der extremen marxistischen Linken heraufbeschworenen Gefahr, setzte die PCF den Weg der Annäherung an die Sozialisten fort. Unter dem neuen Parteichef Georges Marchais wurde die PCF in ein Wahlbündnis mit den Sozialisten und dem linken Flügel der Radikalsozialisten geführt. Das gemeinsame Regierungsprogramm der drei Parteien, das im Juni 1972 veröffentlicht wurde, bildete den vorläufigen Abschluß und Höhepunkt dieser Entwicklung. Daß die PCF aber ihre Eigenständigkeit keinesfalls aufgeben will und Distanz zur nichtkommunistischen Linken halten will, geht aus folgender Äußerung des Parteichefs Marchais deutlich hervor:

> "Für uns bedeutet die Union (der Linken) - mit Rücksicht auf die Partner - Kooperation, um eine Politik zu ermöglichen, die den Interessen der Arbeiter entspricht. Die Union bedeutet keine Fusion zu einer einzigen Partei. Denn Kommunisten, Sozialisten und Radikalsozialisten haben nicht dieselbe Auffassung von der Welt ... und wir denken nicht daran, auf eine einzige unserer Überzeugungen zu verzichten"[36].

Die Wahlen vom März 1973 brachten zwar eine Verdoppelung der Mandate für die beiden Parteien der vereinigten Linken. Ihr Ziel jedoch, die Regierung zu übernehmen, konnten sie nicht erzielen.

5.2.1.3 Die übrigen Oppositionsparteien

Zahlenmäßig gering, doch ideologisch außerordentlich bedeutend, ist die Vereinigte Sozialistische Partei (PSU). Sie "bildet sozusagen den Übergang von der außerparlamentarischen neuen radikalen Linken zu den traditionellen Linksparteien"[37]. Sie ist sowohl ge-

genüber den Sozialisten und den Kommunisten sehr kritisch eingestellt und nimmt für sich in Anspruch, die "wahre" sozialistische Partei zu sein. Insbesondere nach den Mai-Unruhen konnte sie bei Studenten und Teilen der Gewerkschaft CFDT in den Juni-Wahlen 1968 Gewinne erzielen. Durch ihren Generalsekretär Michel Rocard, als "Inspecteur des Finances", Mitglied der technokratischen Elite Frankreichs, ist sie durch dessen Sieg über den ehemaligen Außenminister Couve de Murville in einer Nachwahl zur Nationalversammlung im Parlament vertreten. Da sie programmatisch den Aufbau einer Gesellschaft vertritt, in der Sozialismus und Planwirtschaft mit dem Respekt vor politischen Freiheiten versöhnt werden, steht sie in starker Opposition zur Regierungsmehrheit.
Die Radikalsozialisten, die zu Beginn der V. Republik eine noch verhältnismäßig starke Opposition gegen die Regierung betrieben hatten, verloren immer mehr an politischem Einfluß, da schließlich innerparteiliche Konflikte zu einer Spaltung führten. Der linke Flügel der Radikalsozialisten unter Robert Fabre brach im Frühjahr 1972 mit dem von Jean Jaques Servan-Schreiber geführten Flügel und stellte sich geschlossen hinter das Bündnis der Linksunion, ohne allerdings allzugroße politische Bedeutung zu erlangen. Der größere Teil der Radikalsozialisten unter Schreiber schloß sich Anfang 1972 mit einigen Zentristen - den Nachfolgern der Volksrepublikaner - zur Gruppe der "Reformatoren" zusammen. Diese von dem ehemaligen Präsidentschaftskandidaten Lecanuet geführte Gruppe vertrat das zentristische Lager, das nicht in die gaullistische Regierung eingetreten war. Ziel des Zusammenschlusses war es, eine dritte Kraft in Frankreich wiederzubeleben, um die Wähleralternative nicht nur auf den Gaullismus oder die Linksunion zu beschränken.
In den Märzwahlen von 1973 konnten die Reformatoren jedoch ihr Wahlziel nicht erreichen. Die Mehrheit der Regierung war wiederum allein in der Lage, die Regierung zu bilden.
Die oppositionelle Rechte, die gerade zu Beginn der V. Republik noch so aktiv war, ist durch den Gaullismus immer stärker ihrer Funktion beraubt und inzwischen vom Gaullismus aufgesogen worden, so daß die Opposition von rechts heute nur noch außerparlamentarisch wahrgenommen wird.

5.3 Die F.G.D.S. und die gaullistische Verteidigungspolitik

Da die Föderation in erster Linie ein Wahlbündnis aus SFIO, RRRS und CIR war und diese Institution bis zum Rücktritt François Mitterands im Herbst 1968 bestand, sollen hier nur die verteidigungspolitischen Konzeptionen wiedergegeben werden, die die F.G.D.S. in ihrem "Programm des 14. Juli 1966" vorlegte. Wichtiger für die praktische Politik waren die Aktionen der einzelnen Parteien, die zwar auch in der Nationalversammlung unter dem Dach der F.G.D.S. firmierten, die aber nach der Auflösung der Union wieder zu ihrer früheren Selbständigkeit zurückkehrten, die sie praktisch aber nur nominell in die Föderation eingebracht hatten.
Die Föderation schlug für die Verteidigungspolitik folgendes Programm vor: Zunächst sollte Frankreich zum Aufbau des Friedens aktiv beitragen, indem es seine interventionistischen Obstruktionen in der UNO beenden und sich an ihrer Finanzierung beteiligen sollte. Weiterhin sollte es an der Genfer Abrüstungskonferenz teilnehmen und dort mit folgenden Vorschlägen aufwarten: Einfrierung der Militärausgaben auf dem Stand von 1965 und schrittweise Konvertierung der für die Rüstungszwecke bestimmten Atomindustrie zu friedlichen Zwecken; Unterzeichnung des Moskauer Atomteststopvertrages von 1963 und Einbringung - inzwischen bereits in Kraft getreten - eines Vertrages über die Nichtverbreitung von Kernwaffen[38].
In bezug auf die NATO machte die Föderation folgende Vorschläge:

> "Die seit 1949 in der Lage der Mitglieder des Atlantikpaktes eingetretenen Veränderungen fordern sicherlich im Interesse des Zusammenhaltes der Allianz ihre gründliche Reorganisation. Eine Regierung der Linken würde mit ihren 14 Partnern Verhandlungen aufzunehmen haben mit dem Ziel, im Lichte der Gegebenheiten, mit denen die Allianz in den kommenden Jahren fertig zu werden hat, die Verantwortlichkeiten jedes einzelnen auszubalancieren.
> Nachdem Frankreich die NATO verlassen hat, muß man nunmehr als erstes die Aussichten für die Organisation einer wirksamen friedlichen Koexistenz erforschen, um das genaue Ausmaß und die Tragweite der militärischen Vereinbarungen bestimmen zu können, die die atlantischen Verbündeten miteinander verbinden"[39].

Im vierten Teil des Programmes, der der Landesverteidigung gewidmet ist, heißt es:

> "Eine Regierung der sozialistischen Demokraten würde sofort nach ihrer Investitur auf die Schaffung einer nationalen Atomstreitmacht verzichten. Eine Untersuchungskommission hätte alsdann alle Fragen von Preisen, Märkten und Produktion in

> diesem Zusammenhang zu untersuchen, damit aufgrund der Befunde die Umwandlung der Anlagen für friedliche Zwecke beschlossen werden könnte"[40].

Die allgemeine Wehrpflicht sollte beibehalten werden, wenngleich eine verkürzte Dienstzeit vorgesehen wurde. Und schließlich sprach sich die Föderation, wie auch schon vorher immer die sozialistische Partei, für die Nationalisierung der Rüstungsindustrie aus. Eine besondere Aufgabe wurde der Armee im Bildungsbereich gegeben, und es ist nicht zu übersehen, daß hier auf die Ideen der Militärtheorien von Jean Jaurès zurückgegriffen worden ist.
Hierin heißt es:

> "Die Armee kann neben ihren speziellen Aufgaben auch andere übernehmen, die sie unter einer solchen Regierung auch übernehmen müßte: nämlich zur bürgerlichen und professionellen Bildung der jungen Menschen beizutragen, die zu den Fahnen gerufen sind. Der technischen Zusammenarbeit im Ausland müßte eine bürgerliche Zusammenarbeit in Frankreich selbst zur Seite treten"[41].

5.3.1 Die sozialistische Partei und die gaullistische Verteidigungspolitik 1966 - 1972

Wie bereits das Kapitel über die F.G.D.S. zeigt, hatte sich die SFIO 1965 mit der Unterstützung des Einheitskandidaten der Linken, François Mitterand, auf den Weg in die F.G.D.S. begeben und dort versucht, ihr außenpolitisches Programm durchzusetzen. Nachdem die F.G.D.S. scheiterte, die SFIO bei den Präsidentschaftswahlen von 1969 gerade noch 5 % der Stimmen für ihren Kandidaten Deferre erzielen konnte, wurde in der Partei ein Regenerationsprozeß eingeleitet, der schließlich zu einer Neugründung der Partei und ihrem neu entwickelten Programm vom März 1972 führte, in dem sie auch ihre derzeit gültige verteidigungspolitische Konzeption niedergelegt hat.

5.3.1.1 Die Sozialisten und die NATO

Als General de Gaulle im März 1966 die Mitgliedschaft Frankreichs in der Organisation der NATO aufkündigte, war diese vorhersehbare, jedoch vielfach überraschende Entscheidung Anlaß einer großen außen- und verteidigungspolitischen Debatte in der Nationalver-

sammlung, während der die Opposition heftige Kritik an der NATO-Politik der Regierung übte. Da diese Kritik die grundsätzliche Haltung der SFIO zu ihren verteidigungspolitischen Absichten aufzeigt, soll sie näher untersucht werden.
Ein wichtiger Vorwurf, der vom Generalsekretär der SFIO, Mollet, erhoben wurde, zielte auf die Entscheidungsfällung. Dadurch sei die Verfassung verletzt worden. Anstelle der Regierung, die gemäß Artikel 20 der Verfassung der V. Republik die Pflicht habe, die Politik der Nation zu leiten und zu führen, sei diese Entscheidung eigenmächtig von de Gaulle gefällt worden, der damit faktisch einen neuen Verfassungsartikel geschaffen habe und die Abwesenheit und das Versagen der Regierung vor der Verfassung bestätigt habe[42].
Doch selbst wenn die Entscheidung in dem dafür zuständigen Ministerrat zur Abstimmung gelangt wäre, hätte sie sicherlich nicht anders ausgesehen. De Gaulle selbst zeichnete ein Bild von diesen Sitzungen, die insbesondere in der Außen- und Verteidigungspolitik praktisch eine Sanktionierung seiner vorher getroffenen Entscheidungen erbrachten. Danach verlief eine Sitzung des Ministerrats folgendermaßen:

> "Durch Vortrag der Minister werden dem Kabinett nacheinander alle Fragen vorgelegt, die die öffentliche Gewalt betreffen, sei es, daß sie Gegenstand von Erläuterungen und Gesamterörterungen sind, sei es, daß zu ihnen Texte verabschiedet werden müssen: Gesetzentwürfe, Dekrete, Kommuniqués, sei es, daß sie eine Sofortlösung erfordern. Jeder kann um Wort bitten; er erhält es stets. In den wichtigsten Fällen fordere ich sämtliche Kabinettsmitglieder zur Stellungnahme auf. In allen Fragen trägt der Premierminister seine Argumente und Vorschläge vor. Zum Schluß lege ich meine Auffassung dar und formuliere die Schlußfolgerung"[43].

Da jedoch die Sozialisten die gaullistischen Praktiken kennen mußten - die Theorie der "domaines reservés" war (und ist auch bis heute) noch nicht widerrufen - konnte dieser Vorwurf lediglich als eine sich stets wiederholende Pflichtübung gegen das "persönliche Regime" des Staatspräsidenten angesehen werden.
Schwerer dagegen wog die Anklage, daß dem Staatspräsidenten die Rolle Frankreichs in der Welt wichtiger sei als das Schicksal der Franzosen. Durch die Entscheidung des 7. März 1966 hatte de Gaulle nach Ansicht Mollets gleichzeitig den Wert der internationalen Verpflichtungen Frankreichs in Frage gestellt, die es mit der Unterzeichnung des Brüsseler Vertrages von 1948, der NATO 1949 und der WEU 1954 eingegangen war[44]. Wie gefährlich die Sozialisten diese

einseitige NATO-Rückzugspolitik ansahen, ging aus dem Mißtrauensantrag hervor, den sie zusammen mit einigen Abgeordneten der Radikalsozialisten in die Nationalversammlung einbrachten. Darin hieß es:

> "Die Nationalversammlung stellt fest, daß der Präsident der Republik beschlossen hat, die französischen Streitkräfte aus der NATO zurückzuziehen, ohne die Regierung oder das Parlament zu konsultieren und ohne daß Verhandlungen mit den Partnern Frankreichs stattfanden; ist einerseits der Auffassung, daß dieser Beschluß mangels einer positiven Alternativpolitik insbesondere auf dem Gebiet der europäischen Politik Frankreich isoliert und hierdurch eine gefährliche Lage für unser Land schafft; daß er die Regierung zu einer Verstärkung des nationalistischen Charakters ihrer Verteidigungspolitik und insbesondere ihrer Bemühungen zur Schaffung einer force de frappe veranlaßte; daß er die Regierung auf einen Weg führt, der nur eine wesentliche Vermehrung der Rüstungslasten zur Folge haben kann; ist andererseits der Auffassung, daß die wirtschaftlichen Maßnahmen der Regierung bereits eine Verminderung der Möglichkeiten von Investitionen zur Folge haben, was im direkten Gegensatz zu sozialem Fortschritt steht, daß sie auf diese Weise die benachteiligsten Kategorien zum Opfer bringen, obwohl immer zahlreichere soziale Bewegungen eine wachsende Unzufriedenheit beweisen; ist der Meinung, daß die durch den Präsidenten der Republik geschaffene Situation eine untragbare Vermehrung der Lasten der Nation zur Folge hat ..."[45].

Die sozialistische Partei sah somit vor allem folgende Gefahren auf Frankreich zukommen:

1. Der Rückzug der amerikanischen Truppen vom europäischen Kontinent würde beschleunigt und müßte zu einem Verlust der gemeinsamen Sicherheit führen.
2. Durch diese Entscheidung de Gaulles würde die teure und nutzlose force de frappe von der notwendigen alliierten Radarversorgung abgeschnitten.
3. Die Gefahr der Weiterverbreitung von Atomwaffen vergrößere sich und
4. ermutige diese Entscheidung die Wiederaufrüstung Deutschlands, das zum Hauptalliierten der USA aufsteige. Die Neonazis würden Auftrieb erhalten[46].

So bildete im Selbstverständnis der sozialistischen Partei 1966 nach wie vor die Anwesenheit der amerikanischen Truppen auf dem europäischen Kontinent die Grundvoraussetzung für jede französische Verteidigungspolitik. Das bedeutete auch weiterhin die Aufrechterhaltung der NATO und ebenso - im Gegensatz zu den Gaullisten - Abgabe von Souveränität im Verteidigungsfall. Die Sozialisten waren bereit, "Souveränität zu transferieren"[47], um damit die französische Sicherheit zu gewährleisten. Auch sahen sie in militärischen Bündnissen nicht mehr das Mittel, um dauerhaften Frieden zu gewährleisten, aber sie waren in jenen Jahren doch realistisch genug, nicht an eine Friedenssicherung von heute auf morgen durch eine vollständige Abrüstung zu glauben. Die beste Garantie für den Frieden war gemäß Mollet immer noch eine verbesserte Atlantische Allianz.

Die Prioritätsänderung der amerikanischen Außenpolitik im Herbst 1966 - die Johnson-Administration verlagerte das amerikanische außenpolitische Hauptinteresse nach Südostasien - war der Auftakt für eine Entspannungspolitik, die die gaullistische Außenpolitik seit langem anvisierte. Die Entspannungspolitik mußte sich dementsprechend auch auf die militärischen Strukturen in Europa auswirken und damit notwendigerweise auch auf die NATO! Die Änderung des politischen Klimas in Europa, die der sozialistische Parteichef Mollet auch bereits in der NATO-Debatte vom April 1966 sah, sollte auch die Funktionen der Bündnisse beeinflussen. Die Sozialisten wollten die NATO als ein Element in die Entspannungspolitik mit einbauen, um daraus zu profitieren, während die Gaullisten, allein von ihrem verteidigungspolitischen Dogma aus, diese Funktion ablehnen mußten. Der langjährige Beauftragte der Regierungen Debré und Pompidou für die Abrüstungsgespräche bei der UNO, der frühere Verteidigungsminister Jules Moch, Mitglied des Präsidiums der Sozialistischen Partei, der nicht unbedingt als NATO-Anhänger eingestuft werden kann, sah neben den offiziellen Parteibesorgnissen im Rückzug Frankreichs aus der NATO die große Gefahr der Isolierung[48]. Insbesondere das einseitige französische Vorgehen hatte eine sowjetische Gegenleistung verhindert, die nach Ansicht Mochs vielleicht den Rückzug einiger sowjetischer Divisionen erbracht hätte. Moch kritisierte - im Gegensatz zur übrigen Parteiführung - nicht so sehr die Entscheidung de Gaulles über den Abzug der amerikanischen Truppen, sondern vielmehr die einseitige französische Aktion, die damit die Zukunft der NATO in Frage gestellt hatte[49].

Die innenpolitischen Ereignisse des Jahres 1968, die die Auflösung der Nationalversammlung mit anschließenden Neuwahlen zur Folge hatten, trugen u.a. zum Scheitern der F.G.D.S. und anschließend auch zur Auflösung der SFIO bei. Im Jahr 1969 gründete sich die neue sozialistische Partei (Parti Socialiste), die die sich abzeichnenden Veränderungen in der internationalen Politik programmatisch verarbeiten wollte. Die Intervention von fünf Warschauer Pakt-Staaten in der CSSR im August 1968 hatte die gerade begonnene internationale Entspannungspolitik wieder in Frage gestellt, so daß es nicht weiter verwundert, wenn die neue sozialistische Partei in ihrer Anfangsphase dieselbe verteidigungspolitische Programmatik vertrat wie die F.G.D.S. Der neue Parteivorsitzende, Alain Savary, erklärte zwar, daß die PS die Auflösung der Militärblöcke wünsche, die aber gleichzeitig vor sich gehen müßte. Die PS war nicht bereit, auf die defensive Garantie der NATO zu verzichten, wenn nicht gleichzeitig der Warschauer Pakt aufgelöst würde und als Ersatz ein effizientes europäisches Sicherheitssystem geschaffen würde. Für die PS

> "war der Atlantikpakt immer ein Defensivpakt gewesen; diejenigen, die ihm angehören, haben die Freiheit, eine Aggression zu beurteilen; es gibt keine Automatik, und man riskiert auch nicht, gegen seinen Willen in ein kriegerisches Abenteuer gezogen zu werden".[50]

Doch bereits knapp zwei Jahre nach dieser Aussage Savarys, als François Mitterand Savary als Parteichef ablöste, änderte sich die Verteidigungspolitik der sozialistischen Partei vollkommen. Nun war nicht länger das Programm der F.G.D.S. maßgebend, sondern das im Frühjahr 1972 veröffentlichte "Regierungsprogramm der Sozialistischen Partei". Danach sieht die PS die NATO nicht länger als die Voraussetzung für ihre Verteidigungspolitik an, sondern ihr Ziel ist, "die gleichzeitige Auflösung der NATO und des Warschauer Pakts wie auch der bilateralen Militärallianzen innerhalb der Blöcke"[51], da die Partei nun die Fortdauer der Militärpakte und das damit verbundene Gleichgewicht des Schreckens als Mittel zur Friedenserhaltung ablehnt. Wenn man das Regierungsprogramm der neuen sozialistischen Partei im Abschnitt Militärpolitik liest, könnte man glauben, ein gaullistisches Programm zu lesen. Die Ausgangslage für die neue sozialistische Verteidigungspolitik ist fast deckungsgleich mit der Analyse de Gaulles zu Beginn der 60er Jahre. Europa wird als das Gebiet angesehen, dessen Frieden von den Yalta-Hegemonialmächten USA und UdSSR abhängt. Diesen Zustand will die PS beenden, indem sie überall gegen imperialistische oder hegemoniale Tendenzen der Supermächte kämpft. "Heute gibt die internationale Entwicklung unserem Land die Möglichkeit, eine Politik zu beginnen, die unabhängig von den beiden Blöcken, aber im Rahmen

der von ihm freiwillig gewählten Gemeinschaften ist"[52].
Und vollkommen an die Amtszeit de Gaulles, insbesondere an seine Anti-Amerika-Rede von Pnom Phen von 1966, wird man erinnert, wenn man weiter liest, daß die Partei "mit Bedauern feststellt, daß die NATO zu oft das Feld für die Ziele des amerikanischen Imperialismus offenläßt"[53].
Schließlich vollzieht die sozialistische Partei eine Kehrtwendung um 180 Grad gegenüber 1966 und selbst 1970, als sie noch den von der gaullistischen Regierung dargestellten zwangsläufigen Automatismus der NATO leugnete, und jetzt diesen Automatismus des Hineingezogenwerdens in einen Konflikt fürchtet. Sehr schnell ist die Partei von ihrem bisherigen NATO-Kurs abgewichen. Vorbei sind die Zeiten, als der sozialistische Verteidigungsexperte Montalat anläßlich der Debatte über den Militärhaushalt im November 1969 erklärte, "daß das beste Mittel als Gewähr unserer Sicherheit die Treue gegenüber der Atlantischen Allianz ist"[54]. Gaullistischer könnten selbst die "Erzgaullisten" um Michel Debré nicht ihre Ausgangsposition ihrer Verteidigungspolitik formulieren, wenn man im Regierungsprogramm der sozialistischen Partei folgenden Passus liest:

> "Seitdem das amerikanische Territorium durch die sowjetischen Raketen verwundbar geworden ist, seit der Abschaffung der Theorie der "massiven Vergeltung" und mit dem fortschreitenden amerikanischen militärischen Dégagement in Europa, ist der Automatismus einer amerikanischen Intervention im Falle eines Angriffs verdächtig.
> Man kann in dieser Hinsicht befürchten, daß die Zugehörigkeit zur Atlantischen Allianz, trotz seines Rückzugs aus der NATO-Organisation, für Frankreich nicht zu vernachlässigende Risiken enthält. Indem jedes Mitglied der Allianz gezwungen wird, der USA im Falle einer 'Aggression, die gegen das US'Territorium gerichtet ist, Hilfe zu leisten, verpflichtet der Atlantikvertrag alle Unterzeichnerstaaten dem amerikanischen Imperialismus und setzt sie im Falle eines Krieges ... Präventivschlägen aus"[55].

Der Unterschied zu den Gaullisten findet sich nur noch in der Verurteilung der direkten oder indirekten Unterstützung der griechischen, spanischen und portugiesischen Diktaturen durch die NATO. Nun ist die NATO auch nicht mehr, wie noch zum Ende der 60er Jahre, ein Instrument, mit dessen Hilfe man zur Entspannungspolitik beitragen könnte, sondern die Funktion der NATO für die sozialistische Partei hat sich verändert. Zusammen mit dem Warschauer Pakt bildet sie friedensstörende Blöcke, die zu beseitigen sind. Die augenblickliche Bedeutung der NATO sowie die damit zusammenhängende Anwesenheit der amerikanischen Truppen auf europäischem Boden, die noch zu Ende der 60er Jahre als die sicherste Garantie auch für die französische Verteidigung von der sozialistischen Partei angesehen wurde, findet im neuen Parteiprogramm überhaupt keinen Widerhall. Dagegen entwickelt die Partei ein Konzept, das mit den Adjektiven idealistisch aber unrealistisch, weil nicht erreichbar, bezeichnet werden kann. Danach ist

> "die beste Verteidigung einer demokratischen und sozialistischen Nation wie der unserigen, die einstimmige Entschlossenheit ihrer Staatsbürger, die bereit sind mit allen Mitteln gegen einen Aggressor, sei es auch der stärkste, zu kämpfen"[56].

Wie diese Form der Verteidigung vorgenommen werden soll, die im übrigen nur im Frankreich von morgen, einem Sozialistischen Frankreich, Erfolg haben kann, wird nicht erklärt. Die NATO jedoch hat in dieser Konzeption keinen Platz. Trotzdem, und hier zeigt sich der immer wiederkehrende Widerspruch zwischen revolutionärer Phraselogie und politischer Praxis, stimmt der Parteitag im März 1972 einem Antrag zu, der sich den Verbleib Frankreichs in der NATO zum Ziel gesetzt hat[57].

5.3.1.2 Die Sozialisten und die force de frappe

War die force de frappe zu Beginn der sechziger Jahre für die Sozialisten das "Grundproblem der französischen Außenpolitik"[58], so gilt diese Aussage nicht mehr für das Ende der 60er- und den Anfang der 70er Jahre. Die nationale Atomstreitmacht war zu sehr in das Bewußtsein der französischen Bürger gedrungen, als daß ihre Abschaffung überhaupt diskussionswürdig war. Die hohen Investitionen, die inzwischen in dieses gaullistische Prestigeobjekt hineingesteckt worden waren sowie die 1965 erreichte Einsatzbereitschaft der ersten Generation der force de frappe taten ein übriges, um in der Bevölkerung das Gefühl zu erwecken, daß die französische Atomstreitmacht ihre Daseinsberechtigung hatte. Insbesondere aber die sich Ende der 60er Jahre anbahnende Änderung der internationalen Politik führte dazu, daß das Problem der nationalen force de frappe nicht länger für die sozialistische Partei das Grundproblem der französischen Außenpolitik bleiben konnte. Dennoch sollte die Rolle der force de frappe in den kommenden Jahren für die Sozialisten bedeutsam werden. Erstens diente die nationale Atomstreitkraft der sozialistischen Partei weiterhin als vorzügliches Instrument, um die Regierung einer verfehlten Verteidigungspolitik und damit gleichzeitig einer verfehlten Außen- und Wirtschaftspolitik zu bezichtigen. Zweitens sollte gerade diese force de frappe - wie auch die NATO und damit die gesamte Verteidigungspolitik - in der Frage der Annäherung von PCF und PS zu einem entscheidenden Faktor werden.

Wie auch schon in der Aufbauphase war auch jetzt die force de frappe für die sozialistische Partei nicht das Instrument, das die militärische Unabhängigkeit garantieren kann. Nach wie vor hielt die PS keinen Staat der Erde - außer vielleicht die USA und die UdSSR - für fähig, unabhängig zu sein. Der Anspruch totaler französischer Unabhängigkeit, der besonders in der vom französischen Generalstabschef Aillert entwickelten und von Präsident de Gaulle eine Zeit lang unterstützten "Strategie der Verteidigung nach allen Himmelsrichtungen" zum Ausdruck kam, wurde vom SFIO-Generalsekretär Mollet, als nationaler Größenwahn gekennzeichnet[59]. Der Verzicht auf die force de frappe und ihre Überführung zu friedlichen Zwecken blieb nach wie vor die Grundposition der sozialistischen Partei[60]. Allerdings stellte die SFIO diesen Anspruch wieder in Frage - ein weiterer Beweis phraselogischen Anspruchs und politischer Praxis - als sie einen Antrag der PCF, der die Abschaffung der force de frappe zum Inhalt hatte, in der Nationalversammlung ablehnte[61]. Neben den bekannten Gründen, aus denen die SFIO die Atomstreitmacht schon während des ersten Septennats de Gaulles abgelehnt hatte, waren es insbesondere immer wieder ökonomische Gründe, die zur Verurteilung der force de frappe führten.

Nachdem im Jahre 1966 in der Außen- und Verteidigungspolitik der Rückzug Frankreichs aus der Organisation der NATO an erster Stelle in der politischen Bedeutung stand, waren es im Jahre 1967 die Wahlen zur Nationalversammlung. Die Verteidigungspolitik spielte bei dieser Wahl so gut wie keine Rolle. Auch 1968 war ein Jahr, in dem sich die Parteien auf innenpolitischer Ebene mit den Mai-Ereignissen auseinandersetzen mußten; und im Jahr 1969 waren es immer noch die Folgen dieser Ereignisse, die das politische Leben Frankreichs prägten. Die Frage der nationalen Atomstreitmacht war während dieser gesamten Zeit kein Aufhänger, mit dem es sich für die Opposition lohnte, die Regierungspolitik anzugreifen. Hierfür eigneten sich in jener Zeit innen-, gesellschafts- und sozialpolitische Probleme besser. Lediglich in den Haushaltsdebatten über den Etat des Verteidigungsministeriums am Ende eines jeden Jahres wurden die unterschiedlichen verteidigungspolitischen Konzeptionen zwischen Regierung und Opposition auch für eine kurze Zeit in das Bewußtsein der französischen Wähler gerufen. Die Gründe der sich wandelnden sozialistischen Haltung wurden besonders deutlich, als im Herbst 1970 die gaullistische Regierung der Nationalversammlung den Gesetzentwurf für den dritten Fünfjahresplan für die französische Nuklearverteidigung vorlegte.

Insbesondere das Ungleichgewicht zwischen den Anstrengungen Frankreichs für seine Verteidigungspolitik sowie seinen Anstrengungen für die ökonomische und soziale Entwicklung des Landes, war für die PS Grund genug, die force de frappe weiterhin abzulehnen. Der Verteidigungsexperte der Partei, Benoist, erklärte dazu:

> "In unserer Epoche liegt der Fortschritt eines Landes weniger in seiner militärischen Stärke, sondern in seiner ökonomischen Potenz, seinen Aktivitäten in der zivilen Forschung und der guten (richtigen d.V.) Anwendung der intellektuellen Reichtümer seiner Bevölkerung. Deshalb ist es unbedingt notwendig, in jedem Falle die Militärausgaben zu begrenzen und sie an die Mittel, die unser Land für seine Industrialisierung und Ausrüstung braucht ... anzupassen"[62].

In diesem Fünfjahresplan, der für die Nuklearverteidigung Ausgaben in Höhe von 170 Milliarden Francs vorsieht, sah die sozialistische Partei eine konsequente Fortsetzung der bisherigen gaullistischen Militärpolitik, um Frankreichs fünften Rang in der Welt unbedingt aufrechtzuerhalten. Die notwendigen Folgen wären danach Opfer und Einschränkungen in der ökonomischen und vor allem sozialen Entwicklung.
Insbesondere waren aber die wachsenden Ausgaben für die force de frappe der Ablehnungsgrund für die Sozialisten. Die Furcht, daß die veranschlagten 170 Milliarden F nicht genügen könnten, wurde mit den nicht vorgesehenen Ausgabensteigerungen im zweiten Fünfjahresplan begründet. So hatte die gaullistische Regierung nach einer Rechnung des sozialistischen Verteidigungsexperten allein in den Jahren 1967 bis 1970 für die force de frappe anstatt der vorgesehenen 102 Milliarden F mehr als 113 Milliarden F ausgegeben, also einen Mehrbetrag von etwa mehr als 11 Milliarden F aufgewandt[63]. Schließlich sah die Sozialistische Partei die Ausrüstung der "klas-

sischen Armee" nicht gewährleistet, bedingt durch die riesigen Fehlinvestitionen in die force de frappe. So lehnte sie den dritten Fünfjahresplan für die nukleare Verteidigung ebenso ab wie seine beiden Vorgänger - ohne ihn allerdings verhindern zu können, denn die Regierungsmehrheit betrug 374 Stimmen bei 95 Gegenstimmen[64] - und stellte ihre, wiederum nicht, präzisierte Alternative folgendermaßen vor:

> "Wir glauben, daß die nationale Verteidigung im Atomzeitalter für ein Land unserer Dimension nur in einem größeren Rahmen möglich ist, in dem die Mittel größer sind und in dem eine militärische Verteidigung konsequent realisert werden kann. Wir glauben, daß die Verteidigung Frankreichs im Rahmen Europas - auf dem Weg zu seiner Einigung - und im Rahmen unserer Alliierten gesehen werden muß"[65].

Auch die Aussage des neuen Parteivorsitzenden, Alain Savary, zeigt lediglich den Verzicht auf die force de frappe im Falle der Regierungsübernahme der PS nur unter bestimmten Umständen:

> "Unsere Verteidigungspolitik wird nicht dieselbe sein wie die de Gaulles und seiner Nachfolger, die märchenhafte Summen dafür ausgegeben haben und die unersetzbare menschliche und wissenschaftliche Ressourcen vergeudet haben, um eine force de frappe zu bauen - allein als Prestigeelement in einem Kriegsspiel auf internationaler Ebene - eine force de frappe, deren Ineffizienz und Unnötigkeit wir erkennen. Wir sind keine Nationalisten und die Illusion der "Grandeur" interessiert uns nicht. Wenn wir an der Macht wären, würden wir im Rahmen einer internationalen Abrüstungsaktion auf Nuklearwaffen verzichten. In dieser Aktion würden wir die Initiative ergreifen mit dem aufrechten Wunsch, zu einer Einigung zu gelangen"[66].

5.3.1.2.1 Die neue Dimension der force de frappe

Nachdem die Sozialisten jahrelang den Verzicht auf die nationale Atomwaffeproklamierten, wird Anfang der 70er Jahre ein langsamer Wandel in ihrer Haltung ablesbar. Gehörte es bisher immer zu einer Pflichtübung, die gaullistische force de frappe in Grund und Boden zu verdammen, machen sich nun Änderungstendenzen bemerkbar. So fehlt dieser ausdrückliche Verzicht im neuen sozialistischen Parteigrogramm von 1972. Hier heißt es nur sehr vage, daß die Sozialisten Wert auf die Möglichkeit legen werden, sich mit einer Defensivwaffe auszustatten "pour faire respecter ou même seulement admettre, la possibilité d'une politique bascule"[67]. Ganz deutlich wurde dieser Richtungswechsel durch den neuen Parteivorsitzenden, François Mitterand, der zur französischen Atombewaffnung 1969 folgendes erklärt:

> "Ich habe während der Wahlkampagne zu den Präsidentschaftswahlen 1965 erklärt, daß ich die force de frappe abschaffen würde. Ich könnte es morgen nicht sagen. Die Militärpolitik des General de Gaulle ist von den Franzosen unterstützt worden, die ihn wiedergewählt haben, bevor sie einen Nachfolger seiner Richtung gewählt haben. In sieben Jahren wird *unsere* (kursiv d.V.) Atomwaffe eine irreversible Realität sein. Man kann sie nicht ertränken wie kleine Hunde. Gewisse Leute suggerieren, sie auf europäisches Niveau zu stellen, wenn Europa einmal existiert. Das bedeutete, daß man teilweise immense Probleme zu lösen hätte. Das hieße aber auch das Einverständnis der UdSSR zu dieser indirekten Form - und welcher! - der deutschen Wiederbewaffnung zu erhalten"[68].

Diese Ansicht Mitterands stand dann auch bei den Beratungen über das neue Parteiprogramm im Vordergrund der Überlegungen. Zwar gab es drei Gruppen in der Partei, die unterschiedliche Konzeptionen über die force de frappe verfolgten, jedoch zeigt das Vorhandensein von zwei Gruppen in der Partei, die eine grundsätzliche Änderung in der Bewertung der force de frappe vornahmen, diesen Richtungswechsel an.

> "Eine Gruppe setzt sich für die Beibehaltung ein. Sie trägt der Tatsache Rechnung, daß die Nuklearstreitmacht heute in der Öffentlichkeit in viel geringerem Maße umstritten ist als zu Beginn der 60er Jahre. Eine zweite Gruppe möchte während einer Übergangszeit bewahren, was schon geschaffen ist, und eine dritte Strömung tritt für den sofortigen Verzicht der Nuklearwaffe ein"[69].

Dieser Richtungswechsel in der sozialistischen Partei, der sowohl durch die Änderung in der Zusammensetzung der Führungsspitzen der Partei als auch in der allgemeinen innen- und außenpolitischen Entwicklung seine eigentliche Ursachen hat, kommt im Vorentwurf des neuen Parteiprogramms der sozialistischen Partei zum Ausdruck. Der Ausgangspunkt ist nun das Vorhandensein einer Nuklearwaffe - eine Tatsache, an der die Partei nicht mehr vorbeigehen kann, wollte sie nicht jede Realitätsnähe verlieren. Sie erklärte dazu:

> "Seit zwölf Jahren existiert die französische Nuklearwaffe. Es handelt sich nicht darum, sich mit der Theorie der force de frappe zu identifizieren, sondern es geht um die Feststellung, daß die force de frappe heute eine Tatsache ist"[70].

Inzwischen hatten die Sozialisten erkannt, daß die Atomwaffe vor allen Dingen ein politisches Instrument darstellen kann. Als ein solches Instrument war sie ja auch in erster Linie von den Gaullisten - wenn auch unausgesprochen - angesehen worden. Während der Mißbrauch politischer Anwendung der force de frappe in den 60er Jahren den Gaullisten von den Sozialisten immer vorgeworfen wurde, übernahmen sie nun selbst die Argumentation der politischen Bedeutung einer Atomwaffe. Im Unterschied zu den Gaullisten glaubten sie aber die richtige Anwendung der politischen Argumentation gefunden zu haben. So hieß es dazu im Vorentwurf des neuen Parteiprogramms:

> "Der Besitz des atomaren Arsenals in dem Augenblick, in dem eine sozialistische Regierung in Frankreich an die Macht käme, kann einen entscheidenden Faktor in der diplomatischen Diskussion darstellen. Dieser Besitz kann es erlauben, die Probleme, die durch die Auflösung der Militärpakte, durch die Einberufung einer Europäischen Sicherheitskonferenz, durch die Vorschläge eines gesamteuropäischen Sicherheitssystems entstehen, in Angriff zu nehmen"[71].

Das bedeutet also, daß die force de frappe unter dem Gesichtspunkt späterer Verhandlungen über die zu erwartenden politischen Probleme gesehen werden muß. In diesen Verhandlungen sollte die force de frappe dann als Trumpf in das diplomatische Spiel eingebracht werden. Ganz deutlich wurde der Wandel im Programmentwurf, in dem es hieß: "Die Atomwaffe ist für Frankreich nur eine politische Waffe"[72]. Die Anwendung der force de frappe als politisches Instrument fand im verabschiedeten neuen Parteiprogramm ihren Niederschlag. Zwar deutete die Formulierung, die mit einer überwältigenden Mehrheit ohne Gegenstimmen bei zwei Enthaltungen vom Parteitag getroffen wurde: "mit dem Zugang zur Macht wird eine Linksregierung die Entscheidung treffen, den Bau der force de frappe zu unterbrechen"[73] an, daß eine Erweiterung und der Ausbau der force de frappe nicht geplant wurde, doch es wurde weder von einer Vernichtung noch von einer Verkleinerung der Atomstreitmacht gesprochen. Lediglich die Nuklearversuche sollten bei Übernahme der Regierung sofort eingestellt werden. Diese Entwicklung ist im Zusammenhang mit den Annäherungsversuchen zwischen Kommunistischer und Sozialistischer Partei zu sehen, die später abgehandelt wird. Damit hatte die force de frappe zu Beginn der 70er Jahre nicht so sehr in der verteidigungspolitischen Konzeption der Sozialisten einen besonderen Stellenwert erhalten, sondern vielmehr in ihrem außenpolitischen Konzept. Nun wurde auch für die Sozialisten die force de frappe ein Mittel in der Außenpolitik, mit dessen Hilfe die Partei die Hoffnung verband, europäische Probleme besser lösen zu können. Damit hatte die PS vollständig das wichtigste gaullistische Argument für die force de frappe übernommen, wenngleich in der Anwendung der force de frappe für die nationalen Interessen Frankreichs weiterhin Unterschiede bestehen.

5.3.1.3 Die Sozialisten und der Frieden

Das Friedensproblem spielt verbal seit Gründung der sozialistischen Partei eine zentrale Rolle in der Programmatik. In all ihren Aussagen, die sich auf die internationale Politik beziehen, findet sich das Bekenntnis zum Frieden wieder. Der Frieden soll vor allem durch die Abrüstung - einer jahrzehntalten sozialistischen Forderung - erreicht werden. Die Organisation des Friedens, die neben der Konstruktion einer europäischen politischen Einheit und der wachsenden Entwicklung von Beziehungen mit der Dritten Welt, eines der drei grundsätzlichen außenpolitischen Ziele Frankreichs nach Ansicht der Sozialisten sein soll,

> "beruht zunächst auf der Regelung von Konflikten durch das Schiedsrichtertum internationaler Organismen, namentlich der UNO, die mit den materiellen Mitteln ausgestattet sein sollten, um ihren Entscheidungen bei allen Staaten Respekt zu verschaffen. Sie beruht auch auf der allgemeinen Abrüstung und ihrer Kontrolle und auf der Errichtung eines Systems kollektiver Sicherheit"[74].

Insbesondere die Forderung nach Abrüstung war ein Thema, in dem die Sozialisten mit den Kommunisten sehr weitgehend übereinstimmten. Deshalb ist es auch nur so verständlich, wenn in der gemeinsamen Plattform von F.G.D.S. und PCF es dazu folgendermaßen heißt:

> "Unterstützung aller Initiativen, die auf eine gleichzeitige und kontrollierte allgemeine Abrüstung gerichtet sind, insbesondere auf die Rückkehr Frankreichs zur Genfer Konferenz der 18.; der Verzicht auf die force de frappe und ihre Umwandlung zu friedlichen Zwecken; die Unterzeichnung des Moskauer Abkommens über das Verbot von Kernwaffen in der Luft, im Wasser und auf der Erde durch Frankreich; die Beteiligung Frankreichs an dem Abschluß eines allgemeinen Abkommens über die Nichtweiterverbreitung und die Nichtweiterausbreitung der Nuklearwaffen ... für die Schaffung entnuklearisierter Zonen in Europa mit der Verpflichtung der nuklearen Mächte, Atomwaffen nicht gegen die Länder dieser Zonen zu benutzen; für die schrittweise und gleichzeitige Verminderung der Vorräte an Nuklearwaffen angesichts einer allgemeinen Abrüstung; für die gleichzeitige Auflösung der bestehenden militärischen

> Blöcke, die nicht mehr den friedlichen Interessen der derzeitigen Welt entsprechen, und deren gleichzeitige Ersetzung durch einen kollektiven Sicherheitspaktes des Nichtangriffs und der gegenseitigen Hilfe zwischen allen europäischen Staaten. Die beiden Formationen sprechen sich in der gleichen Ideerichtung für die politische, wirtschaftliche, kulturelle und technische Zusammenarbeit Frankreichs mit allen Ländern ohne Diskriminierung aus und insbesondere für die Entwicklung und Vertiefung der Beziehungen zwischen Ost und West"[75].

Anders als zu Beginn der 60er Jahre, als die SFIO noch mit einem interessanten Einzelvorschlag in der Frage der Abrüstung aufhorchen ließ, waren die Sozialisten nun wieder dazu übergegangen, allgemeine Vorstellungen zu dieser Frage zu entwickeln, deren Realisierung in der damaligen internationalen Politik nicht möglich waren. Wie sollte diese internationale Organisation, die gemäß dem Abrüstungsexperten der Partei, Jules Moch, ein internationaler Gerichtshof sein sollte[76], funktionieren, wenn sich die Mitglieder noch nicht einmal über die Aufbringung der Mittel zur Errichtung bzw. zur Tätigkeit dieser Organisation hätten einig werden können? Auf welche Hoffnung stützten sich die Sozialisten, die nuklearen Mächte zu verpflichten, keine Atomwaffen in einem - wiederum ein Wunschtraum - entnuklearisierten Europa einzusetzen? Das bedeutete, daß insbesondere die beiden Supermächte USA und UdSSR ihre militärischen Strategien hätten vollständig ändern müssen. Allein eine Neuerung war die Forderung nach Auflösung der Blöcke, von der sich die Sozialisten einen wichtigen Schritt auf dem Weg zur Abrüstung versprachen. In diesem Punkt aber stützten sie wiederum die gaullistische Außenpolitik, die auch eben mit Hilfe des Konzepts détente - entente - coopération die Blöcke zu überwinden suchte. Die Gaullisten zielten aber mit dieser Politik nicht auf die Abrüstung wie die Sozialisten, sondern auf die Erhöhung des Eigengewichts der Nationalstaaten. Gerade die Nichtteilnahme des gaullistischen Frankreichs an der Genfer Konferenz machte es den Sozialisten so leicht, mit den aufgezeigten allgemeinen Forderungen in der Abrüstungsfrage recht öffentlichkeitswirksam aufzutreten. Eine nähere Analyse dieser allgemeinen, recht vage gehaltenen Forderungen, wie sie auch wieder im neuen Parteiprogramm aufgenommen worden sind, läßt erkennen, daß sich hinter ihnen hauptsächlich ein deklamatorischer Anspruch verbirgt, von dessen Realisierung die Partei eigentlich selbst gar nicht überzeugt sein kann.

5.4 Die kommunistische Partei und die gaullistische Verteidigungspolitik 1966 - 1973

Nachdem 1966 das zweite Septennat General de Gaulles begonnen hatte, wurde auch die von ihm anvisierte Außenpolitik, zu der die von ihm praktizierte Verteidigungspolitik ein ergänzendes Element sein sollte, konsequent fortgesetzt. Wie schon nach dem 2. Weltkrieg ergaben sich auch in den außenpolitischen Konzeptionen de Gaulles und der kommunistischen Partei in der V. Republik wiederum partielle Übereinstimmungen wie z.B. der 1964 erfolgten Anerkennung der Volksrepublik China oder Frankreichs Annäherung an die Sowjetunion, die mit de Gaulles Besuch in der UdSSR im Jahre 1966 einen sichtbaren Höhepunkt erreichte. Aufgrund dieser teilweisen außenpolitischen Gemeinsamkeiten ergaben sich in der Verteidigungspolitik in bezug auf die NATO übereinstimmende Interessen, wenngleich ihnen unterschiedliche Motivationen zu Grunde lagen.

5.4.1 Die Kommunisten und die NATO

Die Entscheidung de Gaulles im Frühjahr 1966, Frankreich aus der Organisation der NATO zurückzuziehen, wurde von der kommunistischen Partei begrüßt und als ein Schritt zur Entwicklung des Friedens bewertet. Diese Entscheidung, nämlich den Rückzug der französischen Truppen aus der integrierten Kommandostruktur der NATO, nahmen die Kommunisten als Erfolg für sich in Anspruch, für den sie als einzige Partei jahrelang gekämpft hatten[77]. Sie sahen als einzige Oppositionspartei in dieser Entscheidung eine Interessenidentität mit dem französischen Volk und die Notwendigkeit zur Verbesserung der internationalen Beziehungen, d.h. sie unterstützten alle Maßnahmen, die ihrer Ansicht nach zur Entspannung und zur friedlichen Koexistenz beitrugen. Gleichwohl wurde die Entscheidung de Gaulles als "unvollständig, ungenügend und oft im Gegensatz zu anderen gaullistischen Optionen"[78] verstanden. Wenngleich die Partei nicht von einer identischen Interessenmotivation ausging wie die gaullistische Regierung, unterstützte sie doch diesen Schritt und lehnte den Mißtrauensantrag der anderen Oppositionsparteien ab, weil sie im Rückzug aus der Integration keine Isolierung Frankreichs sehen wollte. Auch befand sie sich im Gegensatz zur Sozialistischen Partei, wenn sie durch den Abzug der amerikaninischen Truppen vom französischen Territorium keinerlei ökonomische Schwierigkeiten auf Frankreich zukommen sah und auch die von den anderen Oppositionsparteien befürchtete Isolierung nicht teilte. Die Entscheidung hätte nach Auffassung der Kommunisten bis zum Austritt auch aus dem NATO-Pakt konsequent fortgeführt werden müssen. Durch diesen weitergehenden Schritt hätte Frankreich weiterhin den Weg der nationalen Unabhängigkeit beschritten. Denn nach wie vor sah die PCF in der NATO den "aggressiven Block", dessen "Vorkämpfer ihr Ziel nicht verheimlichen: sie beabsichtigen den Sozialismus zurückzudrängen. Im Namen der 'Verteidigung der freien Welt' bereiten sie vor allem gegen die Sowjetunion einen Aggressionskrieg vor"[79], erklärte dazu im Spätherbst 1969 der 1. Sekretär der PCF, Waldeck-Rochet. Für die Kommunisten war die NATO nach wie vor ein Instrument der amerikanischen Politik, das der "amerikanische Imperialismus gegen die demokratischen und nationalen Bewegungen in Europa einsetzte"[80]. Insbesondere die Unterstützung der Diktaturregime in Spanien und Portugal erbrachte den Kommunisten den Beweis dieses aggresiven Charakters, der vor allem in der bestimmenden Rolle beim Putsch der griechischen Obristen im April 1967 zum Ausdruck gekommen wäre. "Die Atlantische Allianz" hatte für die PCF nach wie vor,

> "das Ziel, die Spaltung Europas und Deutschlands aufrecht zu erhalten, den Rüstungswettlauf zu verstärken, die Emanzipation der demokratischen Kräfte der Völker zu verhindern und sie, durch eine Anzahl von Engagements, in internationale Konflikte für ihre nationalen Interessen zu reißen"[81].

Die USA wurden als die dominierende Macht in diesem Bündnis angesehen, die ihre auf nationaler Ebene getroffenen Entscheidungen, rücksichtslos in der NATO durchsetzten. Damit würden die europäischen Staaten in diesem Bündnis lediglich Befehlsempfänger, die den amerikanischen Anweisungen strikt Folge zu leisten hätten. Deshalb sahen die Kommunisten den Schritt der französischen Regierung nur als halbherzig an und forderten auch den Austritt aus dem Atlantischen Bündnis, weil sie befürchteten, durch den - im NATO-Vertrag allerdings nicht vorgesehenen - Automatismus in einen gewaltigen Krieg gezogen zu werden, in dem Frankreich nicht seine Interessen, sondern die Interessen des amerikanischen Imperialismus verteidigen müsste[82]. Den Automatismus sah die PCF in einer Provokation der "westdeutschen Ultras" an der Grenze zur DDR gegeben. In solch einem Fall würde dann ein Konflikt unvorstellbaren

Ausmaßes ausbrechen, in den Frankreich durch die atlantische Solidarität hineingezogen würde. Und gerade dieser amerikanischen Interessenverteidigung wurde die gaullistische Regierung von den Kommunisten angeklagt.

> "Sie haben die Tore unserer nationalen Wirtschaft weit für das Eindringen des amerikanischen Kapitals geöffnet. Augenblicklich wird die Produktion mehrerer unserer Wirtschaftssektoren, sei es vollständig oder sei es teilweise, durch die amerikanischen Monopole kontrolliert ... . In Wahrheit ist die seit 20 Jahren verfolgte Politik des Großkapitals eine verheerende Bilanz für Frankreich und die überwältigende Mehrheit seiner Bevölkerung"[83].

Zusätzlich forderten die Kommunisten die Nichterneuerung des NATO-Pakts, die sie mit der gleichzeitigen Auflösung der Militärblöcke Warschauer Pakt und NATO koppelten. Der Atlantikpakt, der die ideologische Annäherung an die USA weiterhin garantierte, war für die PCF das Hindernis auf dem Weg zu einer internationalen Zusammenarbeit und insbesondere auf dem Weg zum Frieden und Sicherheit in Europa. Folgerichtig mußten die Kommunisten aus ihrem Selbstverständnis heraus seine Auflösung fordern. Allerdings befürchteten die Kommunisten auch, daß nach einer eventuellen Auflösung der NATO die nationale Unabhängigkeit, die sie - ebenso wie die Gaullisten - als höchstes Gut ansahen, unter deutsche Vorherrschaft geraten könnte, die damit das amerikanische Joch ablösen könnte. Solch ein Rollenwechsel wurde aber als noch verhängnisvoller angesehen und deshalb nach Auflösung der Blöcke ein Europa unter Einschluß Großbritanniens und der osteuropäischen Staaten angestrebt[84].

Als de Gaulle im Sommer 1969 von Georges Pompidou als Staatspräsident abgelöst wurde, verstärkte sich auch die Kritik der PCF an der NATO-Politik Frankreichs. Die grundsätzliche Entscheidung des Austritts aus der NATO-Organisation vom Frühjahr 1966 sah die PCF durch eine Reihe von Maßnahmen der Regierung wieder in Frage gestellt und dadurch befürchtete sie den verhängnisvollen Automatismus des Hineingezogenwerdens in einen großen Konflikt. Doch bereits zur Amtszeit de Gaulles erkannte die PCF Schritte der Regierung, die auf eine Wiederannäherung Frankreichs an die NATO schließen ließen. In der Versicherung de Gaulles vom Mai 1966 an den amerikanischen Präsidenten "im gekommenen Moment, wenn sich die internationalen Beziehungen derartig verschlechtert hätten, Teil des Atlantikpaktes zu bleiben", kann man allenfalls eine Rückversicherung de Gaulles, aber keine Wiederannäherung an die NATO erkennen, wie dies von den Kommunisten behauptet wurde. Im Kommuniqué des NATO-Ministerrats vom November 1968, in dem der französische Außenminister ausdrücklich Frankreichs Unterstützung für das Fortbestehen der Atlantischen Allianz ausspricht, sah die PCF einen weiteren Schritt in Richtung NATO-Annäherung. Hierbei ließ sie aber die Invasion der 5 Warschauer-Pakt-Staaten in der CSSR im August 1968 außer Betracht, die neben den Mai-Ereignissen von 1968 sowie der internationalen Währungskrise im November 1968 der gaullistischen Außenpolitik ihre Basis entzogen hatten und zu einem Überdenken der Außenpolitik und damit notwendigerweise auch der Verteidigungspolitik führen mußten. In der Konsequenz dieser Ereignisse, nämlich der Aufgabe der "Strategie nach allen Himmelsrichtungen" und der dann später erfolgten Erkundigung des französischen Generalstabschef Fourquet nach Sicherheitsgarantien für Frankreich durch die NATO beim Oberkommandierenden der NATO in Europa, General Lemnitzer[85], sahen sich die Kommunisten bestätigt, daß eine Wiederannäherung an die NATO durch die gaullistische Regierung vorgenommen wurde. Dieser Annäherung parallel verlief auf militärischer Basis die gemeinsame Zusammenarbeit französischer und NATO-Streitkräfte in der Überwachung der sowjetischen Mittelmeerflotte, die Benutzung des NATO-Radarfrühwarnsystems durch Frankreich, die jährliche Gewährung der Erlaubnis (nachdem sie früher nur monatlich ausgestellt worden war) für NATO-Flugzeuge zum Überfliegen französischen Territoriums[86]. Zusätzlich sah die PCF diese militärische Annäherung in der Teilnahme französischer Seestreitkräfte an der Bewachung der sowjetischen Küsten im Eismeer sowie der steigenden Zahl der gemeinsamen Militärkommissionen[87]. Auf der außenpolitischen Ebene glaubte die PCF die französische NATO-Politik seit dem Amtsantritt Georges Pompidous in Frankreich und Richard Nixons in den USA in eine bedrohliche Entwicklung gelenkt. Schon die Aufforderung der Verteidigungskommission der WEU vom Januar 1969, im Ministerrat Frankreich zu bitten, seinen Rücktritt aus der militärischen Organisation der NATO zu überdenken und exakt die Bedingungen aufzuzeigen, unter denen seine Streitkräfte und seine logistischen Ausrüstungen für den Fall, in dem der Frieden bedroht wäre, disponibel wären, zu prüfen, ist der Ausgangspunkt dieser Entwicklung. Durch die Aufnahme eines Flügels der Zentristen in die Regierung Chaban-Delmas, der für seine proatlantische Haltung be-

kannt war, sah die kommunistische Partei die atlantische Annäherung bereits in der Regierungsbildung festgelegt[88]. "Diese Zentristen um Duhamel verstärken in ungewohnter Weise die Annäherung an die NATO und betreiben eine aktive NATO-Politik, daß die Kommunisten hier als erstes gegen ankämpfen müssen"[89].
Insbesondere aber in der Äußerung Georges Pompidous während des Präsidentschaftswahlkampfes, daß er der Meinung sei, daß Frankreich Mitglied der Atlantischen Allianz bleiben muß, und daß sich nichts am Geist der Freundschaft im Rahmen dieser Allianz ändern könnte und "Frankreich im Fall eines Konfliktes an der Seite der Allianz stehen würde"[90], sah die PCF die Annäherung an die NATO endgültig vollzogen[91], die sie durch die Entscheidung vom Frühjahr 1968 beseitigt glaubte. Die Analyse der PCF ergab, daß

> "das französische politische Leben durch eine Rückkehr zum Atlantismus dominiert (ist), der durch die Außenpolitik der Regierung unter Pompidou noch pronocierter ist. Es ist u.a. klar, daß sich die französischen Beziehungen Stück für Stück zur NATO wieder gefestigt haben. Die Politik der Verteidigung nach allen Himmelsrichtungen ist abgeschafft worden, um die Annäherung an die Ziele der integrierten militärischen Organisation des Atlantikpaktes zu gewährleisten"[92].

5.4.2 Die Kommunisten und die force de frappe

> "Der Verzicht Frankreichs auf die Nuklearstrategie im Rahmen einer entschlossenen Aktion zugunsten der weltweiten nuklearen Abrüstung ist ein Imperativ der nationalen Verteidigung"[93],

heißt es im neuen Parteiprogramm der PCF. Die Gründe, die sie für die erneute Ablehnung angab, waren die gleichen, die sie bereits zu Beginn des Aufbaus der force de frappe geltend gemacht hatte. Natürlich waren durch die fortschreitende Entwicklung der französischen Nuklearwaffe auch neue Gründe zu ihrer Ablehnung hinzugetreten.
Wie die gesamte französiche Verteidigungspolitik, die durch die Verbindung des Nationalinteresses mit den Interessen des Großkapitals "verdorben" ist, steht die force de frappe dem Interesse des französischen Volkes entgegen. Die Atomwaffe steht nach kommunistischem Verständnis in vollständigem Widerspruch zur französischen Sicherheit und zum Frieden in der Welt[94], denn die abschreckende Wirkung der force de frappe wird von der PCF als ein Mythos ange-

sehen, der allein schon aufgrund der geographischen Bedingungen Frankreichs sichtbar wird.

> "Quelle que puisse être sa puissance destructrice, son emploi contre une autre puissance disposant de l'arme nucleaire susciterait - et justifierait! - une riposte qui, on l'exiguité du territoire nationale et le densité de sa population, signifierat la transformation du pays en un désert! Il n'est donc pas crédible que cette arme de suicide puisse être enployée. N'etant pas crédible elle ne peut être dissuassive"[95].

So kann für die PCF die force de frappe, da sie die ihr zugedachte Abschreckungsfunktion nicht im entferntesten erfüllen kann, nur dazu beitragen, andere Länder zum Erwerb von Atomwaffen zu ermutigen und damit die Gefahren eines Nachbarkrieges erhöhen. Hinter dieser Sorge verbirgt sich insbesondere die Furcht, daß die Bundesrepublik Deutschland den Zugang zu Atomwaffen erreichen könnte und damit ihren territorialen Forderungen mehr Geltung verschaffen könnte. Dadurch würde sich die Bundesrepublik Deutschland zu einer enormen Gefahr für die osteuropäischen Staaten auswirken.

Doch hier zeigt sich wie so oft der Widerspruch in der Fähigkeit der PCF, außenpolitische Prozesse zu analysieren. Wenn sie einerseits behauptet, daß die USA eine Monopolstellung in der NATO besitzen und diese Monopolstellung gegenüber den Verbündeten rigoros ausnutzten, d.h. also auch eine Kontrolle über die BRD ausüben, dann muß die Gefahr einer nuklear bewaffneten BRD in einem anderen Licht erscheinen. Die wahren Gründe der PCF müssen also woanders gesucht werden. Die Kommunisten fürchten vielmehr, daß das europäische Gleichgewicht durch den deutschen Besitz einer Nuklearwaffe empfindlich gestört werden könnte und Frankreich seine Außenpolitik nicht mehr so elastisch führen könnte, wie es bisher der Fall gewesen war. Die partielle Unterstützung der gaullistischen Außenpolitik müsste dann in totale Ablehnung umschlagen und die PCF ihre Ziele aufgeben, die sie mit Hilfe der gaullistischen Regierung zu verfolgen sucht. Das Ziel der Kommunisten besteht deshalb nach wie vor in der Abschaffung der force de frappe, die jetzt als nicht mehr zeitgemäß angesehen wird. Frankreich muß die force de frappe abschaffen, weil sie in einem lokalen Konflikt unnütz, in einem größeren Konflikt ohne Glaubwürdigkeit und bei einer Invasion in ein nationales Territorium ohne Wert ist. Als wertlos sehen die Kommunisten die force de frappe vor allem deshalb an, weil die extrem teuren Waffen bereits zerstört sein werden, bevor sie überhaupt zum Einsatz gelangen können. Und das Attribut ruinös wird der force de frappe von der PCF verliehen, weil die wichtigsten anderen Aufgaben wie Bildung, Straßen- und Wohnungsbau, soziale Dienste und Gesundheitswesen u.v.a.m. durch die hohen Kosten, die die force de frappe verursacht, nicht annähernd gelöst werden können[96]. Frankreich muß auf die prätorianische Konzeption einer Interventionsstreitmacht verzichten, die hauptsächlich aus Berufssoldaten zusammengesetzt ist, während man die Rolle der Reservisten verringert hat und die Kontingentsoldaten nur noch das Fußvolk der Berufsarmee darstellen. Diese Entwicklung hat das Desinteresse der Jugend zur Folge und schwächt die Bereitschaft der Franzosen, in ihrer Gesamtheit an der Verteidigung des Landes im Fall der Gefahr teilzunehmen[97].

Geradezu die gegenteilige Position gegenüber den Gaullisten nehmen die Kommunisten in der Frage der Unabhängigkeit der force de frappe ein. Den gaullistischen Anspruch, daß ein Land nur dann seine Unabhängigkeit gewährleisten kann, wenn auch seine Verteidigung unabhängig ist, d.h. national ist, sehen die Kommunisten auch am Ende der Amtszeit de Gaulles und Pompidous nicht erfüllt, sondern - im Gegenteil - immer stärker in Frage gestellt. Die sich kontinuierlich verstärkende Annäherung an die NATO, verbunden mit der Notwendigkeit der Partizipation der französichen force de frappe am NATO-Radarfrühwarnsystem NADGE, den Einbau amerikanischer Elektronik in französische Raketen, ließ die PCF zu der These gelangen, daß die von den Gaullisten angestrebte Unabhängigkeit sich in einer einseitigen Abhängigkeit der Franzosen von den Amerikanern auswirken mußte[98]. In ihrer Kritik an der Unabhängigkeit der force de frappe und damit der französischen Entscheidungsfreiheit überhaupt sprachen die Kommunisten ein Problem an, das in den letzten Jahren in immer stärkerem Maße in Erscheinung tritt. Sie warfen die Frage auf, inwieweit heute im Atomzeitalter überhaupt noch militärpolitische Entscheidungen allein gesehen werden können und nicht in einen Kausalzusammenhang mit wirtschaftspolitischen Entscheidungen gestellt werden müssen. In der Haushaltsdebatte über den Verteidigungsetat des Jahres 1972 erklärte dazu der Militärsachverständige der PCF, Villon:

> "Der Ausgangspunkt einer echten Alternative liegt in der Erkenntnis, daß in unserer Zeit die bewaffneten Streitkräfte nur eines - wenn auch unersetzbar, gewiß, aber begrenzt auf

> die nationale Verteidigung, der nationalen Sicherheit und der nationalen Unabhängigkeit - darstellen.
> Während Sie (die Regierung d.V.) Ihre nukleare Atomstreitmacht als absolute Garantie dieser nationalen Unabhängigkeit hinstellen, liquidieren die in Brüssel getroffenen Entscheidungen - und die in den Währungskonferenzen - die wesentlichen Elemente dieser Unabhängigkeit und ermöglichen vor allem das Eindringen ausländischen Kapitals in unsere Wirtschaft. Vergessen wir darüberhinaus nicht, daß diese force de frappe vom Radarüberwachungsnetz der NATO abhängt, in das das französische Überwachungsnetz integriert bleibt und daß es nur gegen einen potentiellen Gegner errichtet worden ist, das Lager der sozialistischen Staaten"[99].

Ebenso sahen die Kommunisten in der Krise des Franc von Ende 1968 die Unabhängigkeit Frankreichs nicht länger gewährleistet, denn durch die Abhängigkeit von ausländischen Banken konnte Frankreich erst recht nicht politisch unabhängig durch die force de frappe sein[100]. Die Unabhängigkeit Frankreichs, die die gaullistische Regierung durch den Aufbau der nationalen Atomstreitmacht gewährleistet sah, wurde nach Ansicht der Kommunisten insbesondere durch die BRD in Frage gestellt. Durch die Territorialforderungen der Bundesrepublik, die die PCF auch nach den Verträgen von Warschau und Moskau noch als gegeben ansieht, besteht für die kommunistische Partei immer noch die Gefahr des Kriegsausbruches in Mitteleuropa. Danach wollen die dominierenden Kräfte der BRD - und hier werden Strauß und von Thadden genannt[101] - mit Hilfe einer Doppelstrategie die Führungsrolle in Europa für die BRD erwerben und durch die bedingungslose Integration Frankreichs in ein kleines supranationales Europa die nationale force de frappe in eine europäische, sprich deutsche force de frappe umwandeln[102].

> "Die Existenz der force de frappe begünstigt selbst die westdeutsche Unruhestifter. Sie gerechtfertigt und ermutigt ihren Willen, Zugang zu Atomwaffen zu erhalten, eine Forderung, die noch durch die französische Weigerung den Atomwaffensperrvertrag zu unterschreiben, verstärkt wird"[103].

Oh heilige Einfalt! Jetzt müssen Randfiguren der bundesrepublikanischen Politik für die Rechtfertigung des kommunistischen Gedankengebäudes herhalten. Da wird einerseits den Gaullisten vorgeworfen, daß sie sich vollständig isolieren und daß sie sich andererseits von den Westdeutschen manipulieren ließen. Wenn die PCF die Kernwaffenpolitik der französischen Regierungen wirklich verfolgt hat und sich auch die entsprechenden Passagen des deutsch-französischen Vertrages von 1963 vergegenwärtigt, wird sie feststellen müssen, daß gerade auf dem Gebiet der Atompolitik auch nicht die geringste Möglichkeit der Supranationalität besteht. Die Entscheidungsgewalt über die force de frappe ist gaullistisches Sanktuarium, an dem überhaupt nicht gerüttelt werden kann.

Damit wird deutlich, daß hier die Kommunisten den Gaullisten Unglaubwürdigkeit vorwarfen, zumal doch nicht nur das Souveränitätspostulat des Gaullismus durch die Kommunisten stark in Frage gestellt worden ist, sondern weil innerhalb der Europäischen Gemeinschaft die gaullistische Regierung freiwillig Souveränitätsrechte, z.B. in der Landwirtschaft, an die supranationalen Organe in Brüssel abgegeben hat[104]. Daß aber gerade innerhalb der EWG Frankreich immer den allergrößten Wert darauf gelegt hat, daß die definitiven Entscheidungen durch den Ministerrat gefällt wurden, und damit die Franzosen ihr Vetorecht geltend machen und letztendlich ihren Souveränitätsanspruch doch durchsetzen konnten, wurde von den Kommunisten geflissentlich übergangen.

Schließlich kam noch ein qualitativ neues Argument gegen die force de frappe durch die PCF in die Diskussion. Als im 3. Fünfjahresplan über die Nuklearbewaffnung Frankreichs auch eine Verstärkung der taktischen Atombewaffnung vorgesehen wurde, sahen die Kommunisten in dieser Neuerung eine noch stärkere Garantie für den nationalen Selbstmord. Pierre Villon führte dazu aus:

> "Einen einzigen Mann das Entscheidungsrecht über den nationalen Selbstmord zu geben, ist schon ein starkes Stück, aber das 3. Programmgesetz verstärkt eindeutig die Gefahr, das atomare Feuer auf unser Land zu ziehen. In dem Sie für dieses Gesetz stimmen, entscheiden Sie zum ersten Mal darüber, das Heer und die Luftwaffe mit taktischen Atomwaffen auszurüsten, die mindestens eine Sprengkraft von 10 Kilotonnen besitzen ...
>
> Es ist aber absolut unmöglich, die Kontrolle über die Anwendung dieser auf zahlreiche Einheiten verstreuten Waffe im Falle des Krieges von einem einzigen Zentrum aus zu führen. Die Entscheidung wird dann der Zustimmung der Korpskommandeure unterliegen"[105].

Damit wurde vor allem die Sorge zum Ausdruck gebracht, daß die politische Kontrolle über den nuklearen Einsatz im entscheidenden Augenblick nicht mehr gewährleistet werden könnte und daß sich das Eigengewicht der obersten militärischen Führung verstärken müßte, was - nach Auffassung der PCF - letztendlich wieder zu Lasten der Arbeiter gehen müßte. Da andererseits aber die PCF schon den Einsatzbefehl der Nuklearwaffe durch einen einzelnen in Frage stellt, muß sie nach Lösungsmöglichkeiten für dieses offensichtliche Dilemma befragt werden. Die PCF entfernt sich von der Wirklichkeit, wenn sie den Verzicht Frankreichs auf die nationale Atomstreitmacht in ihrem neuen Programm fordern:

> "Der Verzicht Frankreichs auf die Nuklearstrategie im Rahmen einer entschlossenen Aktion zugunsten der weltweiten nuklearen Abrüstung ist ein Imperativ der nationalen Verteidigung. Eine demokratische Regierung wird auf die nukleare force de frappe und die taktische Atombewaffnung verzichten, sie wird sofort die Herstellung von Atomwaffen und die Atomversuche einstellen. Danach wird sie eine Reihe von Maßnahmen realisieren, die in dem höchstmöglichen Zeitraum zum Abbau oder zur Umwandlung des Materials, der Betriebe und der nuklearen Militärbasen zu friedlichen Zwecken führen soll"[106].

Mit Hilfe solch utopischer Vorstellungen kann die PCF den französischen Wählern in der Verteidigungspolitik keine Alternative bieten, da sie im Endziel, dem Abbau aller Nuklearwaffen zwar auch mit den Regierungsparteien übereinstimmt, jedoch dieses Endziel verabsolutiert und sowohl als Mittel als auch als Ziel anstrebt. Nach 15 Jahren force de frappe, deren direkte Investitionen mehrere hundert Milliarden Francs gekostet haben und zu einem Zeitpunkt, an dem die französische force de frappe in den Ost-West-Beziehungen politisches Kapital darstellt, muß die kommunistische verteidigungspolitische Konzeption den französischen Wählern als unglaubwürdig erscheinen. Zwar ist das Verständnis der PCF von der Verteidigungspolitik ein diametral entgegengesetztes zu den Gaullisten, jedoch sollte eine Partei, die sich das Ziel gesetzt hat, mit Hilfe von Wahlen an die Regierung zu gelangen, auch überlegen, inwieweit bisherige Positionen - auch und gerade - in der Verteidigungspolitik nur allmählich verändert werden können.

5.4.3 Die kommunistische "Alternative" - Die Friedenspolitik - Abrüstung und das System kollektiver Sicherheit

Die offensichtlichsten Angriffspunkte in der gaullistischen Verteidigungspolitik boten sich für die Kommunisten in der Abrüstungspolitik. Nach wie vor war Frankreich nicht Teilnehmer der Genfer 18-Mächteabrüstungskonferenz und nach wie vor forderten die Kommunisten die aktive Teilnahme Frankreichs an diesen Gesprächen. Da die Kommunisten ihre Aussenpolitik nach folgenden drei Grundeinstellungen - Nationale Unabhängigkeit und Souveränität; Frieden, friedliche Koexistenz und Abrüstung sowie Kooperation mit allen Staaten ohne Diskriminierung[107] - verfolgen, sahen sie in der Abrüstung ein dringendes Ziel, das sie möglichst rasch realisieren wollen. So fordert die PCF nicht nur die Teilnahme Frankreichs an allen Abrüstungskonferenzen[108], sondern auch die Beteiligung am Nichtverbreitungsvertrag über Kernwaffen sowie eine generelle Friedenspolitik, die nach Ansicht der PCF folgendermaßen aussehen müßte:

> "Die Anerkennung der Unverletzlichkeit der bestehenden Grenzen, nicht nur der Oder-Neiße-Grenze, sondern auch der Grenze zwischen beiden deutschen Staaten.
>
> - Die Anerkennung der Existenz zweier gleicher deutscher souveräner Staaten mit gleichen Rechten. Frankreich, das die BRD anerkennt, muß ohne weiteres Zögern die DDR anerkennen.
> - Das Verbot des Zuganges zu Kernwaffen, unter welcher Form auch immer, für Deutschland.
> - Die Anerkennung der Ungültigkeit des Münchener Diktats von Anfang an.
> - Die Anerkennung der Tatsache, daß West-Berlin eine selbständige politische Einheit ist"[109].

Um schließlich auch zu diesen Zielen zu gelangen, sieht die PCF in ihrer Unterstützung für das Zustandekommen einer europäischen Sicherheitskonferenz den richtigen Weg. Ein System kollektiver Sicherheit wurde und wird auch heute von ihnen als Schlüssel jeder europäischen Organisation gesehen[110]. Wenn die Forderungen der kommunistischen Parteien, die im April 1967 von den in Karlsbad versammelten kommunistischen Parteien aufgestellt wurden, erfüllt werden, dann wäre nach Ansicht der PCF damit ein wichtiger Schritt auf dem Weg zur Abrüstung und damit zum Frieden getan. Doch die Politik der Regierungen unter Staatspräsident Pompidou unterlaufen nach Ansicht der PCF dieses Projekt, so daß Frankreich weiterhin außerhalb des Prozesses der allgemeinen Entspannung steht und letztendlich doch nur die Interessen seines nationalen Großkapitals verfolgt.

5.5 Die Haltung der anderen Oppositionsparteien zur gaullistischen Verteidigungspolitik 1966 - 1973

Die Bedeutung anderer Oppositionsparteien, wie z.B. der Radikalsozialisten, die sich in der Nationalversammlung mit einigen Abgeordneten des Zentrums sowie anderen Unabhängigen zum "Rassemblement Démocratique" zusammenschlossen sowie der PSU, ist mit der Bedeutung von PCF und SFIO nicht vergleichbar. Aufgrund ihrer zahlenmäßigen Minorität konnten sie ihre Chancen zur Verwirklichung ihrer Politik nur in Koalitionsbildungen sehen. Da sie aber auch in totalem Gegensatz zur gaullistischen Verteidigungspolitik standen und eigene Alternativen entwickelten, soll hier nun näher auf sie eingegangen werden.

5.5.1 Die Radikalsozialisten verurteilen die gaullistische Verteidigungspolitik

Auch 1966 befanden sich die Radikalsozialisten in ihrer Verteidigungspolitik im absoluten Gegensatz zur gaullistischen Regierung. Die Entscheidung der gaullistischen Staatsführung, aus der NATO-Organisation auszuscheiden, gab den Radikalsozialisten die Möglichkeit, ihre verteidigungspolitische Konzeption aufzuzeigen. Danach stellte der Atlantikpakt nach wie vor die unverzichtbare Garantie der französischen Sicherheit dar, wenngleich für die Rollenverteilung innerhalb der Allianz eine Änderung gefordert wurde[111]. So bekämpften die Radikalsozialisten konsequent die NATO-Rückzugspolitik der Gaullisten. Innerhalb der Partei brach aber über die Zustimmung zu dem Mißtrauensantrag über die NATO-Politik der Regierung ein Streit aus, der die in dem "Rassemblement Démocratique" zusammengeschlossenen Abgeordneten teilte. Die größere Gruppe schloß sich der Auffassung von Faure und Gaillard an und unterzeichnete den Antrag nicht, weil der Tadel zu unbestimmt blieb und sogar vom rechtsradikalen Abgeordneten Tixier-Vignacour hätte unterzeichnet werden können[112]. Die Minderheit schloß sich der Mitterand'schen Position an und unterstützte den Tadel. Diese Spaltung der Radikalen hatte für das Endergebnis keinerlei Bedeutung, weil die geforderte absolute Mehrheit um mehr als einhundert Stimmen verfehlt worden war; sie zeigte allerdings, daß die Verteidigungspolitik innerhalb dieser Partei nicht unumstritten war, als sie die Problematik der Einheit der parlamentarischen Opposition berührte.

Im Alternativkonzept zur gaullistischen Verteidigungspolitik herrschte jedoch bei den Radikalen grundsätzlich Einigkeit. Danach war nunmehr von veränderten Beziehungen zwischen den USA und Europa auszugehen. Es wurde von den Radikalen zugegeben, daß die USA eine dominierende Stellung im Atlantischen Bündnis hätten, aber

> "es gibt kein anderes Mittel, um ein besseres Gleichgewicht wieder herzustellen zwischen den USA und Europa in der Verantwortlichkeit, in den politischen und militärischen Entscheidungen als in der progressiven Organisierung eines vereinigten Europas nicht nur auf dem ökonomischen, sondern auch auf dem militärischen Sektor. Am Tag, wenn Europa mit einer Stimme sprechen wird, an dem es über eine einzige Streitmacht verfügen wird, die wir immer versucht haben zu schaffen und der Sie sich (die Regierung d.V.) immer widersetzt haben, an diesem Tag wird sich dieses Problem nicht mehr derartig stellen"[113].

Die eigentliche Rolle Frankreichs lag nach Ansicht der Radikalsozialisten in der engen Anlehnung an den Westen anstelle der verschiedenen bilateralen Versuche der gaullistischen Staatsführung mit Osteuropa.
Diese Position ist während der ganzen Zeit bis zum heutigen Tag aufrechterhalten worden. In einem Kommuniqué des Parteivorstandes vom Januar 1972 heißt es dazu:

> "Die Radikalsozialistische Partei wünscht, daß Frankreich seinen traditionellen Allianzen treu bleiben muß und daß das einzige Gegengewicht gegenüber einer amerikanischen Vorherrschaft nur die Schaffung Europas ist.
> Dies allein kann es uns erlauben, zu einer dauernden Entspannung mit den Staaten des Ostens zu gelangen und der Blockpolitik ein Ende setzen"[114].

Und ebenso wie sich die Partei der von der Regierung betriebenen NATO-Politik widersetzte, stand sie auch im Gegensatz zur force de frappe. Für die Radikalsozialisten ist die force de frappe heute "nicht einsatzfähig, ruinös und ungeeignet"[115]. Ruinös vor allen Dingen deshalb, weil die Finanzierung der französischen Nuklearmacht nicht mit den vorhergesehenen Mitteln durchgeführt werden kann[116]. Nach Auffassung der Radikalsozialisten mußte auch und gerade die französische Verteidigung im europäischen Rahmen geregelt werden. Deshalb sollte eine gesamteuropäische Regierung, die dann auch den Einsatzbefehl über eine europäische force de frappe zugesprochen käme, als Voraussetzung geschaffen werden. "Es geht nur im Rahmen eines politisch vereinten Europa, daß die Frage der force de frappe gelöst werden kann und gemäß den Fortschritten der allgemeinen nuklearen Abrüstung"[117].

Frankreichs Aufgabe mußte es sein, eine Vereinigung der Waffen zu erreichen. Hierin sah die RRRS den Schlüssel zur Unabhängigkeit. Hierbei sollte die französische Regierung den Führungspart übernehmen. Die Radikalsozialisten befanden sich also nach wie vor in striktem Gegensatz zur gaullistischen Verteidigungspolitik, weil sie ein vollständig anderes politisches Endziel für Europa verfolgten. Die Aufgabe von Souveränitätsrechten, die in ihrer Europakonzeption im Mittelpunkt steht, war mit der gaullistischen Auffassung vom Europa der Vaterländer unvereinbar. So war es auch nur allzu verständlich, wenn der größte Teil der Radikalsozialisten das Mißtrauensvotum gegen die Regierung Pompidou in bezug auf den Austritt der NATO-Organisation unterstützte[118]. Unklar bleibt jedoch der Weg, auf dem die Radikalsozialisten ihre verteidigungspolitischen Vorstellungen verwirklichen wollen. Was geschieht mit der Bundesrepublik in einer europäischen Atomstreitmacht? Diese Frage wird von ihnen auch nicht annähernd gestellt und man muß vermuten, daß sie keinerlei Rolle spielt wie z.B. bei den Sozialisten. Wie leicht es sich hier die Radikalsozialisten machen, geht aus einer Äußerung des Generalsekretärs J.J. Servan-Schreiber hervor, in der es heißt:

> "Die große Mehrheit der Franzosen ist gegen die nationale Atomwaffe eingestellt. Sie ist unnütz, und sie unterhöhlt selbst die Basis der Nation, die eine ökonomische Kraft darstellt. Das Problem ist kein französisches mehr, sondern ein europäisches"[119].

5.5.2 Der Zentrismus und die gaullistische Verteidigungspolitik

Im Bereich des Zentrums hat sich während dieses zweiten Septennats des Untersuchungszeitraumes eine derartig schnell ändernde Entwicklung vollzogen, die hier nicht im einzelnen wiedergegeben werden kann[120]. Grundsätzlich wurde die Entscheidung, Frankreich aus der NATO-Organisation zurückzuziehen, als falsch angesehen, weil sie das Vertrauenskapital und die Freundschaft Frankreichs mit den anderen Ländern ruinierte. In dieser Aktion sah René Pleven eine doppelte Schwächung Frankreichs, weil damit der Sowjetunion durch den amerikanischen Truppenrückzug aus Frankreich ein Geschenk unterbreitet worden wäre. Die NATO wurde dadurch geschwächt, die Funktionsfähigkeit des WP jedoch nicht beeinträchtigt:

> "De Gaulle, der nach Moskau fährt, hätte der UdSSR anbieten können, den Rückzug der amerikanischen Truppen aus Frankreich gegen den Rückzug der sowjetischen Truppen aus Ungarn oder Polen vorzunehmen. Solche Sprache wäre in Moskau verstanden worden, besonders aber in Polen und Ungarn. Doch das Resultat

> ist, daß ein schwächeres Frankreich in die UdSSR fährt. Es hat schon seine Karte gespielt und es hat sie für nichts verspielt"[121].

Und anschließend widersprach Pleven einer gaullistischen Begründung, die für die Regierung mitentscheidend für den Austritt war: Die Zwangsläufigkeit des automatischen Hineingezogenwerdens in einen Konflikt, z.B. bei einem chinesisch-amerikanischen Konflikt, sei nicht gegeben. Dazu bemerkte Pleven, in dem er das Gegenteil zu beweisen versucht: "Ist die NATO in den Koreakrieg hineingezogen worden? Und als wir selbst in Indochina engagiert waren, ist die NATO deswegen auch nicht benutzt worden"[122]. Für die Zentristen mußte die Atlantische Allianz als Sicherheitsgarantie für Frankreich nach wie vor aufrechterhalten werden, wenngleich sie erneuert und ihr Selbstverständnis neu definiert werden sollte[123]. Gewiß wurde auch von den Zentristen zugegeben, daß das amerikanische Zögern, Frankreich beim Aufbau der nationalen force de frappe zu unterstützen, ein Fehler der Amerikaner war. Das hinderte die Zentristen aber nicht daran, mit Alternativvorschlägen an die Öffentlichkeit zu treten. Danach sollte ein geeintes Europa, das sich 1966 qualitativ enorm von dem Europa von 1949 unterschied, ein ebenbürtiger Partner der USA sein und den zweiten Pfeiler in der westlichen Sicherheit bilden. Um diese Gemeinschaft auch symbolisch zu kennzeichnen, sollte danach der Oberbefehlshaber der NATO-Streitkräfte für Europa zuerst abwechselnd ein Europäer und ein Amerikaner sein, um schließlich ganz ein Europäer zu werden. Für die Zentristen

> "besteht die Grandeur nicht darin, daß man freie Hand besitzt. Sie besteht darin, daß man seinen Teil der Verantwortung übernimmt". Sie sind "in vollständigem Disakkord mit dieser abenteuerlichen Entscheidung, die unser Land militärisch, politisch und moralisch schwächt, die auch unsere Alliierten schwächt und die konsequenterweise gefährlich für den Frieden ist"[124].

Insbesondere befürchteten sie durch diese Entscheidung eine gewaltige Erhöhung der eigenen Verteidigungsausgaben.

> "Die Zentristen stellen mit Bedauern fest, daß die französische Verteidigung trotz der erhöhten Militärausgaben nicht gewährleistet ist. Die konventionellen Streitkräfte sind schwach. Untere Atomstreitmacht ... stellt kaum eine wirksame Abschreckung dar. Sie kann nur eine Ergänzung im Bündnis sein. Am besten könnte sie ein Beitrag in einer europäischen Atomstreitmacht sein, die sich später mit Großbritannien konstituieren könnte"[125].

Ebenso vehement wie die gaullistische NATO-Politik wurde auch die nationale force de frappe bekämpft. Die Einheitsposition aller zentristischen Bewegungen bestand nach wie vor in der Ablehnung der nationalen Atomwaffe. Als Alternativlösung forderten sie die Einrichtung einer europäischen force de frappe. Diese europäische Lösung, die die Existenz einer europäischen Regierung zur Voraussetzung hatte, ermöglichte es nach ihrer Ansicht, ein Gegengewicht gegen die USA zu schaffen, um damit ein ebenbürtiger Partner zu werden.

> "Für ein Land wie dem heutigen und morgigen Frankreich kann die Verteidigung - und das ist eine unangenehme Forderung - nur kollektiv sein: atlantisch, solange die Amerikaner in Europa und im Mittelmeer bleiben, und europäisch an dem Tag, an dem sie sich zurückziehen werden"[126].

Deshalb hielten die Zentristen eine Berufsarmee von Spezialisten für notwendig, die mit taktischen Atomwaffen ausgerüstet werden sollte und in eine europäische strategische Streitmacht, die mit strategischen Atomwaffen ausgerüstet werden sollte, eingebracht werden müßte. Diese Integration wäre insbesondere auf Grund der enormen Kosten notwendig[127]. Für die Zentristen war die Wahl einfach, denn sie lief immer wieder auf die Lösung "Europa" hinaus. Allerdings wurde bei allen Lösungsmodellen davon ausgegangen, daß bereits ein mit einer einzigen Stimme sprechendes Europa existierte, das dann auch in der Verteidigungspolitik seine Einigkeit demonstrieren sollte. Das Problem des deutschen Zugangs zu Atomwaffen wurde bei den Zentristen ähnlich wie bei den Radikalsozialisten nicht als ein solches angesehen, und so ist es auch nicht verwunderlich, wenn im Regierungsprogramm der Reformatoren von 1973, einem Zusammenschluß der Zentristen unter Lecanuet und Radikalsozialisten unter Servan-Schreiber, dazu folgendes zu lesen ist:

> "Im Zeitalter der Supermächte kann sich die militärische Sicherheit nicht mehr auf ein einzelnes Land erstrecken, es sei denn, es ist eine Supermacht. Die Verteidigung ist nur für diese Mächte möglich, da sie über große Räume und große Mittel verfügen. Allein Europa kann behaupten sie auszugleichen, sich zu widersetzen und sich gegen die sowjetische Hegemonie und amerikanische Vormachtstellung schützen"[128].

Und auch Jean Lecanuet, Vorsitzender des Zentrums und des Verteidigungsausschusses in der Nationalversammlung konnte nur globale Aussagen zu diesem Problem machen, als er erklärte:

> "Allein ein starkes Europa, das konsequenterweise politisch

geeint ist und gemeinsam seine Verteidigung organisiert, kann seine Sicherheit gegenüber dem Osten aufrechterhalten ... Frankreich und die Gemeinschaft der Neun bleiben sicherheitspolitisch von Amerika solange abhängig, mit allen ökonomischen und monetären Risiken, wie Europa keine gemeinsame Verteidigung organisiert hat ... Es gibt die Unabhängigkeit nur in der Stärke und es gibt für uns nur Stärke in der politischen und militärischen Union des freien Europa. Diese Union ist die einzige Chance uns als ebenbürtige Partner im Rahmen der Allianz zu behaupten, die aufrechterhalten werden muß und nicht zerstört werden darf, wie wir es dauernd erleben"[129].

5.5.3 Die Vereinigte Sozialistische Partei (PSU) - Ablehnung ohne Alternative

Die PSU, die sich als eine Alternative sowohl zu den Gaullisten als auch zu den Kommunisten und Sozialisten sieht, fühlt sich als außerhalb des politischen Systems stehende Partei. Sie ist zwar nur mit einigen wenigen Abgeordneten in der Nationalversammlung - und nimmt deshalb die Möglichkeiten des gaullistischen Regierungssystems wahr - vertreten, um ihre Position auch für die Öffentlichkeit besser deutlich zu machen; jedoch versteht sie sich in erster Linie als eine Partei, die das gaullistische System überwinden will. Sie konzentriert sich hauptsächlich auf die Innenpolitik und selbst in ihrer Selbstdarstellung fehlt ein Abschnitt über die Außen- und Verteidigungspolitik[130]. Für das Jahr 1960 konstatierte die PSU angesichts der damaligen Waffenentwicklung der gaullistischen Regierung noch eine gewisse Logik, die force de frappe aufzubauen. Doch inzwischen wäre Frankreichs Atomwaffe derartig veraltet, daß Frankreichs Militärpolitik nur noch einen ohnmächtigen Traum darstellte[131]. Heute hat die französische Nuklearwaffe zur Folge, daß in einem Konfliktfall zwischen den beiden Supermächten Frankreich zu einem Spielball der beiden Mächte werde. Deshalb müßte Frankreich sofort aufhören, weitere Summen in die Atombewaffnung zu investieren. Noch 1970 sollte nach Ansicht des Generalsekretärs der PSU das gesamte Volk darüber entscheiden, ob die Kernwaffen auf dem gegenwärtigen Stand ohne Vergrößerung und Verbesserung gehalten werden sollten[132]. 1973 heißt es dagegen im Wahlprogramm der PSU kurz und knapp: "Das sozialistische Frankreich verzichtet auf atomare, biologische und chemische Waffen"[133]. Die grundsätzliche Ablehnung der gaullistischen Militärpolitik durch die PSU ergibt sich aus der Analyse der PSU über die französische

Armee, der sie z.Zt. folgende drei Funktionen zuweist:

1. sie dient zur Unterstützung des Kapitalismus,
2. als ideologischer Ordnungsfaktor soll sie den blinden Gehorsam fördern und
3. soll sie im inneren bei politischen Kämpfen eingesetzt werden[134].

Wie unterschiedlich schließlich die Verteidigungskonzeption der PSU von denen der anderen Parteien ist, geht aus der Aufgabenstellung einer Armee deutlich hervor. Danach ist es die erste Aufgabe der Armee, das Recht für das gesamte Volk aufrechtzuerhalten, das sich in einem Land so organisieren kann wie es dies will; das heißt zu allererst die ökonomische Unabhängigkeit dieses Landes zu gewährleisten. Diese Unabhängigkeit sieht die PSU durch die Existenz des Atlantik-Paktes nicht gegeben, der nun nicht mehr als Kampfinstrument gegen den kommunistischen Block gesehen wird, sondern als eine "heilige Allianz" der kapitalistischen Regierungen gegen die Gefahren möglicher Erhebungen der Volksmassen. Die NATO stellt danach die kapitalistischen Internationale dar, die es in ihrer Gesamtheit zu bekämpfen gilt[135].
Die verteidigungspolitische Konzeption der PSU macht deutlich, daß sie sich auch hier außerhalb des Systems befindet. Sie stimmt zwar in der Analyse über die NATO mit den Kommunisten überein, unterscheidet sich aber in dieser Frage von allen anderen Oppositionsparteien. Die Alternative der PSU steht der der PCF diametral entgegen. Ebenso stimmte sie partiell in Fragen der force de frappe mit den anderen Oppositionsparteien überein, unterscheidet sich aber wiederum hier von der PCF. Die Schwierigkeit für die PSU besteht darin, Partner zu finden, mit deren Hilfe sie ihr Konzept verwirklichen kann und außerdem in der Vermittlung ihrer Alternativen an den Bürger, dem sie sich nicht so verständlich machen kann wie ihre Konkurrenten.

5.6 Die Verteidigungspolitik als Hindernis der Zusammenarbeit von Kommunisten und Sozialisten

Das Ergebnis der durch die unerwarteten Stimmengewinne des Zentristen Lecanuet im Jahre 1965 erzwungenen Stichzahl zwischen Präsident de Gaulle und seinem Gegner, dem Einheitskandidaten der Linken, François Mitterand, machte schlagartig deutlich, daß nur im gemeinsamen Zusammengehen von Kommunisten und Sozialisten eine echte politische Alternative zu den Gaullisten möglich war. 1966 wurde dann auch das Jahr, in dem die Perzeption dieses Gedankens in den beiden Parteien zu einer Änderung ihres gegenseitigen Verhaltens führen sollte. Nachdem in der nichtkommunistischen Linken im Jahr 1965 bereits die Frage der kleinen oder großen Föderation mit der Bildung der F.G.D.S. im September 1965 endgültig entschieden worden war, stellte sich nun die Frage der konkreten Zusammenarbeit zwischen der neugebildeten F.G.D.S. und der kommunistischen Partei. In der nichtkommunistischen Linken waren für die Forcierung der Einheitsbemühungen folgende Gründe ausschlaggebend:

a) Die Sozialisten wollen unbedingt die Regierungsgewalt übernehmen und wissen, daß sie dazu unbedingt die Kommunisten benötigen.
b) Die Risiken einer Allianz mit der PCF werden geringer als früher eingeschätzt und
c) schließlich sahen sie in der NATO die Garantie, daß die PCF außerhalb der Legalität und durch Überspielen ihrer Regierungspartner nicht an die Macht gelangen könnte[136].

Die Kommunisten sahen in der Annäherung an die nichtkommunistische Linke vor allem eine Möglichkeit, sich von dem Ruf einer Moskauhörigen Partei zu befreien und gleichzeitig die Chance, auf parlamentarischem Wege zur Macht zu gelangen. Offiziell verlautete, daß "die Einheit der Linksparteien heute der politische Ausdruck der Allianz zwischen der Arbeiterklasse und der Mittelklasse der Städte und des Landes in bezug auf ihre gemeinsamen demokratischen Ziele ist"[137].

Im Jahr 1966 bildeten die F.G.D.S. und die PCF eine Art "wilde Ehe", die ein Wahlbündnis für die kommende Wahl zur Nationalversammlung im März 1967 darstellte, allerdings nur "ein Wahlbündnis auf Zeit und ohne präzises Programm, aber mit teils gemeinsamen, teils unterschiedlichen Hoffnungen und Wünschen"[138].

So wurde zwischen den Kommunisten und den Sozialisten im Dezember 1966 auch ein Wahlübereinkommen geschlossen, das im wesentlichen organisatorische, technische und taktische Gemeinsamkeiten für die kommende Wahl enthielt; jedoch kein gemeinsames Programm aufwies. Der Hinweis auf eine kohärente Friedens- und Abrüstungspolitik sowie die kollektive Sicherheit für Europa zeigte zwar gemeinsame Endziele der Parteien auf, die sich aber ebenso bei den Gaullisten und auch anderen Parteien wiederfinden und deshalb keinerlei spezifische Aussagekraft besitzen. Die Unterschiede waren in den Grundtendenzen der Wirtschafts- und Sozialpolitik bereits erkennbar. In der Außen- und Verteidigungspolitik gab es in bezug auf die Ziele zwar Gemeinsamkeiten, aber in der Wahl der Mittel zur Erreichung dieser Ziele fast nur Gegensätze.

5.6.1 Die Differenzen von PCF und nichtkommunistischer Linker in bezug auf die NATO

Zwar waren die verbalen Gemeinsamkeiten wie allgemeine Abrüstung, kollektive Sicherheit, Verzicht auf die force de frappe sowie die Weiterverbreitung von Atomwaffen im Wahlabkommen vom Dezember 1966 in Form eines Negativkatalogs über außenpolitische Ziele aufgenommen worden; doch zeigt eine knappe Analyse, daß es sich hierbei um Ziele handelte, die konkret nicht zu erreichen waren bzw. auf deren Gestaltung die beiden Parteien keinerlei Einfluß hatten und deshalb auch nicht auf die Verwirklichung ihres Anspruchs hin überprüft werden können. Wenn dagegen in der Außen- und Verteidigungspolitik konkrete Probleme zur Debatte anstanden, und die beiden Parteien zum Reagieren gezwungen waren, wurden die gewaltigen Differenzen, die sich hinter diesen Gemeinschaftsbekundungen verbargen, allzu schnell sichtbar. Im Jahr der Annäherung der kommunistischen und der nichtkommunistischen Linken ist die Entscheidung de Gaulles, Frankreich aus der NATO-Organisation herauszulösen, zum Spaltpilz für die beiden Formationen geworden. Obgleich zwar im Frühjahr 1966 die Annäherung noch nicht vollzogen war, ist aber die Unterstützung des Einheitskandidaten Mitterand bei der Präsidentschaftswahl von 1965 der für jedermann sichtbare Beginn der Annäherung gewesen. Seit Bestehen des Atlantikpaktes hat die nichtkommunistische Linke dieses Bündnis als ein notwendiges Übel angesehen und seitdem ist er von den Kommunisten immer als ein Instrument des Kalten Krieges unter amerikanischer Suprematie bekämpft worden. Als nun de Gaulle Frankreichs Rückzug aus der NATO bekanntgab, wurden diese Unterschiede noch offensichtlicher. Beide Parteien befanden sich in erklärter Opposition zum gaullistischen Regime, aber durch diese Entscheidung wurde ihre gemeinsame Opposition in der Verteidigungspolitik zerstört. Dem Mißtaurensantrag, der von den Sozialisten und Radikalsozialisten eingebracht wurde und der sich dem Rückzug Frankreichs aus der NATO widersetzte, mochten sich die Kommunisten nicht anschließen, da sie, anders als die Sozialisten, in diesem Schritt eine Möglichkeit sahen, dem Frieden näher zu kommen. So stützte die PCF in der Frage des NATO-Rückzugs die gaullistische Regierung und schwächte die gemeinsame Basis der Opposition empfindlich. Dieses Hindernis konnte auch in der "Gemeinsamen Deklaration" vom Februar 1968 nicht beseitigt werden. Gewiß, auf außen- und verteidigungspolitischem Gebiet hatten sich die beiden Formationen gegenüber dem Wahlabkommen von 1966 mit der Forderung nach entnuklearisierten Zonen in Mitteleuropa in einer weiteren wichtigen Frage angenähert[139]; jedoch finden wir hier wieder eine Globalaussage vor, deren Konkretisierung durch beide Parteien nicht beigeführt werden konnte. Dagegen wurde von beiden Seiten auf die unterschiedliche Haltung in der Frage zur Atlantischen Gemeinschaft hingewiesen. Auch 1968 galt für die Föderation ihre 1966 im Programm erhobene Aussage, nach der es normal war, daß Frankreich seine Mitgliedschaft im Atlantikpakt aufrechterhielt, daß aber im Gegensatz zur Gründungszeit der NATO diese im politischen und auch im militärischen Bereich reformiert werden mußte. Zwar traf die nichtsozialistische Linke zu dem Komplex NATO keine Aussage expressis verbis und beschränkte sich, um mit der PCF eine Übereinstimmung zu erzielen, auf eine unverbindliche Aussage, wonach die Auflösung der Militärblöcke als langfristiges Ziel angesehen wurde. Die PCF sprach sich dagegen für die Nichterneuerung des Atlantikpaktes im Jahre 1969 sowie den Rückzug Frankreichs aus der NATO aus.

Die durch die Prioritätenänderung der amerikanischen Außenpolitik im Herbst 1966 einsetzende Entspannungspolitik mußte auch notwendigerweise das Selbstverständnis der NATO und damit die Einschätzung der Organisation durch die französischen Sozialisten beeinflussen. Sie wollten nun die NATO - im Gegensatz zu den Kommunisten - als ein Element der internationalen Entspannungspolitik nutzen. Damit wurde die NATO jetzt für die nichtkommunistische Linke ein Trumpf in internationalen Verhandlungen über ein europäisches Sicherheitssystem, während die Kommunisten - aufgrund ihrer besonderen Stellung und Abhängigkeit von der KPdSU[140] - gerade die entgegengesetzte Position vertraten. Die Intervention der 5 WP-Mächte in der CSSR im August 1968 belastete das Verhältnis zwischen Kommunisten und nichtkommunistischer Linken gerade in bezug auf die

Verteidigungspolitik ganz erheblich. So ist es auch nicht verwunderlich, daß nach dem August 1968 das Bekenntnis der nichtkommunistischen Linken, die aufgrund der Mai-Ereignisse und ihrer Folgen wieder auseinanderbrach, durch die neugegründete sozialistische Partei als ihrem Hauptpfeil, zur westlichen Verteidigungsorganisation wieder stärker wurde. Nun wurde der Unterschied zu den Kommunisten, die immer wieder die Auflösung der NATO fordern, aufs deutlichste sichtbar, als die neue Parteiführung erklärte, daß sie nicht gewillt wäre, auf die defensive Garantie der NATO zu verzichten. Auch in der ersten veröffentlichten Bilanz der neuaufgenommenen Gespräche zwischen der neuen sozialistischen Partei und der PCF vom Dezember 1970 bildete die NATO im Problembereich Außen- und Verteidigungspolitik nach wie vor die Trennungslinie zwischen beiden Parteien. Im Gegensatz zu der immer wiederkehrenden Forderung auf Rückzug Frankreichs aus der Atlantischen Allianz erklärten die Sozialisten:

> "Die Sozialistische Partei ist der Ansicht, daß sich die Auflösung des Atlantikpaktes und des Warschauer Vertrages auf alle bilateralen militärischen Allianzen erstrecken muß, die jeweils innerhalb der Blöcke geschlossen worden sind. Der sofortige Rückzug Frankreichs aus dem Atlantikpakt könnte allein die augenblickliche Situation nicht verändern; er würde keinesfalls dazu beitragen, die Entwicklung zur Errichtung eines neuen europäischen Gleichgewichts zu beschleunigen"[141].

Damit wurde in der Sicherheitspolitik von der Sozialistischen Partei nicht nur stillschweigend die Sicherheitsgarantie der NATO unterstrichen, sondern erstmals dem kommunistischen Partner bedeutet, daß auch das umfangreiche bilaterale Militärpaktsystem des Ostblocks aufgelöst werden müßte, wenn über die Fragen der Auflösung der Blöcke verhandelt werden sollte. Unterschiedlicher konnten die Konzeptionen nicht sein, denn außerhalb der NATO gab es in ihren Mitgliedsländern nur Militärallianzen im Rahmen der WEU und durch den deutsch-französischen Vertrag von 1963.

Doch zu Beginn der 70er Jahre machte sich auch in der Sozialistischen Partei eine Änderung in der Haltung zum Nordatlantikpakt bemerkbar. Das hing zum einen mit der Entwicklung der internationalen Politik und zum anderen mit dem Wechsel innerhalb der Parteiführung der Sozialisten zusammen. Es wurde jetzt immer deutlicher, zumal Alain Savary durch François Mitterand als Parteichef abgelöst worden war, daß die NATO eine vollkommen andere Funktion im Verständnis der sozialistischen Partei erhielt. Nachdem sie in den ersten Nachkriegsjahren als eine Notwendigkeit gegen den sowjetischen Imperialismus verstanden wurde und sie Ende der 60er Jahre als ein Mittel der Entspannungspolitik angesehen wurde, wird heute von den Sozialisten die Verteidigungsgarantie der NATO in Frage gestellt. François Mitterand erklärte dazu bereits 1970: "Für Frankreich bedeutet heute die Zugehörigkeit zum Block der Atlantischen Allianz keine Garantie, sondern sie bietet eine zusätzliche Erleichterung für die ökonomische Kolonialisierung durch die USA"[142]. Wenngleich diese Aussage auch taktisch gesehen werden muß, d.h. daß sie in erster Linie als ein Zugeständnis für die gemeinsame Arbeit mit der PCF gesehen werden sollte, so werden aber ähnliche Aussagen anderer Parteispitzen bei den anderen Addressaten - hier sind in erster Linie die USA und die NATO zu nennen -, ihre negative Wirkung nicht verfehlen. Wenn dann schließlich im neuen Parteiprogramm auch offiziell die Befürchtung zu lesen ist, daß die weitere Zugehörigkeit Frankreichs zur Atlantischen Allianz nicht zu vernachlässigende Risiken impliziere und die Sozialistische Partei in der NATO einen Agenten des amerikanischen Kapitalismus sehe[143], dann muß man feststellen, daß sich die NATO im Stellenwert der Außen- und Verteidigungspolitik der sozialistischen Partei erheblich verändert hat!

Nachdem in der Frage des Nordatlantikpaktes eine Kehrtwendung durch die sozialistische Partei vorgenommen worden war, war auch die Voraussetzung für eine Annäherung zwischen Kommunisten und Sozialisten in diesem Problembereich gegeben. Dennoch sind gerade die Aussagen in dem Gemeinsamen Regierungsprogramm am globalsten niedergelegt und lassen eigentlich jeder Partei die ihr eigene Interpretation zu. Es heißt dort:

> "Indem Frankreich sich einer Reintegration in der NATO widersetzt, wird es sich nicht verbieten lassen, ebenso - falls notwendig - Defensivallianzen wie auch Nichtangriffsverträge zu schließen".

Und auch die Formulierung, daß eine Regierung der Linken

> "ihren Willen manifestieren werde, das Land auf den Weg der Unabhängigkeit im Gegensatz zu jedem militärischen und politischen Block führen"[144]

will, zeigt zwar, daß nach wie vor noch Differenzen, gerade in der NATO-Politik, zwischen beiden Parteien bestehen. Die Forderung nach Lösung der Probleme, im Sinne der Blockunabhängigkeit, die sich aus der Zugehörigkeit Frankreichs zur NATO ergeben, machen aber sehr deutlich den Wandel der Sozialisten besonders bewußt. Noch 1970 sahen sie in der NATO das Element, das erstens eine Sicherheitsgarantie für Frankreich bildete und zweitens als ein Instrument der Entspannung eingesetzt werden sollte. 1973 steht jedoch die Forderung nach Auflösung der Blöcke im Vordergrund, die NATO wird als Instrument des amerikanischen Kapitalismus nun auch von den Sozialisten angesehen. Damit haben die Sozialisten zwei alte Vorstellungen der PCF in das gemeinsame Regierungsprogramm übernommen, während die Kommunisten in bezug auf die NATO gegenüber den Sozialisten keinerlei Zugeständnisse machen mußten, sondern im großen und ganzen ihre seit 1966 immer wieder erhobenen Forderungen im gemeinsamen Regierungsprogramm durchgesetzt haben. Inwieweit diese Annäherung an die PCF durch die Sozialisten rein taktischer Art war, läßt sich im Augenblick nicht übersehen.

5.6.2 Force de frappe - Von der Gemeinsamkeit zur Divergenz

Die Aussage des Präsidentschaftskandidaten der Linken im Jahre 1965, Mitterand, daß er im Falle eines Wahlsieges die force de frappe abschaffen würde, wurde von der PCF vollständig geteilt. Bereits seit dem Aufbau der force de frappe im Jahre 1960 vertraten Kommunisten und Sozialisten die Ansicht, daß eine nukleare Streitmacht für Frankreich nicht sinnvoll wäre. So unterschrieben beide Parteien auch im Wahlabkommen vom 20. Dezember 1966 die einmütige Aussage, daß sie gegen die force de frappe und gegen die Herstellung und Weiterverbreitung von Atomwaffen wären[145]. Dieser Beschluß wurde in der gemeinsamen Erklärung vom Februar 1968 dahingehend erweitert, daß nach dem Verzicht auf die force de frappe deren Mittel in friedliche Zwecke überführt werden sollten. Und auch 1970 wollten die beiden Parteien zu allererst auf eine Atomstreitmacht, unter welcher Form auch immer, verzichten.

Daß trotz aller nach außen hin beteuerter Gemeinsamkeit gerade die Atomstreitmacht sich zu einem schwierigen Problem für die Annäherung beider Parteien entwickelte, wurde durch die Ablehnung eines Antrages in der Nationalversammlung seitens der PS, der von der PCF eingebracht worden war und die Abschaffung der force de frappe zum Ziel hatte[146], deutlich. Damit stellte die PS die in der gemeinsamen Erklärung von 1968 aufgestellte Forderung nach Abschaffung der force de frappe wieder in Frage. Daran änderte auch die Formulierung in der "Ersten Bilanz" nichts, denn inzwischen hatte in der Sozialistischen Partei ein Umdenkungsprozeß gegenüber der force de frappe begonnen. Dieses bis Anfang der 70er Jahre stetig bekämpfte gaullistische Prestigeobjekt wurde zunehmend als eine politische Waffe in der internationalen Politik angesehen. Die gewaltigen Investitionen sowie die feste Verankerung und die zunehmende Unbestrittenheit der force de frappe in der Bevölkerung waren zusätzliche Gründe, die zu einem Richtungswechsel in der Haltung der PS beitrugen.

Damit entzweiten sich die beiden größten Oppositionsparteien auch in dem wichtigsten Problembereich der gaullistischen Verteidigungspolitik, denn das von der PCF veröffentlichte Regierungsprogramm für den Fall einer Machtübernahme durch die Linke fordert jeglichen Verzicht Frankreichs auf die atomare Strategie[147]. Die Sozialisten dagegen anerkannten in ihrem Programm, daß es die force de frappe gäbe und "daß die Entscheidung getroffen wird, den Bau der force de frappe zu <u>unterbrechen</u>"[148].

Das bedeutet, nimmt man die Äußerungen beim Entwurf des Parteiprogrammes[149] sowie die des neuen Parteiführers Mitterand hinzu, daß die Sozialisten die force de frappe nicht verkleinern wollen und als ein politisches Mittel betrachten. Wenn die force de frappe aber ein politisches Mittel bleiben soll, muß auch ihre Wirksamkeit gewährleistet sein, d.h. sie muß weiterhin auf den Stand der neuesten waffentechnischen Entwicklung gebracht werden, was aber wiederum einem Ausbau der force de frappe gleichkommt. Da die Sozialisten die force de frappe aber ausdrücklich als politische Waffe ansehen, ist der Stornierungsbeschluß der force de frappe nur als ein taktisches Manöver in bezug auf die Annäherung an die Kommunistische Partei zu sehen, die Anfang 1972 "aufs neue schwer von der grundsätzlichen außenpolitischen Auseinandersetzung zwischen der Sozialisten unter Mitterand und den Kommunisten belastet"[150] worden ist. Dennoch haben beide Parteien im "Gemeinsamen Regierungsprogramm" vom Juli 1972 den "Verzicht auf die strategische force de frappe, unter welcher Form auch immer"[151], ausgesprochen und die Überführung der militärischen Atomindustrie in friedliche Atomindustrie angekündigt. Entweder ist nun die sozialistische Partei von ihrem Programm auf Unterbrechung des Baus der Atomwaffe endgültig abgerückt und auf die jahrelange Forderung der PCF eingegangen - weil vielleicht anders eine Übereinkunft nicht zu erzielen war - oder dieses Zugeständnis ist nur taktischer Art. Eine Aussage darüber zu treffen, wäre Spekulation.

5.6.3 Der Kampf für den Frieden - eine tönerne Basis

"Kampf für den Frieden" ist eine Parole, die von kommunistischen und sozialistischen Parteien fast als ein Monopol betrachtet wird. Seit dem Bestehen der V. Republik waren sich sowohl PCF und PS darin einig, daß eine allgemeine Abrüstung das beste Mittel zur Erreichung dieses Zieles darstellte. So bietet die gaullistische Politik, die übrigens auch in der allgemeinen Abrüstung den besten Weg zur Erreichung des Friedens sieht - und hieran wird deutlich, wie nichtssagend diese Formel ist - der Nichtteilnahme an der Genfer Abrüstungskonferenz sowie die Nichtunterzeichnung des Atomteststopabkommens und des Nichtverbreitungsvertrages die besten Angriffspunkte für beide Parteien zu einer gemeinsamen Opposition in diesem Teilbereich. Alle gemeinsamen Erklärungen vom "Wahlabkommen" 1966, über die "Gemeinsame Erklärung" von 1968 und die "Erste Bilanz" von 1970 bis zum "Gemeinsamen Regierungsprogramm" von 1972 fordern als vordringlichstes Ziel die allgemeine Abrüstung, Frankreichs Teilnahme an der Genfer Konferenz und die Unterschrift unter die beiden o.a. Verträge. Neu ist dagegen die Forderung nach einer strikten Reglementierung der Waffenhandelspolitik. Und schließlich glauben beide Parteien den Weg zum Frieden mit der Unterstützung der europäischen Sicherheitskonferenz, an der neben den europäischen Staaten auch die Teilnahme der USA und Kanadas gefordert wird, ein Stück näherzukommen, wenn folgende Abrüstungsmaßnahmen getroffen werden: "Schaffung von entnuklearisierten Zonen, Einfrieren der Waffen in Mitteleuropa, kontrollierte und ausgeglichene Reduktion der Streitkräfte und Waffen in Europa"[152].

Diese Forderungen der beiden Parteien sind zu allgemein gehalten, als daß sie konkret angewandt werden können. Die Alternativlösung für die Auflösung der Blöcke - und mit dieser Forderung unterstützt ja die Linke die von de Gaulle anvisierte und praktizierte Politik - liegt für die Sozialisten in ihrer Europalösung, der wiederum die Kommunisten überhaupt nicht zustimmen können. So erweist sich gerade der gesamte Bereich der Entwicklung der Friedenspolitik wieder als ein Gebiet, dessen Realisierung die grundsätzlichen Unterschiede zwischen den beiden Parteien wieder hervortreten läßt.

5.7 Parlament und Verteidigungspolitik 1966 - 1973

5.7.1 Die Nationalversammlung

War die Nationalversammlung im Zeitraum von 1958 bis 1965 noch durch wechselnde Regierungsmehrheiten geprägt, so kennzeichnete von 1966 bis 1973 eine aus Gaullisten und Unabhängigen Republikanern gebildete Regierung die Mehrheitsverhältnisse. Das besondere Charakteristikum dieser zweiten Periode ist die einmalige Mehrheit der Regierung, die seit den Wahlen vom Sommer 1968 bis zu den März-Wahlen 1973 fast 75 % der Sitze in der Nationalversammlung innehatte und schon rein zahlenmäßig die Opposition auf eine geringe Bedeutung herabsinken ließ.
Entscheidende Debatten über die Verteidigungspolitik, d.h. Debatten voller Gegensätze und Leidenschaften, die noch die erste Phase unseres Untersuchungszeitraumes gekennzeichnet hatten, gibt es in der Zeit nach 1965 so gut wie gar nicht und erst recht nicht mehr nach de Gaulles Abschied aus der Politik. Lediglich 1966, als Frankreich aus der NATO-Organisation austrat, entzündete sich eine Debatte, in der die unterschiedlichen Positionen zwischen Regierung und Opposition recht deutlich wurden. Die Haltungen der Oppositionsparteien zu diesem Komplex sind bereits schon eingehend gezeigt worden, so daß sie jetzt nur noch im Zusammenhang mit ihrer parlamentarischen Bedeutung gesehen werden müssen.
Bei der Frage des NATO-Austritts ergaben sich nämlich unüberwindbare Probleme für die parlamentarische Opposition. Während die Kommunisten in diesem Austritt aus der NATO-Organisation positive Aspekte der gaullistischen Verteidigungs- und Außenpolitik sahen, war für die anderen Oppositionsparteien wie SFIO, RRRS und die verschiedenen Richtungen des Zentrums und der Unabhängigen diese Entscheidung Anlaß, einen Tadelsantrag gegen die Regierung Pompidou einzubringen. Hier zeigte sich, daß die Sozialisten und die Kommunisten, die doch sonst fast in allen politischen Fragen in gemeinsamer Opposition zur gaullistischen Regierung standen, sich nicht zu einer einheitlichen Haltung zusammenfinden konnten und

somit der Tadelsantrag nicht die notwendige Mehrheit finden konnte, sondern mit 242 gegen 137 Stimmen der Sozialisten, Radikalsozialisten, Zentristen und einiger Unabhängigen abgelehnt wurde[153]. Die einmaligen Voraussetzungen für die Nationalversammlung, anläßlich einer außen- und verteidigungspolitischen Grundsatzfrage die Regierung zu stürzen, wurden aufgrund des Verhaltens der Kommunisten nicht genutzt.
Als 1968 sich die Regierung schließlich auf eine Dreiviertelmehrheit in der Nationalversammlung stützen konnte, waren von nun an Tadelsanträge kein aussichtsreiches Unterfangen, Entscheidungen zu beeinflussen. So stimmte die Nationalversammlung auch den jeweiligen Militärbudgets und dem 3. Fünfjahresplan für den Aufbau der Kernwaffenstreitkräfte mit großen Mehrheiten zu, ohne daß solche Debatten Anlaß für einen Tadelsantrag waren. Die Chance der Opposition bot sich damit vielleicht in einem anderen Gremium: im Verteidigungsausschuß.

5.7.1.1 Der Verteidigungsausschuß

Der Verteidigungsausschuß hat sich im Zeitraum von 1966 bis 1973 tatsächlich als ein Instrument erwiesen, das die Verteidigungspolitik der Regierung teilweise heftig kritisierte und sogar korrigierte. Aber nicht die Oppositionsabgeordneten waren in diesem Gremium die schärfsten Kritiker, sondern Abgeordnete der Regierungsfraktion, die mit der betriebenen Verteidigungspolitik nicht einverstanden waren. Hier wurden der Regierung vor allem wegen mangelnder Konsequenz in der Verteidigungspolitik Vorwürfe gemacht. So wurde z.B. immer wieder, insbesondere durch den langjährigen Vorsitzenden des Verteidigungsausschusses, Le Theule, eine Erhöhung der Ausgaben für die Atomwaffe gefordert[154]. Der Verteidigungsausschuß bemängelte aber vor allem, daß die Zeit, die zur Diskussion des Militärbudgets verwendet wurde, sich von Jahr zu Jahr verkürzte und daß dadurch das Interesse der öffentlichen Meinung und des Parlaments an diesen Problemen sich immer mehr reduzierte. Dieses Desinteresse führte schließlich dazu, wie der Abgeordnete Sanguinetti meinte, daß die Nation nicht mehr an die Atomwaffe glaube[155]. Die Schwierigkeiten wären allein dadurch zu umgehen, wenn dem Verteidigungsausschuß mehr Informationen zur Verfügung gestellt würden. Dazu schreibt Le Theule:

> "Die 15jährigen Ausbildungspläne für die Marine, das Heer, die Luftwaffe und die strategischen Streitkräfte sind von wesentlich größerer Bedeutung als die im Parlament unterbreiteten Vorschläge. Die jährliche parlamentarische Intervention wirkt auf die Dauer nur wie eine zweitklassige Übersetzung. Das heißt, daß sie mehr eine Rechtfertigung bedeutet. Das Parlament arbeitet nur über etwas irreversibles. Es stimmt einer Sache zu, die es nicht ändern kann. Ein weiterer Schritt zur Bedeutungslosigkeit ist mit den Langzeitplänen eröffnet, die die Beratungen des Verteidigungsrates passieren, ohne in der Nationalversammlung beraten worden zu sein"[156].

Hier wurde Kritik gegenüber der konzipierten Form des "rationalisierten Parlamentarismus" laut, der als Verbesserung gegenüber den Wirrnissen der IV. Republik von den Gaullisten gefeiert wurde. Nun mußten die Parlamentarier aber feststellen, daß sie auch im Ausschuß immer weniger Möglichkeiten fanden, die Regierungspolitik zu beeinflussen, die in anderen Gremien - hier im Verteidigungsrat - gemacht wurde. Noch 1967 konnte der Ausschuß die Reduzierung des Wehrdienstes um vier Monate herabsetzen, weil sich hier die PCF, FDGS und Progrès et Democratie moderne einig waren und zusammen mit einigen Regierungsabgeordneten in der Nationalversammlung die Stimmenmehrheit sichern konnten und den vom Verteidigungsausschuß gestellten Antrag mit 245 gegen 241 Stimmen durchbrachten[157].

5.7.2 Der Senat

Der Senat entwickelte sich in de Gaulles Republik immer mehr zu einem Instrument, mit dessen Hilfe die Oppositionsparteien ihre Kritik an der Regierungspolitik äußerten. Das lag nicht zuletzt daran, daß mit Gaston Monnerville ein Politiker dem Senat vorstand, der de Gaulle der "Verfassungsvergewaltigung" (forfaiture) bezichtigt hatte und damit schon die inkorporierte Opposition zu den Gaullisten darstellte. Die Sitzverteilung im Senat gab außerdem den Regierungsparteien keine Mehrheit, so daß es für sie wesentlich schwieriger war, ihre Auffassungen in diesem Gremium durchzusetzen. So ist es auch selbstverständlich, wenn der Figaro anläßlich der Beratungen im Senat im Spätherbst 1966 über das Militärbudget schrieb, daß die Senatoren der Tradition einer "Oppositionskammer" treu geblieben waren[158], als sie den von der Regierung vorgelegten Entwurf ablehnten. Doch bereits ein Jahr später, als erneut das Militärbudget auf der Tagesordnung des Senats stand, wurde diese Form der Opposition vom Senat abgelegt, und zum ersten Mal billigte der Senat den Militärhaushalt, ohne ihn zurückgewiesen zu haben[159]. Dieser Debatte war ein Antrag der Kommunisten vorausgegangen, der die Kürzung um zwei Drittel der Mittel für die force de frappe vorsah. Der Volksrepublikaner Monteil sprach für die Mehrheit auch der bisherigen Opposition, als er sagte, daß die force de frappe einen Punkt erreicht habe, an dem keine Umkehr mehr möglich sei. So wurde schließlich dieser Antrag mit einer Mehrheit von 141 gegen 94 Stimmen der Kommunisten, Sozialisten und linker Splittergruppen abgelehnt[160]. Damit waren auch die Weichen für das zukünftige Verhalten in der Verteidigungspolitik gestellt. Die Oppositionsrolle war vom Senat verlassen worden.

5.8 Außerparlamentarische Opposition und gaullistische Verteidigungspolitik 1966 - 1973

Ebenso wie in den Oppositionsparteien die Verteidigungspolitik im zweiten Septennat de Gaulles nicht mehr zu den Leidenschaften führte, von der die Aufbauphase der force de frappe gekennzeichnet war, waren auch der Elan und die Aktionen der außerparlamentarischen Opposition, deren Proteste sich zum allergrößten Teil gegen die französische Nuklearbewaffnung richtete, verschwunden. Der Club Jean Moulin verlor immer stärker an Bedeutung im politischen System der V. Republik und widmete sich vor allen Dingen innenpolitischen Problemen. Die andere große Organisation, die in den ersten sechziger Jahren im Kampf gegen die Atombewaffnung partiell erfolgreich war - die Nationale Liga gegen die force de frappe - verlor zusehends an Bedeutung. Dagegen entwickelte sich die Bewegung gegen die Atombewaffnung (Mouvement pour le désarmement, la paix et la liberté M.D.P.L.) und kämpft auch heute noch als einzig organisierte außerparlamentarische Opposition, hauptsächlich gegen die Verteidigungspolitik der V. Republik. Daneben gab und gibt es die spontane Opposition gegen die gaullistische Verteidigungspolitik immer in dem Augenblick, wenn Frankreich neue Atomversuche durchführte.

5.8.1 Die Bewegung für Abrüstung, Frieden und Freiheit (MDPL)

Diese Organisation, die von überzeugten Pazifisten gebildet wird und deren Anhänger hauptsächlich in den Linksparteien und den Gewerkschaften ihre Heimat haben, hatte sich das Ziel gesetzt,

> "durch verschiedene Manifestationen, Konferenzen, Meetings, Veröffentlichungen, Ausstellungen und Protestmärsche die Öffentlichkeit aufmerksam zu machen auf die Größe der atomaren Gefahr, die biologischen Konsequenzen, den Unsinn einer force de frappe, die nicht einmal strategischen Abschreckungswert haben kann, weil Frankreich sich ihrer nicht bedienen kann ohne Selbstmord zu begehen"[161].

Diese Bewegung litt aber in ihrer Effizienz durch mangelnde Artikulationsmöglichkeiten. Es bleibt ihr nur ihr Mitteilungsblatt "Alerte", in dem sie die französische Verteidigungspolitik als auch Bestrebungen für eine europäische force de frappe seit Jahren auf das heftigste bekämpft[162]. Die Liga lehnte die force de frappe ebenso wie die Oppositionsparteien aus mehreren Gründen ab:
sie a) wäre wertlos, da sie nur zum nationalen Selbstmord angewandt werden könnte,
b) wäre ein "schlechter Blitzableiter", der den Feind anzöge,
c) fördere nicht den wissenschaftlichen Fortschritt, sondern nähme im Gegenteil die dafür notwendigen Mittel in Anspruch und verhinderte somit auch den ökonomischen, sozialen und gesellschaftspolitischen Fortschritt,
d) gäbe der Welt ein Beispiel für die Verbreitung von Atomwaffen und
e) führte zu immer zweifelhafteren Experimenten in der Kriegskunst und widerspräche damit dem traditionellen französischen Humanismus[163].

Die MDPL konnte keine Gefahr für die französische Verteidigungspolitik bedeuten, weil sie in der Bevölkerung viel zu wenig Unterstützung fand. Da sie auch in den Massenmedien so gut wie gar nicht erwähnt wurde, war sie auch in weiten Teilen der Bevölkerung unbekannt. Sie hatte sich selbst einen hohen moralischen Anspruch gestellt und versuchte diesen auch zu verwirklichen, ohne damit allerdings politisch erfolgreich zu sein. Sie konnte aber nicht verhindern, daß sie zum Sektierertum gerechnet werden muß. Um erfolgreich agieren zu können, hätte sich die MDPL mit der parlamentarischen Opposition zusammenschließen müssen, weil allein dadurch eine stärkere Verbreitung ihrer hohen moralischen Ideen in der Bevölkerung größeren Anklang hätte finden können.

5.8.2 Die spontane Opposition in der Bevölkerung

Parallel zu dem abnehmenden Interesse der Parteien in Fragen der Verteidigungspolitik verhielt sich auch das Interesse der Bevölkerung gegenüber diesen Problemen. Waren für die Parteien die Haushaltsberatungen über das Budget des Verteidigungsministers Anlaß, die gaullistische Verteidigungspolitik zu kritisieren, so waren die französischen Kernwaffenversuche im Pazifik der Anlaß für die Bevölkerung, sich mit diesen Problemen konfrontiert zu sehen. Während es aber in den Parteien immer um die Gesamtkonzeption der Verteidigungspolitik ging, machte sich in der Bevölkerung ein bisher latent stets vorhandener Unmut über einen ganz bestimmten Bereich der Verteidigungspolitik - die Atomwaffenversuche - bemerkbar.

Als Frankreich 1966 seine Atombombentestserie auf dem Mururoa-Atoll im Pazifik begann, lehnte etwas mehr als die Hälfte der Franzosen diese Tests ab[164]. Jahrelang blieb die Zahl etwa konstant. Die Mißbilligung der Atomversuche durch die Mehrheit der Franzosen ist während der jährlichen Kernwaffenversuche Frankreichs auf dem Mururoa-Atoll immer wieder zum Ausdruck gekommen, ohne daß sie allerdings irgendwelche Erfolge erzielen konnte, d.h. die französische Regierung bewegen konnte, von solchen Tests Abstand zu nehmen. Erst 1973, als auch der Internationale Gerichtshof in Den Haag auf Antrag der Regierungen Australiens, Neuseelands und der Fidschi-Inseln, Frankreich aufforderte, die Nuklearversuche im Pazifik einzustellen[165], nahm auch die Opposition innerhalb der Bevölkerung Formen an, die das Problem der französischen Nuklearstreitmacht wieder in den Vordergrund rückte. Insbesondere entspann sich eine Kontroverse zwischen Teilen der Kirche und der Armee, die zu einer schweren Belastung des bisher guten Verhältnisses dieser beiden Institutionen führte[166].

So machte sich gerade während der Atomversuche des Jahres 1973 eine starke spontane Opposition innerhalb der Bevölkerung bemerkbar, die sich insbesondere durch die Gründung von verschiedenen Komitees gegen die Atomversuche äußerte[167]. Diese spontane Opposition war gegenüber den früheren Versuchen vor allem deshalb wirkungsvoller, d.h. sie erzielte in der Bevölkerung eine größere Wirkung und wurde von der Regierung zur Kenntnis genommen, weil hier eine Kombination von internationaler Opposition - einmal der

Spruch des Internationalen Gerichtshofes in Den Haag, zum anderen die Proteste der sich unmittelbar bedroht fühlenden Staaten Neuseeland, Australien und Peru - und nationaler Opposition, die besondere Unterstützung von Teilen der katholischen Kirche erhielt, vorhanden war.

Dennoch konnte diese spontane Opposition nicht die französischen Atomversuche und damit die Weiterentwicklung der französischen Verteidigungspolitik in Frage stellen, wenngleich davon gesprochen worden ist, daß die Kernwaffenversuche auf Grund der Proteste nicht in den beabsichtigten Größenordnungen durchgeführt worden sind. Das Problem, das sich für die spontane Opposition stellte, war kein echtes Problem für die Mehrheit der Franzosen. Diese spontane Bewegung war zwar ein Zeugnis des traditionellen französischen Humanismus; eine Änderung der Regierungspolitik in der Verteidigungspolitik konnte sie jedoch nicht bewirken.

6 Opposition und Verteidigungspolitik in der V. Republik

6.1 Die Innerbereichsopposition

Die Innerbereichsopposition während der Zeit von 1958 bis 1973 war unterschiedlich zusammengesetzt. So zeigte sich z.B. in der Anfangsphase eine stärkere Innerbereichsopposition in Form der mitregierenden kleineren Regierungspartei MRP, während am Ende der Ära Pompidou sich eine stärkere Opposition in der gaullistischen UDR bemerkbar machte.

6.1.1 Die innerkabinettliche Opposition

Die V. Republik ist durch die permanente Regierungsmehrheit der gaullistischen Partei gekennzeichnet, die teilweise sogar die absolute Mehrheit besaß und dadurch die Bedeutung eines jeden Koalitionspartners verringerte. Doch gerade in dem Zeitraum, in dem die Gaullisten auf den Koalitionspartner angewiesen waren, machte sich die - soweit bekanntgeworden - stärkere innerkabinettliche Opposition bemerkbar. Es war insbesondere Antoine Pinay, der sich als innerkabinettliche Opposition zur gaullistischen Verteidigungspolitik institutionaliserte. Sein Versuch, eine Änderung der französischen Verteidigungspolitik zu erreichen, d.h. eine Beibehaltung der Integration zu ermöglichen und gleichzeitig den Aufbau einer nationalen force de frappe zu verhindern, war aber zum Scheitern verurteilt. Da Pinay 1. als Persönlichkeit ins gaullistische Kabinett Debré geholt worden war und somit von den Gaullisten nicht als Parteiinteressenvertreter angesehen wurde und 2. seine Aufgabe, die Bekämpfung der Preissteigerungen, erfolgreich gelöst hatte, war er für die gaullistische Mehrheit ersetzbar geworden. Doch Pinay kam diesem gaullistischen Ansinnen mit seinem Rücktritt zuvor.

Ebenfalls durch Rücktritt machten die 5 MRP-Minister im Mai 1962 auf ihre innerkabinettliche Opposition gegenüber der gaullistischen Verteidigungspolitik aufmerksam. Der Anlaß war die Pressekonferenz de Gaulles, in der er der Europakonzeption der MRP eine scharfe Absage erteilte, so daß die volksrepublikanischen Minister keine andere Möglichkeit als ihren Rücktritt sahen.
So zeichnete sich die innerkabinettliche Opposition im ersten Septennat der Präsidentschaft de Gaulles dadurch aus, daß sie zur an-

tagonistischen Opposition wurde und die ursprünglich gemeinsamen Interessen mit der Regierung verloren gingen. Diese Entwicklung vollzog sich vor allem wegen der scheinbar neuen Konzeption in der gaullistischen Verteidigungspolitik, die von den Kabinettsmitgliedern zu Beginn ihrer Amtszeit noch nicht erkannt war oder die sie durch ihre Mitarbeit glaubten, verhindern zu können. So wurden dann die Differenzen in den Verteidigungskonzeptionen so groß, daß als einzige Möglichkeit tatsächlich nur noch der Rücktritt blieb.
Im zweiten Septennat war die gaullistische Verteidigungstheorie so weitgehend verwirklicht worden, daß es für Persönlichkeiten mit grundsätzlich anderen Verteidigungskonzeptionen unmöglich war, in ein gaullistisches Kabinett einzutreten, wollten sie sich nicht der Lächerlichkeit preisgeben. Deshalb erleben wir auch hier keine innerkabinettliche Opposition gegenüber der Verteidigungspolitik, die schließlich zu Ministerrücktritten führt. Lediglich zwischen dem Wirtschafts- und Finanzminister Giscard d'Estaing und Verteidigungsminister Debré kommt es wegen Debrés Waffenhandelspolitik zu einer kleineren Koalitionskrise, die aber nicht die Intensität der früheren innerkabinettlichen Opposition erreicht.

6.1.2 Die Opposition der Regierungsfraktionen

Das Verhalten der Regierungsfraktionen im politischen Entscheidungsprozeß der V. Republik ist uneinheitlich und hängt in erster Linie mit dem politischen Selbstverständnis der jeweiligen Regierungsfraktion zusammen. Während sich die gaullistische Fraktion in der Nationalversammlung zu allererst als Vertreterin zur Durchsetzung der Politik des General de Gaulle verstand, sahen sich die anderen Regierungsfraktionen wie MRP und Unabhängige Republikaner sowie Teile des Zentrums als Vertreter ihrer Parteiinteressen, die sie über die Regierungspolitik stellten.
Zwar betrieb die in der Regierung vertretene MRP bereits seit dem Beginn ihrer Regierungsmitgliedschaft eine partielle Opposition im Bereich der Verteidigungspolitik; sie war jedoch nur immer verbaler Art und als Warnung für den großen gaullistischen Partner zu verstehen. Aktive Opposition, d.h. konkrete Maßnahmen zur Verhinderung eines bestimmten militärpolitischen Ziels, wurden erst beim Aufbau der force de frappe getroffen. Da eine nationale französische Atom-

macht der volksrepublikanischen Verteidigungskonzeption entgegenstand, wurde eine Lösung angestrebt, die mit Hilfe der atlantischen Integration verwirklicht werden konnte.
Wie sehr in der volksrepublikanischen Partei eine partielle Opposition zur gaullistischen Verteidigungspolitik vorhanden war, geht aus der Abstimmung in der Nationalversammlung über das erste Fünfjahresprogramm hervor. Von 58 MRP-Abgeordneten stimmten 21 Parlamentarier für den von der parlamentarischen Opposition eingebrachten Mißtrauensantrag. Die Abgeordneten der MRP fanden sich damit in einer ausgesprochenen Zwangslage. Entweder unterstützten sie die von ihnen getragene Regierung und stimmten damit einer französischen Atlantik- und Europapolitik zu, die ihren eigenen Konzeptionen entgegenlief oder aber sie stürzten die Regierung in einem kritischen Stadium der Algerienpolitik und gaben damit eventuell de Gaulle einen Anlaß, die parlamentarischen Regeln außer Kraft zu setzen. Die Zustimmung von knapp 40 % der Fraktionsmitglieder für den Tadelsantrag sollte die wachsende Bedeutung der Innerbereichsopposition durch die MRP signalisieren, die schließlich mit dem Austritt ihrer Minister zur antagonistischen Opposition wurde.
Im Verlaufe der 14 Jahre des Bestehens der V. Republik hatte sich aber gerade auf dem Gebiet der Verteidigungspolitik in der gaullistischen Union eine Opposition installiert, die ihrer Kritik in zunehmendem Maße Ausdruck gab. Doch unterschied sich gerade die Kritik der innergaullistischen Opposition von der der anderen Regierungsfraktionen dadurch, daß die Gaullisten zu wenig finanzielle Mittel für eine erfolgversprechende force de frappe zur Verfügung gestellt sahen. Gerade in diesem Bereich wurde auch die Interessenvertretung verschiedener gaullistischer Abgeordneter recht deutlich, als sie z.B. eine stärkere Berücksichtigung der Marine oder der Luftwaffe für die force de frappe verlangten.
Am Ende der Pompidou-Ära sah sich die gaullistische Regierung einer zunehmenden Opposition in der Verteidigungspolitik in der eigenen Partei gegenübergestellt. Die, insbesondere durch die Verteidigungs-Experten Sanguinetti und Le Theule, vertretene Opposition, warf der Regierung mangelnde Konsequenz in der Verteidigungspolitik vor und forderte ein größeres Mitwirkungsrecht an dem verteidigungspolitischen Entscheidungsprozeß. Ihre Opposition ging jedoch nicht soweit, daß das Regierungsprogramm abgelehnt wurde, sondern sollte als Warnung an die Regierung verstanden werden, die Experten der eigenen

Partei in den Entscheidungsprozeß stärker einzubeziehen.

6.2 Die parlamentarische Opposition und die gaullistische Verteidigungspolitik 1958 - 1973

Neben den Kommunisten können die Sozialisten sowie die Radikalsozialisten zur permanenten parlamentarischen Opposition in der V. Republik gezählt werden. Die Kommunisten betrieben und betreiben auch heute noch eine totale Opposition gegenüber dem "Persönlichen Regime" des gaullistischen Frankreich. Die Sozialisten betrieben zwar auch, nachdem sie Anfang 1959 die gaullistische Regierung verlassen hatten, eine "System-Opposition", die sie aber nicht daran hinderte, im Falle eines Wahlsieges die Institutionen der V. Republik beizubehalten. Die Kommunisten und Sozialisten waren auch im Gegensatz zu den Radikalsozialisten, die insbesondere in der Außen- und Verteidigungspolitik in Opposition zur Regierung standen, zahlenmäßig so stark in allen Legislaturperioden vertreten, daß sie allein von ihrer numerischen Größe als Oppositionsparteien legitimiert waren. Daneben betrieben im Untersuchungszeitraum noch mehrere kleinere Parteien wie die PSU und einige Zentristen Opposition zur gaullistischen Verteidigungspolitik.
Grundsätzliches Kennzeichen der parlamentarischen Opposition war die ideologische Verschiedenheit und ihre Heterogenität, die noch aus den Tagen der III. und IV. Republik stammten. So ergaben sich für die Oppositionsparteien immer mehrere Probleme gleichzeitig. Wollten sie ihre eigentliche Aufgabe erfüllen, nämlich die Ablösung der Regierung, mußten sie alle zusammenarbeiten. Das bedeutete aber wiederum gleichzeitig, daß die Parteien sich nur auf dem kleinsten erreichbaren Nenner hätten einigen können und somit wiederum keine echte Alternative bieten konnten. Damit wurde gleichzeitig das Problem der Profilierung aufgeworfen. Wie sollten Sozialisten ihren Wählern klarmachen, daß nur im Zusammengehen mit den Kommunisten die Alternative lag, wenn gleichzeitig wiederum bei jeder sich nur bietenden Gelegenheit die Kommunisten von den Sozialisten verdammt wurden. Wie sollten die Sozialisten glaubwürdig bleiben, wenn sie auf den Konferenzen der "Sozialistischen Internationale" die Kommunisten anders bewerteten als in der französischen Politik?
Die besondere Problematik für die Verteidigungspolitik ergab sich

dadurch, daß sie von der Konstellation der internationalen Politik abhängt und damit nicht nur von nationalen Akteuren beeinflußt wird, sondern auch durch Veränderung der internationalen Umwelt sehr stark beeinflußt wird. Das bedeutet, daß jede Partei für ihre Verteidigungspolitik eine Analyse der internationalen Politik vornehmen muß, um dann ihre Verteidigungspolitik danach ausrichten zu können. Die Unterschiede gerade zwischen der PCF auf der einen Seite und den Sozialisten und Radikalsozialisten auf der anderen Seite in der Bewertung der internationalen Politik bestimmten nachhaltig die von ihnen jeweils praktizierte Oppositionspolitik zur gaullistischen Verteidigungspolitik. Die Sozialisten hatten innerhalb der Oppositionsparteien die Mittelstellung und mußten dadurch die Pendeltaktik anwenden, d.h. ständig zwischen Versprechungen an die Kommunisten und beruhigenden Zusagen an die Radikalsozialisten hin- und herschwenken. Die Schwierigkeiten der Opposition wurden noch dadurch potenziert, daß die nicht-kommunistische Linke mit ihrem Einigungsversuch in der F.G.D.S. gescheitert war, und die parlamentarische Opposition sich noch stärker zersplitterte.

6.2.1 Die Verteidigungspolitik als Hindernis der Einigung der Oppositionsparteien

In kaum einem anderen Bereich der Politik der V. Republik waren so heterogene Ansätze innerhalb der Oppositionsparteien zu finden wie in der Verteidigungspolitik. Die Oppositionsparteien wurden dabei von einer mehrfachen Hypothek belastet. Die nicht kommunistische Linke konnte (und wollte) sich zunächst nicht einigen. Das größte Problem bildete aber die Stellung der PCF.

> "Die Allianz dieser Partei mit den anderen ist immer wiederrufbar, und zwar unter unvorhersehbaren Umständen, woran die Jahre 1920, 1939 und 1947 erinnern. Außerdem könnte die PC immer nur eine Allianz auf mehr oder weniger föderaler Ebene akzeptieren, niemals eine Fusion"[1].

Die Schwierigkeit für die Kommunistische Partei, ihre Oppositionsrolle nicht nur im rein innenpolitischen Bereich sichtbar zu machen, sondern auch eine außenpolitische Opposition zu betreiben, ergibt sich insbesondere aus dem Doppelcharakter der Partei: Innenpolitisch muß sie als führende Partei der fortschrittlichen Kräfte und besonders der Arbeiterklasse das "persönliche Regime" mit seiner "monopolkapitalistischen Interessenverbundenheit" verurteilen, außenpolitisch dagegen als Partei des "proletarischen Internationalismus" die sogenannten positiven Aspekte der gaullistischen Ostpolitik unterstützen, d.h. auch wiederum bestimmte Bereiche in der gaullistischen Verteidigungspolitik nicht nur akzeptieren sondern sogar unterstützen. Damit waren die Schwierigkeiten einer Einigung bereits fast unüberbrückbar vorprogrammiert.

6.2.1.1 Die NATO als Hemmnis der Einigung der parlamentarischen Opposition

Die gaullistische Verteidigungspolitik, die vor allem die Funktion der Unterstützung der Außenpolitik hatte, beruhte auf drei Grundvoraussetzungen. Um das höchste gaullistische Gut, die nationale Unabhängigkeit zu erreichen, durften 1. Bündnisse nur geschlossen werden, wenn sie zum Nutzen Frankreichs waren, mußte 2. Frankreich die nationale Verfügungsgewalt über Kernwaffen besitzen und konnte 3. Abrüstung nur unter Beachtung der ersten beiden Prämissen betreiben. Gemäß diesen Voraussetzungen mußte Frankreich seinen Rückzug aus der NATO betreiben, um die nationale Unabhängigkeit wiederherzustellen.
Doch bei der seit 1959 praktizierten und bis 1966 beendeten NATO-Rückzugspolitik zeigte sich, wie zerrissen und heterogen die parlamentarische Opposition war und wie schwierig eine Einigung darüber werden sollte.
Bereits die Ausgangslage der Analyse der internationalen Politik und die Funktion der NATO darin zeigte den unüberwindbaren Gegensatz in der parlamentarischen Opposition. Während die Sozialisten und die Radikalsozialisten die NATO als Rückgrat der französischen Verteidigung ansahen, die für die Aufrechterhaltung des Friedens in Europa von fundamentaler Bedeutung war, sahen die französischen Kommunisten in der NATO die von den USA benötigte aggressive Allianz, um ihre imperialistische Hegemonie aufrechterhalten zu können. Hier wurde bereits deutlich, daß sich in der Bewertung der NATO für die französische Verteidigungspolitik unüberwindbare Gräben zwischen die parlamentarischen Oppositionsparteien schoben, die eine gemeinsame Oppositionspolitik in diesem Bereich gegenüber der gaullistischen Regierung unmöglich machten und erst recht bei einer Übernahme der Regierung durch die Opposition zu deren sofortigen Scheitern hätten führen müssen.

Doch die Unterschiede in bezug auf die Haltung gegenüber der NATO sollten durch die praktizierte gaullistische Politik noch deutlicher zu Tage treten. Durch die sukzessiv erfolgte Abberufung französischer Einheiten aus dem NATO-Oberbefehl sahen Sozialisten und Radikalsozialisten Frankreich in eine Isolierung geraten. Die Kommunisten bewerteten dagegen diese Maßnahme als "taktische Verneblungstechnik", die nur eine unabhängige Politik vortäuschen sollte. Denn in dem Memorandum de Gaulles vom September 1958, in dem er ein Dreierdirektorium für die NATO forderte, sahen die Kommunisten nicht zu Unrecht einen Beweis dafür, daß de Gaulle Frankreich in der NATO belassen wollte. Nur, wenn dieses Argument auch noch nach 1962 benutzt wird, zu einem Zeitpunkt, an dem de Gaulle die europäische Phase seiner Außenpolitik nach dem Abschluß des Algerienkrieges begann, können diese Vorwürfe nicht mehr glaubwürdig vertreten werden. Schwerwiegender ist der kommunistische Vorwurf, daß de Gaulle Frankreich in der NATO belassen wollte, damit die Interessen der französischen und der amerikanischen Monopole besser vertreten werden können, ein Vorwurf, der später vom Radikalen J.J. Servan-Schreiber in seiner aufsehenerregenden Schrift "Die amerikanische Herausforderung" in anderer Form teilweise aufgegriffen wurde. Und vollends wurden die unüberbrückbaren Gegensätze innerhalb der parlamentarischen Opposition sichtbar, als die PCF die SFIO auf Grund ihrer NATO-Politik zu einem der eifrigsten Verfechter des Kalten Krieges erklärte. Die Forderung nach Auflösung der NATO durch die PCF kann man somit als Höhepunkt einer negativen NATO-Politik bezeichnen.
Die nichtkommunistische Linke dagegen betrieb eine positive NATO-Politik, d.h. sie sah die Allianz nicht nur als notwendiges Übel an, sondern geradezu als unentbehrliche Voraussetzung für eine französische Verteidigungspolitik. Da beide Parteien auch in ihrer verteidigungspolitischen Theorie das Integrationskonzept vertraten, war es nur allzu logisch, wenn sie in ihrer jeweiligen Verteidigungskonzeption integrierte Bündnisse als Voraussetzung für eine effektive Verteidigung Frankreichs forderten und damit genau den Interessen der PCF entgegenliefen. Der Generalsekretär der SFIO, Guy Mollet, warf der gaullistischen Regierung auch vor, daß die NATO nicht durch eine zu weitgehende Integration geschwächt wurde - wie von der Regierung Pompidou behauptet - sondern daß eine wesentliche größere Integration die Effizienz des Atlantischen Bündnisses vergrößern würde.

Sozialisten und Radikalsozialisten betteten ihre verteidigungspolitische Konzeption in ihre außenpolitische Konzeption über die zukünftige Gestaltung Europas ein. Damit wurden die sozialistische und radikalsozialistische Verteidigungskonzeption zu einer Funktion der Europapolitik beider Parteien. Das bedeutete wiederum, daß Europapolitik und NATO-Politik der nichtkommunistischen Linken in ursächlichem Zusammenhang standen und nicht losgelöst voneinander gesehen werden konnten. So entstand 1963 die aus den Wahlbündnissen des November 62 hervorgegangene "Organisation de la Gauche Europénne", die außenpolitisch die SFIO, UdSR, PSU, MRP und einige Klubs vereinigte und sich für ein vereintes Europa aussprach[2]. Es würde aber in diesem Zusammenhang zu weit führen, auch die Divergenzen in der Europapolitik der beiden Parteien aufzuzeigen, sondern es sollen vielmehr die Gemeinsamkeiten, die insbesondere in der Rolle Europas innerhalb der NATO festzustellen sind, dargestellt werden.

Beide Parteien vertraten ein Zweisäulenkonzept innerhalb des Atlantischen Bündnisses. Danach sollten die USA und Kanada auf amerikanischer Seite Partner eines geeinten Europas sein. Mit Hilfe dieser Konzeption hofften die beiden Parteien, die auch von de Gaulle als ein Rückzugsgrund genannte und von SFIO und RRRS vertretene Forderung, die innerhalb der Allianz existierende Ungleichheit zu überwinden. Es waren aber lediglich die Sozialisten, die ihr Europakonzept, d.h. ein supranationales Europa mit parlamentarischer Kontrolle,offenlegten. Dadurch wurde die verteidigungspolitische Konzeption in den utopischen Bereich verrückt, denn das supranationale Europa konnte nur unter Mitwirkung aller europäischer Partner geschaffen werden, die aber Anfang der 60er Jahre - insbesondere seien hier Großbritannien und die skandinavischen Staaten genannt - nicht zu einem supranationalen Europa bereit waren. Die Radikalsozialisten vertraten dagegen ein unverbindliches supranationales Konzept, das ihnen alle Wege offenließ und deshalb hier nicht weiter erörtert werden soll.

Nun wurde aber von der nichtkommunistischen Linken nicht nur die Ungleichheit der Mitglieder der NATO kritisiert, sondern - ebenso wie es de Gaulle getan hat - der ungenügende Geltungsbereich der NATO als ein Problem angesehen und eine größere territoriale Ausdehnung des Geltungsbereiches gefordert, ohne allerdings anzugeben, auf welche Länder sich die erwünschten Sicherheitsgarantien beziehen sollten.

Insbesondere von den Sozialisten wurde der Vorwurf ungenügender parlamentarischer Kontrolle der NATO-Gremien erhoben und deshalb auch eine Verbesserung dieses Zustands verlangt.
Als sich Mitte der 60er Jahre eine Änderung in der internationalen Politik anbahnte, bedeutete dieser Wechsel auch eine Funktionsveränderung der Bündnisse im Selbstverständnis der nichtkommunistischen Oppositionsparteien. Die NATO wurde nicht mehr ausschließlich als Verteidigungsinstitution angesehen, wenngleich auf ihre schützende Defensivgarantie für die französische Sicherheit seitens der nichtkommunistischen Linken nicht verzichtet werden konnte, sondern sie sollte als ein Element in die beginnende internationale Entspannungspolitik eingefügt werden.
Die einseitig von de Gaulle im März 1966 getroffene Entscheidung, Frankreich aus der NATO-Integration zurückzuziehen, machte schlagartig deutlich, wie die NATO-Frage zu einem der schwierigsten, wenn nicht sogar dem schwierigsten Problem der gesamten parlamentarischen Opposition in bezug auf ihre Einigung wurde.
Seit 1962 war die PCF auf Gemeinsamkeitskurs übergegangen - ohne dabei allerdings bei der nichtkommunistischen Linken allzu großen Widerhall zu finden. Seit 1965, dem Jahr der ersten Direktwahl des französischen Staatspräsidenten wurde auch die Annäherung von der nichtkommunistischen Linken betrieben, da beide Formationen nun endlich einsahen, daß nur im gemeinsamen Zusammengehen eine echte Alternative zum Gaullismus möglich war. Die mit dem Verzicht auf einen eigenen kommunistischen Präsidentschaftskandidaten und Unterstützung des F.G.D.S.-Kandidaten Mitterand vorgenommene Annäherung durch die PCF wurde durch das NATO-Problem im April 66 abrupt unterbrochen. Anläßlich der Einbringung des Tadelsantrags gegen die NATO-Rückzugspolitik stellte sich das Dilemma der parlamentarischen Opposition in aller Öffentlichkeit dar. Von der äußersten Linken, d.h. den Kommunisten bis zu den Zentristen, war man sich einig, einen Tadelsantrag gegen die Regierung auszusprechen. Doch es war gerade der Inhalt und die Begründung des Antrages, der die parlamentarische Opposition spaltete. Die Sozialisten verlangten insbesondere die Atlantikpolitik der Regierung zu tadeln, dem sich die Kommunisten am schärfsten widersetzten, weil sie im Rückzug aus der NATO-Integration positive Aspekte für ihre eigene Politik sahen. Das Dilemma war aber, daß die Stimmen der Kommunisten unbedingt benötigt wurden, sollte der Tadelsantrag erfolgreich abge-

schlossen werden. Die Einheit der parlamentarischen Opposition wurde jedoch vollends in Frage gestellt, als die zwar von der Mandatszahl her unbedeutende, jedoch in ihrer politischen Wirkung bedeutsame PSU erklärte, daß sie auch die von der SFIO vorgeschlagene Motion, die den NATO-Rückzug verurteilte, nicht unterstützen könnte, obwohl sie sich prinzipiell für ein gemeinsames Vorgehen der Abgeordneten, die 1965 dem gemeinsamen Präsidentschaftskandidaten der Linken unterstützt hatte, aussprach[3]. Die Sozialisten suchten jedoch eine breite Basis für ihre Motion und wollten sich deshalb auch der Unterstützung der anderen Mitglieder der F.D.G.S. und vielleicht sogar der der Zentristen versichern.
Damit wurde das Zentralproblem der parlamentarischen Opposition durch den Tadelsantrag aufgedeckt. Einheit mit den Kommunisten, Einheit mit den Zentristen oder keine Einheit und eine eigene, jedoch wenig erfolgversprechende Opposition?
Die Antwort wurde durch die Abstimmung über den von 40 Sozialisten und 9 Abgeordneten des Rassemblement Démocratique eingebrachten Tadelsantrag gegeben. Lediglich 137 Stimmen aus den Reihen der Sozialisten, des R.D. und einige Zentristen unterstützten den Tadelsantrag. Die parlamentarische Opposition und insbesondere die Linke war erneut gespalten. Sie war so unversöhnlich gespalten, daß die Kommunisten erklärten, daß "ein Teil der Linken in die von den Gaullisten gestellte Falle getappt ist"[4]. Die unterschiedlichen Ziele der PCF und der nichtkommunistischen Linken in bezug auf die NATO wurden noch einmal in aller Deutlichkeit von Roger Dabernat aufgezeigt, als er erklärte: "Die Atlantikkrise hat der UdSSR den größten Sieg ohne Krieg geschenkt, den sie jemals erhalten hat"[5].

Doch bereits im Herbst des gleichen Jahres wurde ein neuer Versuch der parlamentarischen Opposition zur Einigung unternommen, da im März 1967 Nationalversammlungswahlen abgehalten wurden und nur eine vereinte Linke eine echte Alternative zu den Gaullisten bilden konnte.
Zwar gelang es der F.D.G.S. mit der PCF zu einem Wahlbündnis zu gelangen, aber gerade in der NATO-Politik wurden die Differenzen durch Ausklammern dieses Problems deutlich. Die F.G.D.S. wollte laut ihrem Programm vom 14. Juli 1966 eine positive NATO-Politik betreiben, während die PCF nach wie vor deren bedingungslose Auflösung forderte. Daran änderte sich auch nichts durch die im Februar 1968 verabschiedete gemeinsame Plattform zwischen F.G.D.S. und

PCF. Durch die 1968 erfolgte Intervention von 5 WP-Mächten in der CSSR sah sich die nichtkommunistische Linke in ihrer Auffassung von der Defensivgarantie der NATO bestätigt. In einem erneuten Einigungsversuch zwischen PCF und der Nachfolgerin der SFIO, der PS, wurden dementsprechend die unterschiedlichen Haltungen zur NATO erneut dokumentiert. Das bedeutete, daß Kommunisten und Sozialisten in dieser für die Verteidigung Frankreichs so wichtigen Frage keine Einigung erzielen konnten. Wie sollte aber eine Regierung, bestehend aus Sozialisten und Kommunisten, einen gemeinsamen Nenner zu dieser Frage finden, wenn schon die beiden Parteien sich als Opposition nicht über diese zentrale Frage verständigen konnten? Es fällt nicht schwer zu behaupten, daß - vorausgesetzt eine aus beiden Parteien bestehende Regierung hätte existiert - das Regierungsbündnis nur von allerkürzester Dauer hätte sein können.

Die Konsequenz aus diesen unterschiedlichen Standpunkten mußte also - falls die Gemeinsamkeit beider Partner nach wie vor von beiden beabsichtigt wurde - die Aufgabe gewisser Positionen auf beiden Seiten sein.

Offensichtlich ist, daß zumindest sich die sozialistische Partei seit dem Beginn der 70er Jahre in einem Umdenkungsprozeß in bezug auf die NATO befindet, der aber im Augenblick noch nicht abgeschlossen zu sein scheint. Das hängt einmal mit der veränderten internationalen Lage - die partielle Zusammenarbeit der Supermächte USA und UdSSR, z.B. SALT 1, ist auch an den französischen Sozialisten nicht spurlos vorübergegangen - sowie dem Führungswechsel in der Sozialistischen Partei zusammen. In den siebziger Jahren wird die NATO auch in der sozialistischen Partei als ein Instrument des amerikanischen Kapitalismus angesehen, wie aus dem neuen Parteiprogramm vom Sommer 1972 hervorgeht[6]. Und noch erstaunlicher ist es, festzustellen, daß die Sozialisten im Jahre 1972 die gaullistischen Begründungen, die der General immer wieder für die NATO-Rückzugspolitik geltend gemacht hatte, und die von den Sozialisten in jenen Jahren heftig bekämpft wurden, anwenden, um ihre Änderung in der NATO-Haltung zu rechtfertigen. Gleichzeitig haben die Sozialisten damit eine Voraussetzung für die Annäherung an die PCF geschaffen, die seit Gründung der NATO das amerikanische Hegemoniestreben und den amerikanischen Imperialismus verurteilt hat. Diese Hinwendung kann nicht als taktische Maßnahme auf dem Weg zur Volksfront verstanden werden, denn durch diesen Schritt wird die Politik der nationalen Unabhängigkeit, für die de Gaulle in der französischen Bevölkerung immer viel Unterstützung erzielte, auch von den Sozialisten stärker in den Vordergrund gestellt. Sicherlich spielt dabei die in fast allen Teilen der Welt anwachsende USA-feindliche Haltung, die in Frankreich schon immer leicht auf fruchtbaren Boden fallen konnte, eine nicht unwesentliche Rolle.

Vergegenwärtigt man sich diese Konstellation, - international eine wachsende partielle Kooperation der beiden Supermächte USA und UdSSR verbunden mit einem wachsenden Antiamerikanismus in vielen Staaten und national eine zunehmende positive Einstellung der französischen Bevölkerung für die Politik der nationalen Unabhängigkeit - so mußte die Sozialistische Partei den Weg der Annäherung an die PCF in der Frage der NATO einschlagen, wollte sie eine Chance besitzen, zusammen mit den Kommunisten die Gaullisten aus der Regierung zu verdrängen. Zu fragen ist nur nach der Glaubwürdigkeit dieses doch verbal sehr stark vorgenommenen Richtungswechsels. Eine Partei, die den Weg nach Auflösung der Blöcke auf den ersten Platz ihres verteidigungs- und außenpolitischen Programms gesetzt hat, muß auch so konsequent sein, diesen Weg zu Ende zu gehen. Der Beschluß des Parteitags von 1972, Frankreich in der NATO weiterhin zu belassen, läßt Zweifel an der neuen Richtung aufkommen. Und wenn tatsächlich die Bewertung der NATO als Instrument des amerikanischen Kapitalismus die Richtschnur der Sozialisten ist, muß man fragen, weshalb im gemeinsamen Regierungsprogramm von PCF und PS kein sofortiger Rückzug aus der NATO gefordert wird. Es scheint, als sei gerade die NATO-Politik eines der schwierigsten Kapitel für die Vereinigte Linke. Wie sehr gerade die NATO-Politik einer Regierung der Vereinigten Linken zum Verhängnis geworden wäre, geht aus einer Äußerung des Parteidirektoriumsmitglieds der PS, Charles Hernu, hervor, der auf dem Parteitag der Sozialisten im Juni 1973 erklärte, daß die Militärpolitik einer Volksfrontregierung zu wenig durchdacht sei[7].

Die NATO war aber nicht nur zwischen Sozialisten und Kommunisten lange Zeit ein Hindernis auf dem Weg zur Einheit. Anders als die Sozialisten und ähnlich wie die Kommunisten sieht die PSU in der NATO eine "kapitalistische Internationale", die gegen die Gefahr möglicher Erhebungen der Völker gegründet sei und deshalb zu bekämpfen sei. Die Ähnlichkeit mit den Kommunisten ist bei der Vereinigten Sozialistischen Partei nicht von der Hand zu weisen.

Die Radikalsozialisten fordern dagegen ein starkes Europa, das ein ebenbürtiger Partner der Atlantischen Allianz sein soll, und dementsprechend muß auch der Verbleib Frankreichs in der NATO gesichert werden. Die Radikalsozialisten vertreten während der gesamten V. Republik ihre Verteidigungskonzeption, die die Integration in der NATO vorsieht und so sind sie zusammen mit dem Zentrum die Oppositionspartei, die mit den Sozialisten während der meisten Zeit der V. Republik eine echte verteidigungspolitische Alternative zu den Gaullisten bildeten. Ihre Spaltung in zwei Flügel verringerte jedoch zusehends ihre Bedeutung für die parlamentarische Opposition. Der linke Flügel unter Maurice Faure schloß sich bei den Wahlen zur Nationalversammlung im März 1973 der Volksfront aus PCF und PS an, während der rechte Flügel unter J.J. Servan-Schreiber mit den Zentristen unter Lecanuet die alte Atlantikpolitik weiter verfolgte. Die Weiterentwicklung des Atlantikpaktes wird auch das zukünftige Verhalten der parlamentarischen Opposition zu diesem Problem zeigen.

6.2.1.2 Die force de frappe - Einigungsfaktor mit Hindernissen

Der Aufbau der nationalen französischen Atomstreitmacht - Kernstück und Eckpfeiler der gaullistischen Außenpolitik - bildete den Hintergrund für eine potentielle Einigung der parlamentarischen Opposition. Kommunisten, Sozialisten und Radikalsozialisten waren sich einig, den Fünfjahresplan für die Verteidigung und somit den Aufbau der nationalen force de frappe abzulehnen. Die parlamentarischen Oppositionsparteien trafen sich jedoch nur in der Negation, d.h. um eine von der Regierung vorgeschlagene Maßnahme zu verhindern. Vergegenwärtigt man sich jedoch die Motive und die jeweiligen Alternativen der Oppositionsparteien, so werden die Differenzen zwischen ihnen offenkundig. Sozialisten und Radikalsozialisten lehnten die force de frappe u.a. damit ab, daß sie einer europäischen Integration entgegenstände. Es waren aber gerade die Kommunisten, die - aufgrund ihrer Abhängigkeit von Moskau - insbesondere die europäische Integration ablehnten und damit entgegengesetzte Positionen gegenüber Sozialisten und Radikalsozialisten vertraten. Im Aufbau der französischen Nuklearstreitmacht sahen Sozialisten und Radikalsozialisten eine Schwächung der NATO, die sie zu verhindern suchten, während gerade die PCF an der Schwächung

der NATO lebhaftes Interesse zeigte. Einig waren sich die parlamentarischen Oppositionsparteien allerdings in der These, daß eine nationale französische Atomstreitmacht notwendigerweise die Weiterverbreitung von Kernwaffen implizierte und damit auch den Zugang der BRD zu Atomwaffen ermöglichte. Diese These ist allerdings bis heute nicht bewiesen worden.
In den Alternativen der Oppositionsparteien zur force de frappe wird erst recht das Dilemma deutlich, das sich hinter der ablehnenden Einheitsfront von PCF, SFIO und RRRS verbirgt. Die Atombewaffnung der Großmächte und ständigen Sicherheitsratsmitglieder - auch die Opposition sah in Frankreich noch immer eine Großmacht - rückte in den Vordergrund des politischen Interesses in Frankreich. Die Sicherheitsratsmitglieder waren bis auf Nationalchina, das aber keinen Großmachtanspruch erhob, atomar bewaffnet. Auf dieses Problem mußte auch die Opposition eine Antwort geben.
Die Kommunisten lehnten jedoch jegliche Atombewaffnung ab, weil sie in ihr eine Fortsetzung des Rüstungswettlaufs sahen, den sie unbedingt verhindern wollten, da sie die daraus frei werdenden Mittel für andere politische Bereiche verwenden wollten. Die Sozialisten und die Radikalsozialisten wurden durch die internationale Entwicklung in der Atombewaffnung vor eine Situation gestellt, in der ihre außen- und verteidigungspolitischen Theorien auf den von den Parteien beanspruchten Realitätsgehalt hin überprüft werden sollten. Mit dem Aufkommen der multilateralen Atomstreitmacht wurden SFIO und RRRS gezwungen, endgültig eine klare Stellungnahme zur Verteidigungspolitik abzugeben. Und hier zeigte es sich erneut, daß die ersten Alternativvorschläge der nichtkommunistischen Linken lediglich unreflektierte Handlungsanweisungen für eine nicht beabsichtigte Entwicklung der internationalen Politik gewesen waren und lediglich zum Abblocken der gaullistischen Verteidigungspolitik dienen sollten. Im Verlauf von fünf Jahren änderten RRRS und SFIO ihre Haltung zur multilateralen Atomstreitmacht, bis sie sich schließlich 1964 für eine integrierte europäische Atomstreitmacht aussprachen, die das bereits vorhandene französische Kernwaffenpotential einbeziehen sollte. Die weiteren Modalitäten, d.h. das Verhältnis von Europa zur NATO und zur USA sowie die Stellung der BRD und anderer Länder in dieser integrierten Atomstreitmacht, wurden aber auch jetzt nicht aufgezeigt, da es beiden Parteien noch an einer ausgereiften Konzeption mangelte.

Diese unreflektierte Haltung der nichtkommunistischen Linken erklärte sich daraus, daß die Parteien die Bedeutung des Problems in den Anfangsjahren seines Entstehens nicht richtig erkannt hatten, und daß die gesamte Verteidigungspolitik in jener Zeit von ihnen nicht als ein Bereich von "wahlrelevanter" Bedeutung angesehen wurde. Außerdem war die französische Atomwaffe noch immer im Aufbaustadium begriffen, d.h., daß der militärische und politische Wert der force de frappe in jener Zeit noch nicht allzu hoch eingeschätzt wurde. Die Aussage Mollets aus dem Jahr 1960, daß die force de frappe das Grundproblem der französischen Außenpolitik sei, war offenbar nicht mehr gültig.

Ab Mitte der 60er Jahre muß alle Politik der Oppositionsparteien unter dem Aspekt des Versuchs der Einigung von kommunistischer und nichtkommunistischer Linker gesehen werden. In bezug auf die force de frappe bedeutete dies, daß die parlamentarische Opposition in der gemeinsamen Ablehnung der force de frappe eine günstige - wenngleich eine Einigung in der Negation etwas Bestehenden ohne konkrete Alternative - Einigungsvoraussetzung sah. Die Ablehnung der force de frappe wurde dann auch bis zu Beginn der 70er Jahre strikt von beiden Parteien durchgehalten. Nachdem die sozialistische Partei 1969 neugegründet wurde und François Mitterand den Vorsitz übernahm, gewannen die Sozialisten ihr Selbstbewußtsein zurück, das mit den Wahlniederlagen Ende der 60er Jahre verlorengegangen war. Obwohl sich der Einigungsversuch zwischen kommunistischer und nichtkommunistischer Linker 1973/74 in einem erfolgversprechenden Stadium befindet, wird nun von den Sozialisten die bisherige gemeinsame Basis in bezug auf die force de frappe in Frage gestellt, da die Atomstreitmacht in der sozialistischen Partei einem Bedeutungswandel unterliegt. Sicherlich ist die Begründung der PS, daß zu Beginn der 70er Jahre die force de frappe eine unbestrittene Realität sei, nicht von der Hand zu weisen. Auffälliger ist aber, daß gerade bei einer zunehmenden Interessenidentität der beiden Supermächte USA und UdSSR in bezug auf die Sicherheitspolitik, die Sozialisten in der force de frappe ein politisches Instrument sehen, das sie bei internationalen Verhandlungen als Trumpf einsetzen wollen.

Damit wird nicht nur ein gaullistisches Argument, das jahrelang von den Sozialisten bekämpft wurde, übernommen, sondern es wird auch den Kommunisten in bezug auf den Einigungsprozeß zu verstehen

gegeben, daß die force de frappe nicht mehr unbedingt als Integrationsinstrument angesehen werden kann. Zwar ist im Regierungsprogramm der Vereinigten Linken der "Verzicht auf die force de frappe, unter welcher Form auch immer" ausgesprochen; jedoch darf nicht übersehen werden, daß es sich hierbei zu allererst um ein Programm für die Märzwahlen 1973 zur Nationalversammlung handelt, daß aber das Programm der PS von 1972 nach wie vor für die Sozialisten Gültigkeit besitzt. In diesem Programm wird aber nur von einer Unterbrechung der force de frappe gesprochen, so daß der Verzicht auf die force de frappe im gemeinsamen Wahlprogramm als Zugeständnis an die PCF gesehen werden muß, das im entscheidenden Moment aber widerrufbar ist.
Gerade am Beispiel der force de frappe zeigen sich die tiefgehenden Differenzen der kommunistischen und nichtkommunistischen Linken in bezug auf die Außenpolitik. In der gesamten Außenpolitik ist das gemeinsame Programm ohne verbindliche Aussage, so daß die echten Schwierigkeiten erst bei einer Regierungsübernahme durch die Linke an den Tag kommen könnten. Wie schwierig gerade eine Einigung innerhalb der Union der Linken neuerdings in der Frage der force de frappe wird, geht allein schon aus der Uneinigkeit über dieses Problem innerhalb der PS hervor. So hat das Präsidiumsmitglied Charles Hernu auf dem Parteitag der Sozialisten im Juni 1973 auf die seiner Ansicht nach zu wenig gründlich durchdachte Militärpolitik einer neuen Volksfrontregierung hingewiesen. Und auch die in der Linksunion mitarbeitenden Radikalsozialisten schlugen im Juli 1973 die Gründung einer eigenen Arbeitsgruppe aus Kommunisten, Sozialisten und Radikalsozialisten zur Erörterung nationaler Verteidigungsprobleme vor[8]. Wie wenig durchdacht die Verteidigungspolitik tatsächlich ist, wurde noch einmal nach dem Sturz des chilenischen Präsidenten Allende deutlich, als sich nämlich in der französischen Linken das Problem des Verhältnisses der Linken zur bewaffneten Macht neu stellte:

> "Chile zeige, daß die Linke, wenn sie an die Macht kommt, ein Programm für die Armee haben muß. Andernfalls nahe unweigerlich der Augenblick, wo die Loyalität der Armee im Gerangel zwischen Kräften der alten und der neuen Armee verrieben wird ... Frankreichs Linke brauche also nicht nur einen Plan für eine politische 'Säuberung' der Armee, sondern auch ein positives Konzept für die Verteidigungspolitik. Daran zu arbeiten, hat François Mitterand seiner sozialistischen Partei schon vor Monaten empfohlen"[9].

7 Möglichkeiten und Grenzen oppositioneller Verteidigungspolitik

Oppositionelle Politik im parlamentarischen Regierungssystem zu verwirklichen, bedeutet in der Regel, diese Politik zeitversetzt, also nach einem späteren Wahlsieg, betreiben zu können. Dabei wird unter oppositioneller Politik jedoch die vollständige Verwirklichung der während der Oppositionszeit vertretenen Politik in der Zeit der Regierungsausübung verstanden. Auf die Verteidigungspolitik übertragen bedeutet dies, daß die insbesondere in den parlamentarischen Auseinandersetzungen von der Opposition vertretenen Alternativen auch bei einer Regierungsübernahme praktiziert werden müßten. Diese Art zeitversetzter Oppositionspolitik ist in der V. Republik bisher noch nicht möglich gewesen, da im Untersuchungszeitraum die Gaullisten und die mit ihnen sympathisierenden politischen Kräfte immer die Regierung stellten und auch heute noch stellen. Somit ist auch die Überprüfbarkeit oppositioneller Alternativen bei Regierungsübernahme der bisherigen Opposition nicht möglich, wie es z.B. in der BRD der Fall ist. Hier hatte die oppositionelle SPD in den 50er Jahren eine konträre Verteidigungspolitik gegenüber den Regierungsparteien CDU/CSU und FDP vertreten. Nach 1966, als die SPD zusammen mit CDU/CSU eine große Koalition eingegangen war, hatten die Sozialdemokraten jedoch im großen und ganzen das verteidigungspolitische Konzept der Unionsparteien fortgeführt. Allerdings ist der Umschwung in der Verteidigungspolitik bei den Sozialdemokraten nicht abrupt und plötzlich eingetreten, sondern es war ein kontinuierlicher Prozeß, der die SPD auf die Verteidigungspolitik der CDU/CSU - und FDP-Regierung umschwenken ließ. Bereits die aktive Mitarbeit der SPD-Parlamentarier Helmut Schmidt und Fritz Erler in der Wehrgesetzgebung ließ erkennen, daß der mit Wehners Rede vom 30. Juni 1960 vorgenommene außenpolitische Kurswechsel der SPD verteidigungspolitisch gut vorbereitet war. Insbesondere waren es außenpolitische Gründe sowie Wahlüberlegungen, die die SPD diesen Richtungswechsel vornehmen ließen. Die feste Verankerung der prosperierenden Bundesrepublik in die westliche Staatengemeinschaft, verbunden mit einem anhaltenden ökonomischen Wachstum, dessen materiellen Erfolge auch der einzelne Staatsbürger immer stärker zu genießen begann, wurde von der überwiegenden Mehrheit der Bevölkerung der BRD in dem sich verschärfenden Kalten Krieg als einzig richtige Politik angesehen. Wollte die SPD sich damit nicht der Chance begeben, auf dem Wege über Wahlen die Regie-

rungsgewalt zu übernehmen, blieb ihr nichts anderes übrig, als sich auf den außen- und verteidigungspolitischen Kurs der CDU/CSU/FDP-Regierung einzustellen. Das bedeutet, daß die parlamentarische Opposition bereits während ihrer Oppositionszeit einen verteidigungspolitischen Richtungswechsel vorgenommen hatte und keine andere Möglichkeit sah, ihre - auf ein stärker neutralistisches Deutschland - zielende Konzeption aufgeben mußte. Die Rolle der parlamentarischen Opposition war aber in der BRD wesentlich dadurch vereinfacht, da sie nur von einer einzigen Partei ausgefüllt wurde. Die Polarisierung im Parlament, in dem etwa zwei Drittel als Befürworter und ein Drittel als Gegner der Verteidigungspolitik vertreten waren, spiegelte auch die Meinung der Bevölkerung etwa wieder, so daß sich das oppositionelle Drittel im Lauf der Zeit gezwungen sah, sich der Mehrheitsmeinung anzuschließen, um nicht in der Wählergunst zu stagnieren und damit keinerlei Möglichkeit zur Regierungsübernahme zu besitzen. Für die Verteidigungspolitik der Sozialdemokraten bedeutete dieser Richtungswechsel erst einmal, daß die von der bisherigen Regierung praktizierte Verteidigungspolitik übernommen und fortgeführt werden mußte, weil die internationale Umwelt keine schnelle und abrupte Änderung auch im nationalen Interesse nicht zuließ. Wenn jedoch eine ehemalige Opposition längere Zeit bereits ihre Regierungsqualität bewiesen hat, ist es ihr möglich, allmähliche Änderungen ohne große Ankündigung durchzusetzen. Auch läßt sich unter bestimmten internationalen Konstellationen zu einer Politik zurückkehren, die bereits als Oppositionspartei zu früheren Zeiten gefordert worden ist.
Der Vergleich der Verteidigungspolitik der bundesdeutschen SPD als parlamentarische Opposition mit der der V. Republik ist aber äußerst problematisch. Nicht nur weil die Parallele der Regierungsübernahme durch die französische Opposition nicht gegeben ist, sondern weil sich

1. das politische System der V. Republik vom bundesdeutschen erheblich unterscheidet und weil
2. die parlamentarische Opposition in Frankreich durch eine starke Heterogenität gekennzeichnet ist.

Hinzu kommt außerdem, daß in Frankreich, stärker als in Deutschland, sich andere Oppositionsformen wie Innerbereichsopposition und außerparlamentarische Opposition in bezug auf Verteidigungspolitik artikulierten.

7.1 Möglichkeiten der Innerbereichsopposition zur Änderung der Verteidigungspolitik

Die Chance, mit Hilfe der innerkabinettlichen Opposition Entscheidungen zu verhindern oder zu beeinflussen, war für einen Teil der späteren parlamentarischen Opposition zu Beginn der V. Republik durch die Mitbeteiligung an der Regierung gegeben. Da jedoch während der Regierungsbeteiligung von Sozialisten und Radikalsozialisten Verfassungspolitik im Mittelpunkt der Regierungstätigkeit stand, gab es zunächst keinen Anlaß für die spätere parlamentarische Opposition, in der Verteidigungspolitik initiativ zu werden. Erst die Rede General de Gaulles im November 1959 vor Offizieren der Militärakademie in Paris erzeugte eine institutionalisierte innerkabinettliche Opposition in der Person Antoine Pinays. Seine Opposition endete aber ebenso mit dem Rücktritt wie die innerkabinettliche Opposition der 5 MRP-Minister im Mai 1962. Diese Oppositionsform erwies sich als erfolglos im Hinblick auf die Verhinderung des Aufbaus der nationalen Atomstreitmacht sowie der Verhinderung des Abbaus der Integration im atlantischen Bereich. Sie war jedoch erfolgreich in bezug auf andere Adressaten wie z.B. die USA, die dadurch die Gewähr erhielten, daß es in Frankreich nicht unbedeutende politische Kräfte gab, die die französische Verteidigungspolitik nur in engem Zusammengehen mit den Amerikanern praktizieren wollten. Um aber die Glaubwürdigkeit der Innerbereichsopposition zu erhöhen, hätten anstelle eines guten Drittels der Abgordneten der MRP-Fraktion die gesamte Fraktion geschlossen gegen den Aufbau der force de frappe votieren müssen, hätten sie wirklich die von ihnen als Fehlinvestition angesehene Atomstreitmacht verhindern wollen. Das bedeutet, daß eine Regierungsfraktion zu einem bestimmten Zeitpunkt in einer bestimmten politischen Entscheidung - hier der Aufbau der force de frappe - die Unterstützung für die Regierung aufgeben und sich notfalls mit der parlamentarischen Opposition auf einen gemeinsamen Kurs begeben muß, um die ihr falsch oder gefährlich erscheinende Entscheidung zu verhindern. Doch die überwiegende Mehrheit der MRP-Regierungsfraktion sah sich aufgrund der innenpolitischen Situation nicht in der Lage, in der Verteidigungspolitik eine Grundentscheidung zu verhindern. Erst nach dem Rückzug der MRP-Mitglieder aus dem Kabinett Pompidou vollzog auch die Fraktion und anschließend die Partei den Schritt von der Innerbereichsopposition zur parlamentarischen Opposition. Die wichtigsten Entscheidungen der gaullistischen Verteidigungspolitik - sukzessiver Rückzug aus der NATO-Integration und Aufbau der nationalen force de frappe - gegen die sich die Partei ab 1962 vehement wandte, wurden aber gerade durch ihre unentschlossene Haltung ermöglicht. Von der Verteidigungspolitik her gesehen hätte der Wechsel von der Innerbereichsopposition zur parlamentarischen Opposition spätestens im Frühherbst 1960 vorgenommen werden müssen.

Auch in einem anderen Teilgebiet der Innerbereichsopposition kann man kaum von erfolgreicher Opposition sprechen. Die innerparteiliche Opposition in der gaullistischen Union war bereits durch das "domaine reservé" des Staatspräsidenten de Gaulle in der Verteidigungspolitik ausgeschaltet worden. Erst nach dem Abtritt de Gaulles seit 1969 macht sich in der gaullistischen Union verstärkt oppositionelles Verhalten bemerkbar, d.h. die Experten der Verteidigungspolitik versuchen innerhalb der UDR Einfluß zu gewinnen und den verteidigungspolitischen Entscheidungsprozeß zu beeinflussen. Allerdings haben es die innerparteilichen Opponenten bis heute noch nicht vermocht, wichtige Entscheidungen in der Verteidigungspolitik zu korrigieren.

7.2 Möglichkeiten und Grenzen der parlamentarischen Opposition

Das Scheitern der parlamentarischen Opposition in der Verteidigungspolitik ist vor allem durch die außerordentlich große Heterogenität der Opposition bedingt. Aber trotz dieser unbestreitbaren Schwierigkeiten haben es sich die Oppositionsparteien auch selbst zuzuschreiben, daß ihr Angriff gegen die gaullistische Verteidigungspolitik nicht erfolgreich gewesen war. Gerade in der Anfangsphase der V. Republik, in die die Einleitung der NATO-Rückzugspolitik sowie der Aufbau der force de frappe fällt, hätte der Algerienkrieg ein gutes Druckmittel sein können, um von der gaullistischen Regierung in der Verteidigungspolitik Zugeständnisse erlangen zu können. Doch in diesem Fall versagten die Oppositionsparteien. Stattdessen ließen sie sich von de Gaulle auseinanderdividieren und boten einander widersprechende Alternativen an, die ihre Zersplitterung nur noch vergrößerten.
Als 1960 das Programmgesetz zum Aufbau der force de frappe eingebracht wurde, waren sich alle Oppositionsparteien einig in der Ablehnung dieses gaullistischen Prestigeobjektes. Selbst in der Re-

gierungsfraktion MRP gab es Abgeordnete, die in dieser nationalen Atomstreitkraft keinen Sinn entdecken konnten, weil sie ihren außen- und verteidigungspolitischen Konzeptionen entgegenlief. Und auch in der gaullistischen Union war, wie die Äußerungen Gaston Palewskis zeigen, durchaus noch die Möglichkeit vorhanden, über eine andere Form der Atomstreitmacht zu verhandeln. Hinzu kam, daß de Gaulle erst knapp zwei Jahre an der Spitze des Staates stand und noch nicht die Souveränität der späteren Jahre erreicht hatte und durch den belastenden Algerienkrieg immer noch gebunden war.

Da sowohl Sozialisten, Radikalsozialisten und Volksrepublikaner von ihrer verteidigungs- und außenpolitischen Theorie aus eine Integrationslösung befürworteten, die sich einmal in Europa und zum anderen in der NATO manifestieren sollte und zu Beginn der 60er Jahre noch eine relativ starke Europabegeisterung in den europäischen Bevölkerungen vorherrschte, hätten sich die o.a. parlamentarischen Oppositionsparteien auf eine gemeinsame Integrationslösung einigen müssen, die eine echte Alternative zu der gaullistischen force de frappe dargestellt hätte. Zwar hatten die nichtkommunistischen Oppositionsparteien keine Mehrheit im Parlament, aber die Abstimmungen über die force de frappe zeigten doch mit aller Deutlichkeit, daß auch die Regierung für ihre force de frappe keine Mehrheit fand und der nationalen Atomstreitmacht die Existenz nur mit einem Minderheitenvotum dank der Geschäftsordnung der Nationalversammlung ermöglichte. Es zeigte sich also recht klar, daß auch im Regierungslager eine echte und überzeugende Alternative - etwa in Form einer integrierten Atomstreitmacht - eine Chance gehabt hätte.

Aber gerade an dieser überzeugenden Alternative mangelte es. Die Kommunisten, in jener für die force de frappe entscheidenden Legislaturperiode sowieso nur mit 10 Abgeordneten vertreten und deshalb von geringer zahlenmäßiger Bedeutung, negierten jede Atombewaffnung. Aber die anderen Oppositionsparteien konnten sich auf keine gemeinsame Alternative in Form einer integrierten Atomstreitmacht einigen. Da aber gerade auf internationaler Ebene eine integrierte Atomstreitmacht, z.B. von den USA und vom NATO-Oberbefehlshaber für Europa, Genral Norstad, gefordert wurde, hätte hier eine Kombination von nationaler Opposition und internationaler Unterstützung Aussichten auf Erfolg gehabt. Jedoch im Dezember 1960, als die 3. Lesung über die force de frappe beendet war, wurden die verschiedenen Modelle der Opposition zu reinen Planspielen. Auch die Versuche der außerparlamentarischen Opposition, z.B. des Club Jean Moulin, konstruktive Alternativen in Form einer integrierten Atomstreitmacht vorzulegen, wurden erst der Öffentlichkeit präsentiert, als die nationale force de frappe sich im Aufbau befand und ein Wechsel des einmal eingeschlagenen Verteidigungsprogramms recht schwierig, wenn nicht unmöglich, wurde. Die Untersützung der außerparlamentarischen Opposition hätte bereits bei der Beratung des Programmgesetzes im Oktober 1960 vorliegen müssen. Nur in der Kombination von internationaler und außerparlamentarischer Unterstützung für die parlamentarische Opposition hätte die Alternative "integrierte Atomstreitmacht" eine echte Chance gehabt.

Im anderen großen Bereich der Verteidigungspolitik, der NATO-Politik, hatten die Oppositionsparteien der Regierung keine Alternative entgegenzusetzen. Dieses Unterfangen war von Anfang an aussichtslos, weil in der NATO-Problematik, anders als in der Frage der nationalen force de frappe, noch nicht einmal eine Einigung der Oppositionsparteien in bezug auf die Ablehnung der gaullistischen NATO-Politik zu Stande kam. Die partielle Unterstützung der gaullistischen NATO-Politik durch die Kommunisten machte jegliche glaubwürdige Alternative zu Nichte. Der Rückzug Frankreichs aus der NATO-Integration im Jahr 1966 war damit zum Jahr des totalen Scheiterns der oppositionellen Verteidigungspolitik geworden.

Die weitere Entwicklung des Parteiensystems und hier insbesondere der Versuch der Einigung von Kommunisten und nichtkommunistischer Linker bestimmte ebenso die zukünftige Verteidigungspolitik der Opposition wie die Entwicklung der internationalen Politik. Kommunisten, Sozialisten und ein Teil der Radikalsozialisten formierten sich nun programmatisch zur neuen vereinigten parlamentarischen Opposition. Daß im verteidigungspolitischen Programm der aus den drei Parteien formierten Linksunion Änderungen gegenüber dem bis Ende der 60er Jahre praktizierten oppositionellen Verhaltens vorgenommen wurden, kann nicht überraschen. Interessanter aber ist, daß Sozialisten und Radikalsozialisten in der Beurteilung von NATO und force de frappe die gleichen Thesen vertreten wie sie von den Gaullisten Anfang und Mitte der 60er Jahre zur Rechtfertigung ihrer Verteidigungspolitik benutzt worden waren. Die Verurteilung der NATO als Instrument zur Ausübung der amerikanischen Hegemonie in Europa erfolgt bei ihnen heute in einem viel stärkeren Maße, als dies Mitte der 60er Jahre bei de Gaulle der Fall war. Auch die

Überlegungen, daß die force de frappe als eine politische Waffe anzusehen sei, decken sich mit der offiziellen gaullistischen Version zur Rechtfertigung der force de frappe. So ist zumindest die nichtkommunistische Linke auf die praktizierte Verteidigungspolitik der Gaullisten in den 60er Jahren umgeschwenkt, nicht zuletzt, weil sie auch keine andere Möglichkeit sah, diese Problematik anders zu lösen. Die Zugeständnisse der Sozialisten an die Kommunisten, die im gemeinsamen Regierungsprogramm hinsichtlich der force de frappe gemacht wurden, können nur als taktisches Manöver gesehen werden. Die nichtkommunistische Linke hat erkannt, daß nach 15 Jahren force de frappe dieses militärische Instrument zum wichtigsten der gesamten Verteidigungspolitik und damit auch zu einer politischen Waffe geworden ist. Die jüngsten Diskussionen innerhalb der Linksunion zeigen, daß selbst bei einer Regierungsübernahme der jetzigen Opposition die bisherige gaullistische Verteidigungspolitik fortgesetzt werden müßte, wenngleich natürlich einige Modifikationen vorgenommen werden dürften.

8 Exkurs - Opposition und Verteidigungspolitik unter Giscard d'Estaing

Die durch den frühzeitigen Tod Georges Pompidous vorzeitig erforderlich gewordenen Präsidentenwahlen im Mai 1974 erbrachten den knappen Wahlsieg des bisherigen Finanzministers Valéry Giscard d'Estaing, der gegen seinen Konkurrenten, den Kandidaten der Vereinigten Linken, François Mitterand, mit einem Vorsprung von etwas mehr als 400.000 Stimmen siegte. Erstmals in der Geschichte der V. Republik stellten damit die Gaullisten nicht den Staatspräsidenten. Wie auch bereits bei der Übernahme des Präsidentenamtes durch Pompidou wurden nach dem Sieg Giscard d'Estaings voreilig Hoffnungen auf eine Rückkehr Frankreichs in die militärische Organisation der NATO und damit auf eine Änderung der französischen Verteidigungspolitik geweckt. Jedoch darf bei diesen Hoffnungen nicht übersehen werden, daß zwar erstmals ein nichtgaullistischer Präsident die Richtlinien der französischen Politik bestimmt, daß aber dieser Präsident auf die Koalitionsmehrheit in der Nationalversammlung angewiesen ist, in der die Gaullisten nach wie vor die stärkste Fraktion bilden. Eine gewisse Kontinuität in der Verteidigungspolitik wurde bereits in der ersten Botschaft Giscard d'Estaings an die beiden Häuser des Parlaments sichtbar, als er erklärte:

> "Frankreich wird die Unabhängigkeit seiner Politik aufrechterhalten, d.h. es wird das absolut Notwendige tun, um die Entscheidungen in aller Freiheit selbst zu treffen, welche die Verteidigung seiner Interessen und sein Willen, zum Gleichgewicht und zum Frieden beizutragen, erfordern"[1].

Jedoch kündigte der neue Präsident gleich zu Beginn seiner Amtszeit eine Überprüfung der Verteidigungspolitik an und erklärte: "Unsere großen strategischen Entscheidungen sind 1960 gefallen, vor 14 Jahren also, in einer ganz anderen Welt, in der die Entkolonialisierung noch nicht beendet war"[2]. Nach ausgedehnten Beratungen mit führenden Militärs, Mitgliedern des Verteidigungsrats sowie einigen Militärjournalisten entwarf Giscard d'Estaing seine Verteidigungskonzeption.

> "Als Präsident der Republik bin ich zu der Ansicht gelangt, daß die französische atomare Abschreckung nur gegen andere Atommächte angewandt werden kann oder gegen Mächte, die - was sehr wenig wahrscheinlich ist, man muß aber an alle Möglichkeiten denken - unser eigenes Territorium bedrohen. Zweck unserer nuklearen Abschreckung ist es, dann zum Einsatz zu kom-

> men, wenn unser Territorium von Atomwaffen oder durch eine Atommacht oder Invasion bedroht ist ... Meine zweite Feststellung bezüglich der Verteidigungspolitik ist, daß abgesehen von unserer strategischen atomaren Abschreckungswaffe unsere anderen Mittel uns sehr wenig darauf vorbereiten, unvorhergesehenen und unsicheren Umständen, wie sie die Gegenwart mit sich bringt, zu begegnen ... Und wenn Frankreich auch eine bedeutende atomare Abschreckungswaffe besitzt, so hat es doch einen großen Teil seiner Verteidigungsmaßnahmen in diesem Sinne ausgerichtet; doch im übrigen hat es meiner Meinung nach unzulänglich den Status einer seinem Rang entsprechenden Macht eingenommen"[3].

Im März 1975 war Giscard endgültig zu der Position de Gaulles zurückgekehrt, als er erklärte, daß Frankreich weiterhin drittgrößte Atommacht bleiben wollte, daß es auch weiterhin außerhalb der NATO-Integration bliebe, aber als Mitglied der Atlantischen Allianz seine Sicherheit durch eine unabhängige Verteidigungspolitik gewährleisten müßte. "Ich habe lange Zeit über dieses Problem nachgedacht und bin zu demselben Schluß gekommen wie General de Gaulle" sagte Giscard: "Frankreich muß unabhängig seine Verteidigung sichern. Das bedeutet natürlich die Verfügung über die notwendigen Mittel sowie die Entscheidung, unter welchen Umständen ihr Einsatz erfolgt"[4]. Der Beifall der gaullistischen Parlamentsfraktion im allgemeinen und die bedingungslose Zustimmung des Gralshüters des Gaullismus, Michel Debré, im besonderen, zeigten, daß Frankreich unter Giscard in der Verteidigungspolitik tatsächlich zu gaullistischen Positionen zurückgekehrt ist. Giscard konnte sich bei der Rückkehr auf gaullistische Positionen auch auf eine breite Mehrheit der Bevölkerung stützen, denn eine während des Präsidentschaftswahlkampfs veröffentlichte Meinungsumfrage zeigte,

> "daß zwar 62 Prozent der Franzosen eine Neuorientierung der Sozialpolitik wünschten, hingegen 63 Prozent mit der von de Gaulle vorgezeichneten und von Pompidou beibehaltenen auswärtigen Politik Frankreichs durchaus einverstanden waren, deren Fortsetzung sogar ausdrücklich guthießen"[5].

8.1 Innerbereichsopposition und Verteidigungspolitik

Aufgrund des knappen Wahlergebnisses war der neue Präsident gezwungen, die ihn unterstützende parlamentarische Mehrheit zu verbreitern. Deshalb wurden in die Regierung Chirac die im Wahlkampf Giscard unterstützenden Reformatoren aufgenommen. Jean-Jacques Servan-Schreiber, Generalsekretär der radikalsozialistischen Par-

tei und neben Jean Lecanuet der prominenteste Führer der bisher in Opposition zu den Gaullisten stehenden Reformatoren wurde das Reformministerium übertragen. Er hatte vor allem die Aufgabe, "über Frankreichs Zukunft nachzudenken". Zur Zeit der Regierungsbildung, also im Sommer 1974, erfolgte aber auch gleichzeitig Frankreichs letzte überirdische Atombombentestserie. Der Reformminister setzte sich öffentlich mit den Atombombenversuchen auseinander - bereits ein Jahr zuvor hatte Servan-Schreiber in einer spektakulären Aktion zusammen mit dem Pazifistenführer, General Bollardière im Muroroatoll vergeblich gegen die französischen Atomversuche protestiert - und übte heftige Kritik an französischen Nuklearpolitik. Das Verhalten Schreibers zeigte deutlich die unterschiedlichen Positionen innerhalb der Regierung und so war es nur konsequent - wollten sich Präsident Giscard und Premierminister Chirac nicht ihrer Handlungsfreiheit begeben - daß Schreiber bereits nach nur 13 Tagen Amtszeit aufgrund seines oppositionellen Verhaltens innerhalb der Regierung aus dem Kabinett entlassen wurde.
Eine andere spektakuläre Innerbereichsopposition entwickelte sich im Herbst 1974, als der ehemalige Generalstabchef der französischen Luftwaffe, General Stehlin, zu jener Zeit Abgeordneter, stellvertretender Parlamentspräsident und Gefolgsmann des Justizministers Lecanuet, ein vernichtendes Urteil über die französische Düsenmaschine F 1-M 53 fällte. Wenngleich hier die französische Verteidigungspolitik nicht direkt berührt wurde, sondern vor allem die Waffenhandelspolitik als wichtiger Teilbereich der französischen Verteidigungspolitik angesprochen wurde - denn in jener Zeit ging es um die Entscheidung der vier NATO-Länder Belgien, Holland, Dänemark und Norwegen, ihre insgesamt 600 Starfighter durch neue Flugzeuge zu ersetzen - so wurde doch deutlich, daß sich auf dem Gebiet der Verteidigungspolitik stärkerer Widerspruch im eigenen Lager als früher bemerkbar machte. Dieser Prozeß muß aber u.a. auch mit der Erweiterung der parlamentarischen Mehrheit erklärt werden, die zu heterogeneren Ansichten in verschiedenen politischen Teilbereichen führte.

Innerbereichsopposition im weiteren Sinne entwickelte sich auch zunehmend in der Truppe, da durch die Bevorzugung der strategischen Nuklearstreitkräfte, für die im Laufe der Zeit 30 - 40 % der Verteidigungsausgaben aufgewandt worden sind, eine Vernachlässigung der Ausrüstung der zahlenmäßig am stärksten vorhandenen konventionellen Streitkräfte eingetreten ist. Sie äußerte sich im Verhalten der Soldaten, die zunehmend die allgemeine Wehrpflicht in Frage stellten und für eine Demokratisierung der Armee eintraten, wie es im sogenannten "Manifest der Hundert" im Frühjahr 1974 zum Ausdruck kam[6]. So machten Aktionen französischer Wehrpflichtiger in Draguignan und in Karlsruhe recht deutlich, daß sich der Protest der Wehrpflichtigen nicht nur gegen zu niedrigen Sold und schlechte Kantinen richtete, sondern daß die protestierenden Soldaten insbesondere für mehr politische Bürgerrechte und eine neue Konzeption der Verteidigungspolitik eintraten. General Buis, ehemaliger Leiter der französischen Militärakademie, gelangte zu folgendem Urteil: "Das Unbehagen der Soldaten ist jedoch doppelter Natur, denn zum materiellen Aspekt kommt der Umstand, daß im Zeitalter der nuklearen Abschreckungsstrategie Existenzzweck und Auftrag der Streitkräfte unheimlich abstrakt geworden sind."[7]

8.2 Opposition und Verteidigungspolitik unter Giscard

PCF und PS traten bereits zu den Wahlen zur Nationalversammlung im März 1973 mit einem gemeinsamen Regierungsprogramm an. Die 1974 stattfindenden Präsidentschaftswahlen bildeten also die Feuerprobe für das weitere gemeinsame Vorgehen von kommunistischer und nichtkommunistischer Linker. Die Niederlage des gemeinsamen Kandidaten Mitterand ersparte es der ungleichen Koalition, eine gemeinsame, auf unterschiedlichen Ausgangspositionen beruhende, Verteidigungspolitik zu betreiben. Doch im Verlauf der politischen Entwicklung der V. Republik unter Giscard trat die Verteidigungspolitik zunehmend in den Hintergrund, da wirtschafts- und sozialpolitische Probleme die Kräfte der Parteien in wachsendem Ausmaß absorbierten und Verteidigungspolitik sich als nicht "wahlrelevant" erwies. Dennoch wurde natürlich auch bei der Opposition die Verteidigungspolitik nicht vollständig ad acta gelegt. Gerade in der Sozialistischen Partei wurde auf Drängen des Abgeordneten Hernu eine Studiengruppe eingerichtet, die sich mit den Problemen der Verteidigungspolitik der PS befaßte. Dieses Gremium erstellte zum Präsidentschaftswahlkampf ein "Argumentarium", in dem es u.a. hieß: "Die Option für die waffenlose Neutralität und damit der Verzicht auf jegliche militärische Verteidigung müßte das sozialistische Frankreich in einer Welt, in der die internationalen Beziehungen noch weitgehend vom Einsatz der Macht bestimmt werden, in gefährlicher Weise exponieren"[8]. Dazu schreibt der Berater des Parteivorstands der PS, Jacques Huntzinger:

> "Die jetzige Regierung verfolgt nach Ansicht der Sozialisten eine sehr anfechtbare und gefährliche Politik, indem sie die Verteidigung des Landes allein auf die Nuklearwaffen gründet und so einen neuen Maginot-Mythos nährt, der zu einem neuen Mai 1940 führen müßte.
> Ein sozialistisches Frankreich würde, dem Konzept der PS gemäß, seine Verteidigung auf drei Hauptelementen aufbauen:
> - eine seinen Mitteln angemessene Abschreckungsstrategie, die Ausdruck des Abwehrwillens der Nation ist und sowohl nukleare wie konventionelle Komponenten aufweist;
> - ein von der gesamten Bevölkerung getragenes Wehrsystem mit einer sechsmonatigen allgemeinen Wehrpflicht und einer wirksamen Struktur für die Reserveverbände;
> - eine im echten Sinne demokratische Armee aus Bürgern in Uniform und Freiwilligen im Rahmen einer von Grund auf erneuerten Wehrstruktur.
>
> Über die Leitsätze hnnaus würde es die erste Aufgabe einer sozialistischen Regierung sein, die internationalen Verhandlungen mit den anderen Nuklearmächten über die Beschränkung der Atomrüstungen aufzunehmen. Sollte eine derartige Konferenz nicht zu wirksamen Maßnahmen (der Vernichtung von Atomwaffenbeständen) führen, so wird Frankreich seine eigene Haltung zu überprüfen haben."[9]

Für die Kommunistische Partei ist die Verteidigungspolitik Giscards lediglich die Fortsetzung der gaullistischen Verteidigungspolitik. In den Beziehungen zur NATO sehen die Kommunisten ein Abweichen von gaullistischen Prinzipien, da ihrer Ansicht nach unter Giscard eine Annäherung an die NATO vollzogen wird, die schließlich in der erneuten Integration Frankreichs in diesem Militärblock enden müßte. Hierbei ist allerdings zu bemerken, daß bereits unter de Gaulle 1969 eine Annäherung an die NATO einsetzte, die unter Pompidou fortgesetzt und nun unter Giscard intensiviert wurde. So sehen die Kommunisten die französische NATO-Annäherung in der im amerikanisch-französischen Protokoll vereinbarten engeren Zusammenarbeit sowie in der Ernennung General Chesnais zum neuen Chef der französischen Militärkommission beim Oberkommando der alliierten Streitkräfte in Europa wie auch in der Teilnahme eines französischen Beobachters an den Rüstungsverhandlungen der Euro-Gruppe.
Zusammenfassend verurteilt die PCF die Verteidigungspolitik der Regierung Chirac unter dem Präsidenten Giscard:

> "Ainsi la politique du gouvernment français se situe à contre-courant de la tendance principale qui incline vers la paix,

> vers la détente. Certes, il est constraint, lui aussi, d' admettre les rapports de coexistence pacifique. Mais il en limite la portée et s'active dans un sens opposé. Sa politique est anachronique, dangereuse. L'Etat français n'abandonne pas la course aux armenents. Il joue un rôle de trafiquant internationale des engins de guerre. Il participe activement à la "réactualisation" des blocs militaires aggressifs. Il désigne, dans les faits, les pays du socialisme comme redoutables et menaçant adversaires. Il freine le développement et la coopération internationale. Il stimule l'antisoviétieme et l'anticommunisme ..."[10]

Nach wie vor sehen die Kommunisten auch in der Verteidigungspolitik der "bürgerlichen" Regierung unter dem "bürgerlichen" Präsidenten Giscard d'Estaing die Kontinuität der französischen Verteidigungspolitik gewahrt, die insgesamt als "Herausforderung an den Frieden, an die Entspannung, die friedliche Koexistenz und selbst an den Sozialismus angesehen wird".[11]
Auch unter Giscard d'Estaing ist die gemeinsame Basis der Vereinigten Linken in den Fragen der Verteidigung bisher nicht existent.

Anmerkungen zu Kapitel 0

1 Höhne, R.A.: Die innergesellschaftlichen Ursachen der Opposition gegen die Ost- und Deutschlandpolitik der SPD/FDP-Regierung in den Jahren 1969-1972; maschinenschriftliches Manuskript, 1973, S.3

2 Ebenda

3 Wolfers, Arnold: Discord and Collaboration, Baltimore 1962, S.150

4 Buchan, Alastair: Sicherheit, in: Sowjetsystem und demokratische Gesellschaft, Bd.5, Freiburg 1972, S.863

5 Vgl. Herz, John H.: Weltpolitik im Atomzeitalter, Stuttgart 1961

6 Beste, Hans-Dieter: Militärpolitik-Versuch einer Begriffsbestimmung, in: Wehrwissenschaftliche Rundschau Nr.4/1968, S.183

7 A.a.O., S.189

8 Ebenda

9 Kleines Politisches Wörterbuch, Berlin-Ost 1973, S.548

10 Frankel, Joseph: Die außenpolitische Entscheidung, Köln 1965, S.53

11 Vgl. Krippendorf, Ekkehart: Ist Außenpolitik Außenpolitik? in: Politische Vierteljahresschrift Nr.4/1963, S.243ff.

12 Vgl. für Frankreich die Vorstellungen von Léon Blum, in: Ziebura, Gilbert: Léon Blum; Theorie und Praxis einer sozialistischen Politik, Bd.1, 1872-1934, Berlin 1963

13 Vgl. Dahl, Robert A.: Political Oppositions in Western Democracies, New Haven 1966

14 Vgl. Duverger, Maurice: Institutions politiques, Paris 1970, S.575, 11. völlig überarbeitete Auflage

15 Vgl. Grosser, Alfred: France; Nothing but Opposition, in: Dahl, a.a.O., S.293

16 Vgl. Bouju, Paul M./Dubois, Henri: La Troisième Republique 1870-1940, Paris 1967, S.116ff.

17 Vgl. Dahl: a.a.O., S.332ff.

18 Vgl. Kaack, Heino: Opposition und Außenpolitik, in: Die anachronistische Souveränität, PVS-Sonderheft 1/1969

19 Vgl. Dormann, Manfred: Faktoren der außenpolitischen Entscheidung, in: PVS 2/71, S.28

20 Vgl. Rosenau, James N.: Domestic Sources of Foreign Policy, New York 1967; deutscherseits Krippendorf, a.a.O. und Bracher, K.D.: "Kritische Betrachtungen über den Primat der Außenpolitik", in: Ritter, Gerhard A., Ziebura, Gilbert (Herausgeber): Faktoren der politischen Entscheidung, Berlin 1963, S.115-148

21 Dormann, a.a.O., S.28

22 Vgl. Treviranus, Hans D.: Außenpolitik im demokratischen Rechtsstaat, Tübingen 1966, S.106-114

23 Interessant ist in diesem Zusammenhang der Beschluß des Politbüros der UdSSR, in der CSSR im Sommer 1968 zu intervenieren, der mit 6:5 Stimmen gefällt sein soll. Für einen politischen Beobachter und somit auch für einen Botschafter läßt sich hier das politische Kräftefeld sehr gut erkennen.

24 Der bekannteste Zusammenschluß ist die "Sozialistische Internationale"

25 Vgl. Ashkenasi, Abraham: Reformpartei und Außenpolitik. Die Außenpolitik der SPD Berlin-Bonn, Köln und Opladen 1968, S.54f. und Seite 104f.;
Kaisen, Wilhelm: Meine Arbeit, mein Leben, München 1967

Anmerkungen zu Kapitel 1

1 Vgl. Fraenkel, Ernst: Strukturen der gegenwärtigen internationalen Paktsysteme, in: Schicksalsfragen der Gegenwart (Band IV), Tübingen 1959, S.144f.

2 Vgl. Lukacz, John: Konflikte der Weltpolitik, München 1970, S.9

3 Vgl. von Rauch, Georg: Geschichte des bolschewistischen Rußlands, Wiesbaden 1965, S.525ff.

4 Vgl. Ziebura, Gilbert: Vorlesung: Die Außenpolitik der IV. Republik, Berlin, 24. Oktober 1966

5 Vgl. Besson, Waldemar: Von Roosevelt bis Kennedy, Frankfurt/M. und Hamburg 1964, S.125;
Noack, Paul: Internationale Politik, München 1970, S.61

6 Vgl. Besson, a.a.O., S.109

7 Siehe dazu: Ansprenger, Franz: Auflösung der Kolonialreiche, München 1966
des 20. Jahrhunderts, Bd.13, besonders S.147-278

8 Vgl. Meissner, Boris: Das Ostpaktsystem. Dokumente Frankfurt/M.-Berlin 1955

9 Vgl. Siegler, Heinrich: Politische, wirtschaftliche, militärische Zusammenschlüsse und Pakte der Welt, 1970, herausgegeben von Siegler und Co. Verlag für Zeitarchive, 9. völlig neubearbeitete Auflage S.14

10 A.a.O., S.1

11 Vgl. Lukacz, John: a.a.O., S.39-53

12 Noack, a.a.O., S.54

13 Vgl. Drummond, Roscoe: Coblentz, Gaston Duell am Abgrund - John Foster Dulles und die amerikanische Außenpolitik, Köln/Berlin 1961

14 Vgl. Brzezinski, Zbigniew, Alternative to Partition. For a Broader Conception of American role in Europe, New York 1965

15 Vgl. LaFeber, Walter: America, Russia and the Cold War, New York 1967, S.201

16 Vgl. Gasteyger, Curt: Internationale Sicherheit und Abrüstung, in: Die Internationale Politik 1958-1960 (Herausgeber Cornides, Wilhem u.a.) München/Wien 1971, S.23

17 Vgl. Lukazc, J.: a.a.O., S.121

18 Vgl. Wilke, Dieter/Kindermann, Gottfried Karl: Der Ferne Osten, in: Die Internationale Politik 1958-1960, S.751f.

19 Vgl. Grosser, Alfred: La Politique Extérieure de la V. République, Paris 1965, S.140f.

20 Vgl. LaFeber: a.a.O., S.201

21 Vgl. Kapferer, Reinhard: Der Mittlere Osten, in: Die Internationale Politik 1958-1960

22 Vgl. Wilke/Kindermann: a.a.O., S.765

23 Vgl. Löwenthal, Richard: Die Sowjetunion und der Weltkommunismus unter Chrutschows Führung, in: Die Internationale Politik 1958-1960, S.650f.

24 Ziebura, Gilbert: Die deutsch-französischen Beziehungen seit 1945, Stuttgart 1970, S.41f.

25 Vgl. De Carmoy, Guy: Les Politiques Etrangères 1944-1966, Paris 1967, S.15f.

26 Ziebura: a.a.O., S.42f.

27 A.a.O., S.43

28 Vgl. Bidault, Georges: Noch einmal Rebell. Von einer Résistance in die andere. Berlin 1965, S.185;
Serfaty, Simon: France, de Gaulle and Europe, Baltimore 1968, S.29f.

29 Vgl. Carmoy: a.a.O., S.23;
Grosser, Alfred: La IVe République et sa politique extérieure, Paris 1967, S.229

30 Vgl. Grosser: a.a.O., S.231ff.;
Serfaty:a.a.O., S.53ff.;
Carmoy: a.a.O., S.110ff.

31 Vgl. dazu den Text Jean Monnets, in: Ziebura: a.a.O., S.195ff.

32 Vgl. Ansprenger: a.a.O., S.220

33 Vgl. Grosser: a.a.O., S.281f.

34 Vgl. Ansprenger: a.a.O., S.224

35 A.a.O., S.227

36 Ziebura, Gilbert: Theorie und Praxis der V. Republik, in: Die Internationale Politik 1958-1960, S.277

37 De Gaulle, Charles: Memoiren der Hoffnung - Die Wiedergeburt 1958-1962, Wien/München/Zürich 1973, S.35

38 Vgl. Ansprenger: a.a.O., S.223

39 Grosser, Alfred: France and Germany in the Atlantic Community, in: The Atlantic Community (Herausgaber) Francis O.H. Field Haviland jr., New York 1963, S.39

40 Vgl. de Gaulle, a.a.O., S.205

41 Zahlen aus Ziebura, Gilbert: Das französische Regierungssystem, Köln/Opladen 1957, S.19

42 Vgl. Ziebura, Theorie ..., in: Die Internationale Politik 1958-1960, S.268

43 Ziebura: a.a.O., S.271

44 Vgl. Williams, Philip M.: Crisis and Compromise. Politics in the Fourth Republic, London 1966, S.497

45 Vgl. Fauvet, Jacques, in: 'Le Monde' vom 3. Juni 1958

46 Vgl. de Gaulle, a.a.O., S.169f.

47 Vgl. Viasson-Ponté, Pierre: Histoire de la République gaullienne, Paris 1971, S.20

48 Vgl. Aron, Raymond: Immuable et Changeante, Paris 1959, S.85

49 Vgl. Parodi, Maurice: L'économie et la société française de 1945 à 1970, Paris 1971, S.63

50 A.a.O., S.74

51 Vgl. Willis, Roy F.: France, Germany and the New Europe, London [2]1968, S.130

52 Vgl. Hänsch, Klaus: Frankreich - eine politische Landeskunde, Berlin 1967, S.58

53 Vgl. IFOP: Les Français et de Gaulle, Présentation et Commentaire de Jean Charlot, Paris 1971, S.37

54 Vgl. Chapsal, Jacques: La vie politique en France depuis 1940, Paris 1966, S.315

55 Vgl. Goguel,F./Grosser, A.: Politik à la française, Gütersloh 1966, S.129

56 Vgl. Archiv der Gegenwart (AdG) 1958, S.7067

57 Vgl. Philip, André: Les socialistes, Paris 1967, S.167

58 Vgl. Simmons, Harvey G.: French socialists in search of a role 1956-1967, Ithaca und London 1970, S.85

59 Vgl. Simmons: a.a.O., S.87

60 Vgl. AdG 1958, S.7292

61 Vgl. Tribune du Socialisme no. 9 vom 25.9.1958

62 Simmons: a.a.O., S.97

63 Vgl. AdG 1958, S.7425

64 Vgl. Simmons: a.a.O., S.97f.

65 Williams, Philip M.: French politicians and elections 1951-1969, Cambridge 1970, S.107

66 Vgl. Williams, Philip M./Harrison, Martin: Politics and Society in de Gaulles Republic, London 1971

67 Vgl. 'Le Monde' vom 13.9.1958

68 Vgl. Williams/Harrison: a.a.O., 108

69 Vgl. AdG 1958, S.7101

70 Vgl. Williams: French ... S.348

71 Vgl. AdG 1958, S.7101

72 Vgl. Chapsal: a.a.O., S.348

73 Vgl. Williams: Politicians ... S.107

74 Vgl. Williams: Politics and Society ... S.131

Anmerkungen zu Kapitel 2

1 Vgl. Zürn, Peter: Die republikanische Monarchie - Zur Struktur und Verfassung der V. Republik, Frankfurt/München 1965

2 A.a.O., S.126

3 Vgl. Artikel 13, Verfassung V. Republik v. 4.10.1958

4 Artikel 15, Verfassung V. Republik v. 4.10.1958

5 Vgl. Chantebout, Bernard: L'organisation générale de la défense nationale depuis la fin de la seconde guerre mondiale, Paris 1967, S.196

6 De Gaulle: a.a.O., S.331

7 Chantebout, Bernard: La défense nationale, Paris 1972, S.15

8 Chantebout, Bernard: L'organisation ...,S.225

9 Vgl. Messmer, Pierre: Notre politique militaire, in: Revue de Défense Nationale mai 1963, S.760

10 Vgl. Chantebout: a.a.O., S.197f.

11 Z.T. abgedruckt in Ziebura: Die V. Republik, Frankreichs neues Regierungssystem, S.151, sonst: Journal Officiel Assemblée Nationale (J.O.A.N.) 1959, S.691ff.

12 Ziebura: a.a.O., S.152

13 Chantebout: La defense ...,S.14

14 Vgl. Chantebout: L'organisation ...,S.223

15 Vgl. Gruber, D.: Die Stellung des Regierungschefs in Deutschland und Frankreich, Hamburg 1964, S.135

16 Vgl. Artikel 2 des Dekrets No 62-811 vom 18.7.1962, in: Chantebout: La Défense ..., S.18

17 Vgl. Informationsblätter, herausgegeben von der Französischen Botschaft in Bonn, Jahrgang 18, Nr. 55 vom 30. Juni 1967, S.6f.

18 Chantebout: La défense ..., S.16

19 Dekret No 62-808 vom 18.7.1962, in: Chantebout: La défense ..., S.11

20 Artikel 7 Ordonnanz vom 7.1.1959 in Chantebout: La défense ..., S.9

21 Vgl. Artikel 10 Ordonnanz vom 7.1.1959

22 Vgl. Artikel 7 Ordonnanz vom 7.1.1959

23 Vgl. Artikel 52 Verfassung V. Republik vom 4.10.1958

24 Vgl. Chapsal: La vie ..., S.407

25 Vgl. Artikel 35 Verfassung V. Republik vom 4.10.1958

26 Vgl. Geschäftsordnung Nationalversammlung Artikel 3, abgedruckt bei Ziebura: Die V.Republik, S.195

27 Vgl. Treviranus: a.a.O., S.107

28 Vgl. Grosser, Alfred: Das Parlament in de Gaulles V. Republik, in: Der Politologe Nr. 23, S.23

29 Vgl. Ordonnanz No 59-2 vom 2. Januar 1959: Verfassungsänderndes Gesetz über die Finanzgesetze, teilweise abgedruckt bei Ziebura: Die V. Republik, S.213f.

30 Vgl. Fochler-Hauke, Gustav: Der Fischer-Weltalmanach-Zahlen, Daten, Fakten 1966, Frankfurt/Main und Hamburg 1965, S.269 (Herausgeber)

31 Vgl. Cohen, Bernard C.: The Press and Foreign Policy, Princeton 1963

Anmerkungen zu Kapitel 3

1 Mendl, Wolf: Perspektiven der heutigen französischen Verteidigungspolitik, in: Europa-Archiv 2/68, S.65

2 Vgl. Ziebura: Theorie ..., S.288

3 Vgl. Ziebura: Ideologische Grundlagen der Außenpolitik de Gaulles, in: Europa-Archiv 8/65, S.275ff.

4 Vgl. Grosser, Alfred: La politique extérieure de la V e République, S.121

5 Vgl. a.a.O., S.120

6 Vgl. Centre d'Etudes de Politique Etrangère Sicherheitsmodelle für Europa, in: Europa-Archiv 2/68 S.51-64

7 Zitiert nach Weisenfeld, Ernst: De Gaulle sieht Europa, Frankfurt/Main 1966, S.27

8 A.a.O., S.26f.

9 Vgl. Garnier-Thonon, Michel: Jaurès et l'armée nouvelle, in: Revue socialiste, no. 148, décembre 1961, S.504

10 Jaurès, Jean: L'Armée nouvelle 1915, Neuauflage von Union Civicale d'Editions Paris, Reihe 10/18, Mulhouse 1969

11 A.a.O., S.510ff.

12 Vgl. dazu die Ausführungen des General Valley über die Ausbildung der Offiziere, in: Revue de deux mondes, zitiert nach Garnier-Thonon: a.a.O., S.518

13 Vgl. Moch, Jules: Réflexions sur l'organisation socialiste de la défense du territoire, in: Revue socialiste, février 1962, S.199f.

14 Ziebura: Léon Blum ..., a.a.O., S.310

15 Vgl. Blum, Léon: Auswahl aus dem Werk, Wien 1970, S.149

16 A.a.O., S.155

17 Vgl. Moch, Jules: Histoire du réarmement allemand, Paris 1965

18 Vgl. Simmons, Harvey G.: French Socialists ..., S.217

19 Vgl. Weil-Curiel, André: Défense nationale et socialisme, in: Revue socialiste, no. 128, decembre 1959, S.738

20 Vgl. Métayer, Pierre: La place de l'armée dans la nation, in: Revue socialiste, no. 149, janvier 1962, S.80;
Moch, Jules: Réflexions sur l'organisation socialiste de la défense du territoire, in: Revue socialiste, no. 150, février 1962, S.196;
Ries, J.: Le socialisme et l'armée, in: Revue socialiste, no. 199, janvier 1965, S.92

21 Ries, J.: a.a.O., S.95

22 Vgl. Mollet, Guy: 13 mai 1958 - 13 mai 1962, Paris 1962, S.161

23 Ebenda

24 Vgl. Métayer: La place ..., S.81

25 Ebenda

26 Vgl. Mollet, a.a.O., S.162

27 Vgl. Métayer, Pierre: La place de l'armée dans l'organisation de la défense, in: Revue socialiste, no. 131, 1960, S.278

28 Ebenda

29 Vgl. Métayer: La place de l'armée dans la nation, S.82

30 Ebenda

31 Vgl. Moch: Réflexions ..., S.197

32 Vgl. Métayer: a.a.O., S.84

33 Vgl. Mollet, Guy: 13 mai 1958 ..., S.160

34 Vgl. Moch, Jules: L'organisation ..., S.200f.

35 Mollet: a.a.O., S.167

36 Ebenda

37 Vgl. Métayer: a.a.O., S.86

38 Mollet: a.a.O., S.166f.

39 In diesem Zusammenhang sei an die Bombardierung des tunesischen Dorfes Sakiet vom 8.2.1958 erinnert, als die Armee eigenmächtig handelte und die Regierung ebenso wie im Oktober 1956 die Armee decken mußte.
Vgl. Fauvet, Jacques: Von de Gaulle bis de Gaulle, Tübingen 1959/1960, S.341f.

40 Vgl. Mollet: a.a.O., S.167

41 Ries: Revue socialiste no. 180, février 1965, S.204

42 Vgl. ebenda und Métayer: a.a.O., S.91

43 Vgl. Mollet: a.a.O., S.167

44 Vgl. Métayer: La place ... organisation, S.278

45 Métayer: S.296 f.

46 Vgl. Métayer: La place de l'armée dans la nation, S.86

47 Vgl. Garnier-Thonon: a.a.O., S.509ff.

48 Vgl. Métayer: La place ... organisation, S.276

49 Vgl. Weil-Curiel, André: a.a.O., S.738f.

50 Hintermann, Eric-Georges: Observantions sur le rapport concernant l'armée, in: Revue socialiste, no. 150, février 1962, S.186; Ries, J.: Revue socialiste no. 181, mars 1965, S.318

51 Vgl. Métayer: La place de l'armée dans la nation, S.95

52 Duclos im Interview mit: 'Der Spiegel', Nr. 29 vom 14.7.1969, S.79

53 Timmermann, Heinz: Zögernde Autonomisten - Zum Standort der französischen Kommunistischen Partei in der kommunistischen Weltbewegung, in: Osteuropa 7/70, S.454

54 Vgl. Fetjoe, François: Die Kommunistische Partei Frankreichs und der "Polyzentrismus", in: Osteuropa 7/1962, S.459ff.

55 Vgl. L'Humanité vom 22.8.1968

56 Waldeck-Rochet: rapport du Comité Central, 1961, S.9

57 Ebenda

58 Vgl. Thèses du Programme du PCF 1959, S.37

59 Vgl. L'Armée française: Ce qu'elle est, ce qu'elle devait être, in: Cahiers du Communisme, Nr.4/1967, S.90

60 Rapport du Comité Central, S.9

61 L'Armée française ..., a.a.O., S.91

62 Waldeck-Rochet: Rapport du Comité Central 1961, S.9

Anmerkungen zu Kapitel

1 Kohl, Wilfried L.: French Nuclear Diplomacy, Princeton 1971, S.123

2 De Gaulle: Die Wiedergeburt, a.a.O., S.248

3 Vgl. Centre d'Etudes de Politique Etrangère, a.a.O.

4 De Gaulle, a.a.O., S.248

5 De Gaulle, a.a.O., S.248

6 Vgl. Kohl: a.a.O., S.210

7 Vgl. Kulski, W.W.: De Gaulle and the World Foreign Policy of the Fifth French Republic, Syracuse 1966, S.176

8 Vgl. de Gaulle: a.a.O., S.248

9 Ziebura: Theorie und Praxis ..., a.a.O., S.327

10 Vgl. Newhouse, John: De Gaulle and the Anglo-Saxons, New York 1970, S.86

11 Vgl. Kulski, a.a.O., S.176

12 Vgl. L'Année Politique 1960, S.658

13 Vgl. Schütze, Walter: Frankreich vor und nach der Lösung des Algerienproblems, in: Die internationale Politik 1962, S.190

14 Vgl. MacCridis, Roy C (Hrsg): Foreign Policy in World Politics, Englewood Cliffs 1967, S.105

15 Vgl. Kohl: a.a.O., S.43; zur Geschichte der französischen Atombewaffnung siehe die persönlich gefärbte Darstellung von Ailleret, Charles: L'aventure atomique française, Paris 1968

16 Vgl. Mendl: Deterrence and Persuasion, London 1970, S.155ff,

17 Vgl. de Gaulles Rede vor der Ecole Militaire am 3.11.1959

18 De Gaulle: a.a.O., S.255

19 A.a.O., S.247

20 A.a.O., S.259f.

21 Vgl. IFoP: Les Français et de Gaulle, Paris 1971, S.272

22 De Gaulle zum 1. französischen Kernwaffenversuch: "Dieser Eintritt unseres Landes in die höchste Domäne der Stärke".

23 De Gaulle: Die Wiedergeburt ..., S.252

24 Zur MLF siehe Buchan, Alastair: The Multilateral Force. An Historical Perspective, Adelphi-Papers Nr.13, London ISS, October 1964

25 L'Année Politique 1963, S.403

26 Vgl. Ullmann, Marc: Pompidous Angst vor den Deutschen, in: 'Die Zeit', Nr.49 vom 30.11.1973

27 Vgl. Adenauer, Konrad: Erinnerungen, Band 3, Fragmente ... FTB Nr. 1083,Hamburg 1970, S.17ff.

28 Fauvet, Jaques: Von de Gaulle zu de Gaulle, Tübingen 1959/60 S.17f.

29 Vgl. Tournoux, Jean Raymond: Die Tragödie des Generals, Düsseldorf 1968, S.220

30 A.a.O., S.217

31 A.a.O., S.218;
vgl. auch Weisenfeld, Ernst: Pinay stellt die Schicksalsfrage, in: 'Die Welt' vom 15. Januar 1960

32 Vgl. Tournoux: a.a.O., S.219

33 A.a.O., S.220f.

34 Vgl. a.a.O., S.223

35 Vgl. de Gaulle: Die Wiedergeburt ..., S.329

36 Vgl. Tournoux: a.a.O., S.333

37 In: 'Le Monde' vom 24./25. Mai 1959

38 Vgl. 'Le Monde' vom 28. November 1959

39 Vgl. 'Le Monde' vom 11. Oktober 1960

40 L'Année Politique 1960, S.660

41 Simmonet in der Debatte vom Oktober 1960, in: Journal Officiel Assemblée Nationale (J.O.A.N.) vom 18. Oktober 1960, S.2581

42 Vgl. J.O.A.N. vom 18. Oktober 1960, S.2581

43 Generalsekretär Simmonet, in: J.O.A.N. vom 18. Oktober 1960, S.2581

44 Vgl. L'Année Politique 1960, S.107

45 Schütze, Walter: Die französische Atombewaffnung im Spiegel der parlamentarischen Debatten, in: Europa Archiv 9/61, S.208

46 Vgl. L'Année Politique 1962, S.665

47 A.a.O., S.667

48 A.a.O., S.668

49 L'Année Politique 1963, S.421

50 Ebenda

51 Charlot, Jean: L'UNR - étude du pouvoir au sein d'un parti politique, Paris 1967, S.23

52 Vgl. Williams u.a.: French politicians ..., S.105

53 Avril, Pierre: UNR et Gaullistes, Paris 1971, S.13

54 So Chaban-Delmas auf dem ersten "assises nationales" in Bordeaux v. 13.-15. November 1959, zitiert nach Avril, a.a.O., S.15

55 L'Année Politique 1962, S.86

56 Vgl. Soustelle, Jacques: Der Traum von Frankreichs Größe - 28 Jahre Gaullismus, Bruchsal 1969, bes. S.324-340

57 UNR-Parteiprogramm von 1963, 3. Kapitel

58 Vgl. J.O.A.N. vom 18. Oktober 1960, S.2555f.

59 Vgl. L'Année Politique 1964, S.89

60 Zitiert nach Schütze, Walter: Pierrelatte, Schwerpunkt und Symbol der Atompolitik Frankreichs, in: Europa-Archiv 16/62, S.567

61 Vgl. Ligou, Daniel: Histoire du Socialisme en France 1871-1961, Paris 1962, S.210

62 In dieser Entschließung hatte sich eine Mehrheit von 4322 Delegierten gegen 2837 Delegierte für die Annahme des Entwurfs Léon Blums ausgesprochen, der aufgrund der internationalen Lage die Erhöhung der Wirksamkeit der nationalen Verteidigung enthielt. (Ligou ..., S.448)

63 Vgl. Métayer, Pierre: la place de l'armée ..., S.80

64 Vgl. Resolution des 51. Natinnalkongresses, in: Bulletin Interieure: (B.I.) Nr.115, Mai 1960, S.149

65 Vgl. Motion des 53. Kongresses von 1961, in: B.I., Nr.120, März 1961

66 Vgl. Motion des 54. Kongresses von 1963, in: B.I., Nr. 127, März 1963, S.186

67 Vgl. Moch, Jules: Non à la Force de Frappe, Paris 1963, S.211f.

68 Vgl. Criddle, Byron: Socialists and European Integration. A Study of the French Socialist Party, London 1969, S.41

69 Zitiert nach Criddle, a.a.O., S.43

70 Foreign Affairs, April 1954, S.371

71 Vgl. 'Le Populaire' vom 29. Mai 1956

72 Vgl. Willard: Socialisme et Communisme français, Paris 1967, S.145

73 Criddle: a.a.O., S.86

74 'Le Monde' vom 12./13. April 1959

75 B.I. Nr. 115, Mai 1960, S.148

76 Vgl. Raust, André: De Gaulle desintègre l'OTAN, in: Revue socialiste, Nr.179, janvier 1965, S.1

77 B.I. Nr. 135 vom April 1965, S.115

78 J.O.A.N. vom 24. Oktober 1960, S.2721

79 So Mollet, in: J.O.A.N. vom 16. Juli 1962, S.2485

80 Ebenda

81 L'Année Politique 1962, S.669

82 Mollet, Guy: 13 mai 1958 - 13 mai 1962, S.44

83 J.O.A.N. vom 16. Juli 1962, S.2483

84 Moch, Jules: Non à la force de frappe, Paris 1963, S.139

85 A.a.O., S.140

86 Vgl. Schmitt, René: Nous n'avons pas de politique militaire, in: Revue socialiste, 149, janvier 1962, S.4

87 Vgl. Schmitt, René, in: J.O.A.N., Oktober 1960, S.2587

88 Vgl. Montalat, Jean, in: J.O.A.N., 2. Dezember 1964, S.5770

89 Mollet: 13 mai 1958 ..., S.43

90 Vgl. die Entschließung des 55. Parteitages in B.I. Nr.135, April 1965, S.155

91 Vgl. J.O.A.N. vom 16. Juli 1962, S.2482

92 'Le Monde' vom 17. Juli 1959

93 B.I. 115, Mai 1960, S.172f.

94 Vgl. Schmitt, René, in: J.O.A.N. vom 18.10.1960, S.2584

95 Vgl. Moch, Jules: Forces de frappe et défense de la paix, in: Revue Socialiste, Februar 1963, S.119

96 Vgl. Moch, a.a.O., S.120

	USA	UdSSR	Frankreich
Flächenausdehnung km^2	7 827 620	22 402 200	543 998
Bevölkerungsdichte je km^2	22,2	10,8	93,6

97 Schmitt, René: a.a.O., S.2587

98 So in der Regierungserklärung Michel Debrés vom 13.10.1960, deutsch in Europa-Archiv 1/61, D 29

99 Vgl. Schmitt, René in der Debatte über die force de frappe, J.O.A.N. vom 18. Oktober 1960, S.2586

100 Europa-Archiv, a.a.O., D. 24

101 Vgl. Moch, Jules, in: force de frappe ..., S.121

102 Schütze, Walter: Die französische Atombewaffnung ..., S.207

103 Vgl. Moch, Jules: Non ..., S.97

104 Vgl. a.a.O., S.81-95

105 Vgl. J.O.A.N. vom 18. Oktober 1960, S.2548

106 Vgl. Schütze, Walter: Pierrelatte ... Europa-Archiv 12/62, S.562

107 J.O.A.N. vom 16. Juli 1962, S.2485

108 Vgl. Mollet, Guy, in: J.O.A.N. vom 24. Oktober 1960, S.2722

109 Die Auswärtige Politik der Bundesrepublik Deutschland (Herausgeber): Auswärtiges Amt, Köln 1972, S.492

110 J.O.A.N. vom 18. Oktober 1960, S.2721

111 Vgl. Mollet, Guy, in: 'Le Monde' vom 8. September 1960

112 Vgl. Mollet, Guy, in: J.O.A.N. vom 16. Juli 1962, S.2483

113 Vgl. Europa-Archiv 1/61 D 1 - D 16

114 Schütze, Walter: Die französische ..., S.208

115 J.O.A.N. vom 13. Juli 1962, S.2450

116 Zitiert nach Schütze, Walter: Die französische ..., S.208

117 Vgl. Pour ou Contre la Force de frappe (ohne Herausgeber), Paris 1963, S.249

118 A.a.O., S.250

119 Vgl. Moch, Jules: Non à ..., S.204f.

120 Vgl. Montalat, Jean in der Debatte über den zweiten Militärplan 1965-1970, in: J.O.A.N. vom 6. November 1964, S.5770

121 Vgl. B.I. Nr.135, April 1965, S.156

122 Montalat, Jean, in: J.O.A.N. vom 6. November 1964, S.5770

123 Vgl. Barjonet, André: Le parti communiste français, Paris 1969, S.171

124 Timmermann, Heinz: Zögernde Autonomisten ..., a.a.O., S.454f.

125 Vgl. Barjonet: a.a.O., S.177

126 Vgl. Erklärung des ZK der PCF nach der Moskauer Konferenz der kommunistischen Parteien, in: 'Le Monde' vom 17. Dezember 1960

127 Denis, Jacques: La situation actuelle et le désarmement, in: Cahiers du Communisme, Nr. 4/1964, S.11

128 Vgl. AdG vom 21. September 1959, S.7952

129 Vgl. AdG, a.a.O., S.7952

130 Denis: a.a.O., S.11

131 Vgl. Denis, Jacques: La situation actuelle et le désarmement II - Pour une politique de paix française, in: Cahiers du Communisme, No. 5/1964, S.110;
Guyot, Raimond: La prèmiere internationale et la lutte contre la guerre, in: Cahiers du Communisme, No. 8/9, 1964, S.90

132 Denis, Jacques/Kanapa, Jean: Pour ou contre l'Europe, Paris 1969, S.87

133 Zitiert nach Fauvet, Jacques: Histoire du PCF, Paris 1965, Bd. II, S.200

134 Denis/Kanapa: a.a.O., S.102

135 A.a.O., S.96f.

136 PCF XVe Congrès: Supplément au Bulletin de Propagande, no. 23, mai/juin 1959, S.13

137 Vgl. Juquin, Pierre: Le PCF et le grandeur français, in: Cahiers du Communisme, no. 2/1964, S.67

138 2. XVI. Congrès: S.20

139 XVIe Congrès du PCF1961: Rapport du Comité Central, présenté par Waldeck-Rochet, in: Supplément au No. 5.195 de l'Humanité vom 12. Mai 1961

140 Waldeck-Rochet: Rechenschaftsbericht XVII, Kongreß, in: Cahiers du Communisme No. 6/7. 1964, S.38

141 Rapport Waldeck-Rochet, in: Malakoff 13/14 decembre 1962, S.10ff.

142 Vgl. XVIIe Congrès 14.-17. Mai 1964 Supplément à France Nouvelle, No. 970 vom 20. - 26. Mai 1964, S.8

143 Vgl. Thèses adoptées par le XVe Congrès 24.-28. Juni 1959, a.a.O., S.24f.

144 Vgl. Juquin: a.a.O., S.67

145 Haroche, Charles: Désarmement à l'âge thermonucléaire, in: Cahiers du Communisme, Nr. 3/1963, S.7

146 Vgl. Editorial: L'atome, la guerre et la paix, in: Cahiers du Communisme, 3/1963, S.7

147 Vgl. Denis: La situation, T.2, a.a.O., S.97

148 Vgl. Editorial: la paix ..., a.a.O., S.11

149 Vgl. Juquin: a.a.O., S.67

150 Politische Entschließung des XVII. Parteitages, in: Cahiers de Communisme 6/7.1964, S.511f.

151 Editorial: La paix ..., S.10f.

152 Juquin: a.a.O., S.68

153 Vgl. Editiorial: L'atome ..., a.a.O., S.10

154 Vgl. Juquin a.a.O. und Villon, Pierre: De Gaulle et l'intérêt national, in: Cahiers du Communisme, 11/1965, S.55

155 Vgl. Editorial: L'atome ..., a.a.O., S.10

156 Vgl. Guyot: a.a.O., S.9L

157 J.O.A.N. vom 13. Juli 1962, S.2450

158 Vgl. Haroche, Charles: MLF: un danger majeur, in: Cahiers du Communisme No. 12/1964, S.92

159 A.a.O., S.93

160 Vgl. Faure, Maurice, in: J.O.A.N. vom 25.10.1960, S.2724

161 Ebenda

162 Vgl. J.O.A.N. vom 25.10.1960, S.2725

163 Vgl. J.O.A.N. vom 16. 7.1962, S.2487

164 Faure, Maurice, in: J.O.A.N. vom 16. Juli 1962, S.2487

165 Ders., in: J.O.A.N. vom 3. November 1964, S.4428

166 J.O.A.N. vom 19. Oktober 1960, S.2563

167 A.a.O., S.2564

168 AdG 1960, Nr.8719 D

169 Schütze: Die französische Atombewaffnung ..., a.a.O., S.208

170 J.O.S. 12. Dezember 1961, S.2453

171 'Le Monde' vom 9. November 1960

172 Vgl. Club Jean Moulin: Staat und Bürger, Stuttgart 1964, 4. Umschlagseite

173 So der ehemalige 2. Vorsitzende der Liga, Nobelpreisträger Prof. Alfred Kastler in einem Brief vom 10. März 1972 an den Verfasser

174 Ebenda

175 Vgl. Club Jean Moulin: La force de frappe et le citoyen, Paris 1963, S.7

176 Ebenda

177 A.a.O., S.111

178 A.a.O., S.114

179 A.a.O., S.118

180 A.a.O., S.120ff.

181 Brief von A.Kastler an Verfasser

182 Vgl. Flugblatt der "Nationalen Liga" O.J.o.O. (1963)

183 Vgl. Sondages No. 3/1960, S.75

184 Vgl. Sondages No.3/1964, S.53

185 Vgl. Sondages No.2/1966, S.43

186 A.a.O., S.22

187 A.a.O., S.23

188 Ebenda

189 Vgl. Sondages No.2/1966, S.40

190 IFOP, a.a.O., S.269

Anmerkungen zu Kapitel 5

1 Vgl. Debré, Michel: Les principes de notre politique de défense, in: Revue de Défense Nationale August/September 1970, S.1245-1258;
ders.: Frances global strategy, in: Foreign Affairs, Vol.49, No. 3, April 1971, S.395-406;
Interview mit Debré in 'Le Monde' vom 11. September 1970

2 Vgl. Schütze, Walter: Der Maghreb im internationalen Kräftefeld, in: Europa-Archiv 11/71, S.391

3 Vgl. Kohl: a.a.O., S.253

4 Schütze, Walter: Die Politik de Gaulles und die Neuordnung der NATO, in: Europa-Archiv 9/66, S.316f.

5 Vgl. IFOP: a.a.O., S.268f.

6 Schütze, Walter: Außenpolitik im Wandel von de Gaulle zu Pompidou, in: Europa-Archiv 1/72, S.12

7 Europa-Archiv 1/69, D.27

8 De Carmoy, Guy: Die Außenpolitik de Gaulles in der Feuerprobe des Mai 1968 und des April 1969, in: Europa-Archiv 13/69, S.466

9 De Carmoy, Guy: Französische Außenpolitik unter Georges Pompidou, in: Europa-Archiv 19/70, S.175

10 Französisches Verteidigungsweißbuch vom 29. Juni 1972 in Auszügen, in:Europa-Archiv 22/72 D533f.

11 Schütze, Walter: Perspektiven der französischen Wehrpolitik, in: Europa-Archiv 22/72, S.786

12 Vgl. Ziebura: Theorie und Praxis ..., a.a.O., S.306

13 Vgl. Kohl: a.a.O., S.151ff.

14 A.a.O., S.158

15 Combaux, Emile: Défense tous Azimuts? Oui, mais ...", in: Revue de Défense Nationale, November 1968, S.1600ff.

16 Vgl. die in der Revue de Défense Nationale abgedruckte Rede Fourquets, in: R.D.N. Mai 1969, S.757-767;
Delmas, Claude: Vers une nouvelle politique française, in: Revue politique et parlementaire, No.800, Juni 1969, S.83f.

17 Kohl: a.a.O., S.163

18 Vgl. Informationsblätter, herausgegeben von der französischen Botschaft in Bonn, Nr.78, S.2

19 Vgl. 'Le Monde' vom 8. Oktober 1970

20 Vgl. 'Le Monde' vom 11. September 1970 und 8. Oktober 1970

21 Französisches Verteidigungsweißbuch vom 29. Juni 1972, in: Europa-Archiv 22/72 D 537

22 Vgl. AdG 1971, S. 16 279

23 Schütze, Walter: Frankreich und das Problem einer ausgewogenen Truppenverminderung in Ost und West, in: Europa-Archiv 13/70, S.469

24 Vgl. 'Le Monde' vom 27./28. August 1967

25 Schütze: a.a.O., S.469

26 Lusset, Félix: Die französische Linke vor und nach den Ereignissen vom Mai und Juni 1968, in: Zeitschrift für Politik, Januar 1/1969, S.26

27 Vgl. Baring, Arnulf: Der ewige Sumpf - Bewegung und Beharrung im französischen Parteiensystem, in: Zeitschrift für Politik, 4/1971, S.364f.

28 Kempf, Udo: Vom Vielparteiensystem zur Blockbildung - Das französische Parteiensystem, in: Beilage zum Parlament Nr.9, vom 3. März 1973, S.15

29 Baring: a.a.O., S.369

30 Vgl. Williams: French politicians ..., a.a.O., S.215

31 Vgl. Williams: a.a.O., S.287

32 Kempf: a.a.O., S.15

33 Kempf: a.a.O., S.16

34 Kempf: a.a.O., S.17

35 Rovan, Joseph: Frankreich im Nachgaullismus - Die Opposition, in: Frankfurter Hefte Nr.11/1971, S.848

36 'Le Monde' vom 3./4. Dezember 1972

37 Rovan: a.a.O., S.846

38 Vgl. 'Le Monde' vom 15. Juli 1966

39 'Le Monde' vom 15. Juli 1966, deutsch z.T. in: AdG vom 16. Juli 1966, S.12608

40 'Le Monde' vom 15. Juli 1966

41 Ebenda

42 Vgl. J.O.A.N. vom 19. April 1966, S.769

43 De Gaulle: Die Wiedergeburt ..., S.329f.

44 Vgl. J.O.A.N. vom 19. April 1966, S.768

45 J.O.A.N. vom 14. April 1966, S.631

46 Vgl. B.I., Nr.148, Mai 1967, S.100

47 Mollet, Guy: J.O.A.N. vom 19. April 1966, S.769

48 Vgl. Moch, Jules: La politique étrangère-dix ans de fausse grandeur, in: Revue socialiste, No. 213 vom Mai 1968, S.441f.

49 A.a.O., S.443

50 Vgl. Savary, Alain: Pour le nouveau parti socialiste, Paris 1970, S.156

51 Changer la vie - Programme de Gouvernment du parti sociali-ste, Paris 1972, S.199

52 A.a.O., S.197

53 Ebenda

54 J.O.A.N. vom 17. November 1969, S.3848

55 Changer de vie ..., S.198

56 A.a.O., S.204

57 Vgl.'Neue Zürcher Zeitung' vom 15. März 1972

58 Mollet, Guy, in: J.O.A.N. vom 16. Juli 1962, S.2482

59 Vgl. 'Le Monde' vom 30. April 1968

60 Vgl. Déclaration commune PCF et F.G.D.S. in: Supplément à 'L'Humanité', No. 7313 du 26.2.1968

61 Vgl. 'Le Monde' vom 9. Oktober 1970

62 J.O.A.N. vom 8. Oktober 1970, S.4183

63 A.a.O., S.4184

64 A.a.O., S.4202

65 Savary: a.a.O., S.157

66 Savary: a.a.O., S.157

67 Changer la vie ..., S.203

68 Mitterand, François: Ma part de vérité, Paris 1969, S.193f.

69 'NZZ' vom 14. Januar 1972

70 'Le Monde' vom 28. Dezember 1971

71 Ebenda

72 Ebenda

73 Changer la vie ..., S.206

74 Ebenda

75 AdG vom 24. Februar 1968

76 Vgl. Moch, Jules: La véritable contre-partie des bloc-antagoni-stes réside dans le désarmement, in: 'Le Monde diplomatique, No. 12/1967

77 Vgl. Waldeck-Rochet: Rapport général au 18e congrès du Parti Communiste, in: Cahiers du Communisme Nr. 2/3 1967, S.31

78 Ballanger, Robert, in: J.O.A.N. vom 19. April 1966, S.784

79 Waldeck-Rochet: Pour la sécurité et la cooperation en Europe, in: Supplément au Bulletin de Propagande et d'Information, No. 8, Paris, Nov./Dec. 1969, S.20

80 A.a.O., S.3

81 Haroche, Charles: L'atlantisme à l'heure des échéances, in: Cahiers du Communisme 6/1969, S.104

82 Vgl. Waldeck-Rochet vor dem ZK der PCF am 24. Februar 1968, in: Cahiers du Communisme 3/1968, S.13; u.a. Denis/Kanapa: a.a.O., S.116

83 Waldeck-Rochet: Pour la sécurité ..., S.5

84 Vgl. Waldeck-Rochet: Rapport Géneral de 18e Congrès ..., a.a.O., S.31

85 Vgl. 'Le Monde' vom 5. April 1969

86 Vgl. Denis/Kanapa: a.a.O., S.117

87 Vgl. Denis, Jacques: Politique extérieure française et programme commun, in: Cahiers du Communisme 11/1972, S.15

88 Vgl. Denis/Kanapa: a.a.O., S.118

89 Haroche: a.a.O., S.95

90 'La Nation' vom 11. Juni 1969

91 Vgl. Denis/Kanapa: a.a.O., S.177 und 'NZZ' vom 14. Januar 1972

92 Cholière, Yves: Pour la sécurité et la coopération, in: Cahiers du Communisme 2/1972, S.81

93 Changer de cap-Programme pour un gouvernement démocratique d'union populaire, Paris 1971, S.232

94 Vgl. Mathey, Lucien: Le programme commun qui répond aux intérêts de la nation, in: Cahiers du Communisme, No. 3/1966, S.19

95 Villon, Pierre: Programme et défense nationale, in:Cahiers du Communisme 2/1972, S.24

96 Vgl. Manceau, Robert, in: J.O.A.N. vom 25. Oktober 1966, S.3840

97 Vgl. Villon, in: J.O.A.N. vom 30. Oktober 1968, S.3751

98 Vgl. Marchais, Georges, in: 'NZZ' vom 14. Januar 1972

99 J.O.A.N. vom 8. November 1972, S.4861

100 Vgl. Villon, Pierre, in: J.O.A.N. vom 17.11.1969, S.3849

101 Vgl. Villon, Pierre: Réflexions sur la politique militaire du gaullisme, in: Cahiers du Communisme, 3/1969, S.27

102 Ebenda und auch: Tanguy, Henri Roland: Force de frappe et sécurité de la France, in: 'L'Humanité' vom 27. Dezember 1971

103 Villon: a.a.O., S.27

104 Vgl. Villon, Pierre: Programme et ..., a.a.O., S.24

105 J.O.A.N. vom 7. Oktober 1970, S.4135

106 Changer de cap, S.232

107 Vgl. a.a.O., S.219

108 Vgl. Figuères, Leo: Problèmes actuels de l'unité de la gauche, in: Cahiers du Communisme, 9/1966, S.232

109 Waldeck-Rochet: Pour la sécurité ..., a.a.O., S.9

110 Vgl. Denis/Kanapa: a.a.O., S.162f. und Denis, Jacques: Nouvelles perspectives pour la sécurite européenne,in: Cahiers du Communisme 2/1971, S.68f.

111 Vgl. Faure, Maurice, in: J.O.A.N. vom 19. April 1966, S.775f.

112 Vgl. L'Année Politique 1966, S.35

113 Faure, in: J.O.A.N. vom 19. April 1966, S.776

114 Communiqué du Bureau du parti vom 13. Januar 1972, maschinenschriftliches Exposé des Verfassers

115 Ebenda

116 Vgl. RRRS-Abgeordneter Schloesing in der Debatte über den 3. Programmentwurf, in: 'Le Monde' vom 8. Oktober 1970

117 Communiqué vom 13. Januar 1972, a.a.O.

118 Vgl. L'Année politique 1966, S.37

119 Servan, J.J.-Schreiber: Forcer le destin, Paris 1970, S.96

120 Zur Entwicklung des Zentrums siehe: Borella, François: Les partis politiques dans la France d'aujourd'hui, Paris 1973, S.123-146

121 J.O.A.N. vom 14. Oktober 1966, S.685

122 Ebenda

123 Vgl. L'Année politique 1968, S.11

124 J.O.A.N. vom 14. Oktober 1966, S.689

125 Lecanuet, Jean, in: Paul Stehlin: La force d'illusion, Paris 1973, S.14

126 Stehlin, in: J.O.A.N. vom 8. Oktober 1970, S.4182

127 Vgl. Stehlin, in: J.O.A.N. vom 17. November 1969, S.3857

128 Lecanuet, Jean/Servan-Schreiber, J.J.: Le projet réformateur-Programme de gouvernement, Paris 1973, S.91

129 Lecanuet, Jean, in: Paul Stehlin: la force ..., S.18

130 Vgl. Rocard, Michel: PSU, Paris 1971

131 Rocard, Michel, in: J.O.A.N. vom 7. Oktober 1970, S.4140

132 Vgl. Rocard, Michel: Pour une autre politique militaire, in: 'Le Monde' vom 30. September 1970, S.11

133 Le forces politiques et les elections de mars 1973: Herausgeber: 'Le Monde', Paris, März 1973, S.23

134 Rocard, in: J.O.A.N. vom 7. Oktober 1970, S.4147

135 Vgl. Les forces ..., a.a.O., S.21

136 Vgl. Lusset: a.a.O., S.27f.

137 Mathey, Lucien: Sur l'unité de la gauche française et ses perspectives, in: Cahiers du Communisme 5/1967, S.29

138 Baring: a.a.O., S.364f.

139 Vgl. Waldeck-Rochet: Rapport am Comité Central (24.2.1968) in: Supplément à 'L'Humanité' vom 26. Februar 1968, S.8

140 Vgl. Timmermann, Heinz: a.a.O. und ders.: Die KPF zwischen Volksfront - Strategie und Internationalismus. Zur Problematik der Außenbeziehungen des französischen Kommunismus, in: Europa-Archiv 22/70, S.827ff.

141 'L'Humanité' (Herausgeber) Premier Bilan des conversations engagés entre le parti communisté français et le parti socialiste sur les conditions fondementales d'un accord politique: Paris, Dec. 1970, S.12

142 Mitterand, François: Un socialisme possible, Paris 1970, S.96

143 Vgl. Changer la vie ..., S.197f.

144 Programme commun de gouvernment du parti communiste et du parti socialiste, Paris 1972, S.172ff.

145 Vgl. 'Le Monde' vom 22. Dezember 1966

146 Vgl. 'Le Monde' vom 9. Oktober 1970

147 Vgl. Changer de cap, a.a.O., S.221

148 Changer la vie, a.a.O., S.206

149 Vgl. 'FAZ' vom 30. Dezember 1971

150 'FAZ' vom 21. Februar 1972

151 Programme commun ..., a.a.O., S.171

152 Programme commun, a.a.O., S.175

153 Vgl. L'Année Politique 1966, S.34f.

154 Vgl. 'Le Monde' vom 29. Oktober 1970 und 4. November 1971

155 Vgl. 'Le Monde' vom 7. November 1972

156 Ebenda

157 Vgl. L'Année Politique 1967, S.84

158 Vgl. 'Le Figaro' vom 17.11.1966

159 Vgl. L'Année Politique 1967, S.88

160 Ebenda

161 Brief des Ehrenvorsitzenden der MDPL Jean Rostand vom 8.4.72 an Verfasser

162 Vgl. Alerte No. 33, Dez. 1971, S.11

163 Vgl. Rostand, Jean: in Supplément à "Alerte Atomique" No. 14 Mars-Avril 1967, S.2

164 Vgl. IFOP a.a.O., S.273

165 Vgl. L'Express No. 1146 vom 25. Juni 1973, S.17

166 Vgl. die Entwicklung in den Ausgaben von 'Le Monde' Juli 1973

167 Vgl. L'Express No. 1146 vom 25. Juni 1973, S.12f. und No. 1147 vom 2. juli 1973, S.12f.

Anmerkungen zu Kapitel 6

1 Lusset: a.a.O., S.29

2 Vgl. AdG 1963, S.10582

3 Vgl. L'Année Politique 1966, S.34

4 A.a.O., S.17

5 Zitiert nach Guy de Carmoy: Les politiques étrangères, S.383

6 Vgl. Changer la vie ..., S.197

7 Vgl. Arnsperger, Klaus: Auch Frankreichs Linke sind keine Atompazifisten, in: 'SZ' vom 25./26.8.1973

8 Ebenda

9 Weisenfeld, Ernst: Nur die Armee zählt, in: "Die Zeit' Nr. 40 vom 28.9.1973

Anmerkungen zu Kapitel 8

1 AdG vom 31. Mai 1974, S.18724

2 Zitiert nach Texier, Jean C.: Die französische Armee auf der Suche nach einer Rolle, in: Dokumente 4/74, S.290

3 AdG vom 28. Oktober 1974, S.19017

4 'Le Monde' vom 27. März 1975

5 Arnsperger, Klaus: Frankreichs Diplomatie bleibt im Gleis, in: Süddeutsche Zeitung vom 18./19. Mai 1974

6 Vgl. Texier, a.a.O.

7 Interview mit Dokumente 4/74, S.315

8 Abgedruckt in: Hernu, Cahrles: Soldat - citoyen - essai sur la défense et la sécurité de la France, Paris 1975, S.236f.

9 Huntzinger, Jacques: Die außenpolitischen Konzeptionen der Sozialistischen Partei Frankreichs, in EA 12/75, S.400f.

10 Verlet, Martin: Coexistence pacifique et lutte de classes, in: Cahiers du Communisme Nr. 7/8/1975, S.82f.

11 A.a.O., S.83

Die wichtigsten Abkürzungen

AdG	Archiv der Gegenwart
BI	Bulletin Intérieur (de la SFIO)
BSP	Bruttosozialprodukt
CENTO	Central Treaty Organization
CIR	Convention des Institutions républicaines
DCI	Democrazia Christiana Italiana
EFTA	European Free Trade Assoziation
EGKS	Europäische Gemeinschaft für Kohle und Stahl
EWG	Europäische Wirtschaftsgemeinschaft
F	Francs
FAZ	Frankfurter Allgemeine Zeitung
FGDS	Féderation de la gauche et démocratique socialiste
Franz. Verf.	Französische Verfassung
GG	Grundgesetz
IFOP	Institut français d'opinion publique
JOAN	Journal Officiel des débats de l'Assemblée Nationale
JOS	Journal Officiel des débats du Sénat
KPC	Kommunistische Partei der CSSR
KPF	Kommunistische Partei Frankreichs
KPdSU	Kommunistische Partei der Sowjetunion
KPI	Kommunistische Partei Italiens
LAFTA	Latin American Free Trade Assoziation
MCAA	Mouvement contre l'armement atomique
MDPL	Mouvement pour le désarmement, la paix et la liberté
MLF	Multilaterl Force
MRP	Mouvement Républicain Populaire
NATO	North Atlantic Treaty Organization
NF	Nouveau Franc
NZZ	Neue Zürcher Zeitung
OEEC	Organization for European Economic Cooperation
PCF	Parti communiste français
PC	Parti communiste
PS	Parti socialiste
PSA	Parti socialiste autonome
PSU	Parti socialiste unifié
PVS	Politische Vierteljahresschrift
RD	Rassemblement Démocratique
RDN	Revue de Défense Nationale
RGW	Rat für gegenseitige Wirtschaftshilfe
RRRS	Parti radical et radical-socialiste
SALT	Strategic Arms Limitation Talks
SEATO	South East Asia Treaty Organization
SFIO	Section française de l'internationale des ouvriers
SZ	Süddeutsche Zeitung
UDR	Union pour la défense de la République
UFD	Union des forces démocratiques
UNR	Union pour la nouvelle République
WEU	Westeuropäische Union
WP	Warschauer Pakt
ZfP	Zeitschrift für Politik

LITERATURVERZEICHNIS

A Darstellungen

Adenauer, Konrad: Erinnerungen, Band 3 - Fragmente 1959 - 1963, Frankfurt/M. und Hamburg 1970, Fischer Taschenbuch Nr. 1083

Ailleret, Charles: L'aventure atomique française, Paris 1968

Ansprenger, Franz: Die Auflösung der Kolonialreiche, München 1966, dtv-Weltgeschichte des 20. Jahrhunderts, Band 13

Arnsperger, Klaus: Auch Frankreichs Linke sind keine Atompazifisten, in: Süddeutsche Zeitung vom 25./26.8.1973

ders.: Frankreichs Diplomatie bleibt im Gleis, in: Süddeutsche Zeitung vom 18./19. Mai 1974

Aron, Raymond: Immuable et Changeante, Paris 1969

Ashkenasi, Abraham: Reformpartei und Außenpolitik - Die Außenpolitik der SPD Berlin - Bonn, Köln und Opladen 1968

Auswärtiges Amt (Hrsg): Die Auswärtige Politik der Bundesrepublik Deutschland, Köln 1972

Avril, Pierre: UNR et Gaullistes, Paris 1971

Baring, Arnulf: Außenpolitik in Adenauers Kanzlerdemokratie, München/Wien 1969

ders.: Der ewige Sumpf - Bewegung und Beharrung im französischen Parteiensystem, in: Zeitschrift für Politik Nr. 4/1971

Barjonet, André: Le parti communiste français, Paris 1969

Bergstraesser, Arnold: Weltpolitik als Wissenschaft, Köln und Opladen 1965

Besson, Waldemar: Die Außenpolitik der Bundesrepublik Erfahrungen und Maßstäbe, München 1970

ders.: Von Roosevelt bis Kennedy - Grundzüge der amerikanischen Außenpolitik 1933 - 1963, Frankfurt/M. und Hamburg 1964, Fischer-Taschenbuch Nr. 598

Beste, Hans-Dieter: Militärpolitik - Versuch einer Begriffsbestimmung, in: Wehrwissenschaftliche Rundschau Nr. 4/1968

Bidault, Georges: Noch einmal Rebell. Von einer Résistance in die andere, Berlin 1965

Blum, Léon: Auswahl aus dem Werk, Wien 1970

Bondy, François: Die europäische Linke und der Nahostkrieg, in: Zeitschrift für Politik Nr. 1/1969

Borella, François: Les partis politiques dans la France d'aujourd'hui, Paris 1972

Bouju, Paul M. et Dubois, Henri : La Troisième République 1870 - 1940, Paris 1967

Bracher, Karl-Dietrich: Kritische Betrachtungen über den Primat der Außenpolitik, in: Ritter, G.A./ Ziebura, G. (Hrsg): Faktoren der politischen Entscheidung, Berlin 1963

Brzezinski, Zbigniew: Alternative to Partition - For a Broader Conception of Americas Role in Europe, New York 1965

Buchan, Alastair: The Multilateral Force - An Historical Perspective, London 1964, Adelphi-Papers Nr.13

ders.: Sicherheit, in: Sowjetsystem und demokratische Gesellschaft, Freiburg 1972, Band 5

Carmoy, Guy de: Les Politiques Etrangères 1944 - 1966 Paris 1967

ders.: Die Außenpolitik de Gaulles in der Feuerprobe des Mai 1968 und des April 1969, in: Europa-Archiv Nr. 13/1969

ders.: Französische Außenpolitik unter Georges Pompidou, in: Europa-Archiv Nr. 19/1970

Changer la vie - Programme de Gouvernment du parti socialiste, Paris 1972

Changer de cap - programme pour un gouvernment démocratique d'union populaire, Paris 1971

Chantebout, Bernard: La défense nationale, Paris 1972

ders.: L'organisation générale de la défense nationale depuis la fin de la seconde guerre mondiale, Paris 1967

Chapsal, Jacques: La vie politique en France depuis 1940, Paris 1966

Charlot, Jean: L'UNR - Etude du pouvoir au sein d'un parti politique, Paris 1967

Cholière, Yves: Pour la sécurité et la coopération européenne, in: Cahiers du Communisme Nr. 2/1972

Club Jean Moulin: Staat und Bürger, Stuttgart 1964

ders.: La force de frappe et le citoyen, Paris 1963

Cohen, Bernard C.: The press and Foreign Policy, Princeton 1963

Combaux, Emile: Défense tous azimuts? Qui, mais ... in: Revue de Défense Nationale, November 1968

Criddle, Byron: Socialists and European Integration- A Study of the French Socialist Party, London 1969

Czempiel, Ernst-Otto: Das amerikanische Sicherheitssystem 1945 - 1949, Berlin 1966

Dahl, Robert A.: Political Oppositions in Western Democracies, New Haven 1966

Debré, Michel: Les principes de notre politique de défense, in: Revue de Défense Nationale, August/September 1970

ders.: Frances global Strategy, in: Foreign Affairs, vol. 49, No. 3, 1971

Delmas, Claude: Vers une nouvelle politique française, in: Revue politique et parlamentaire, Nr. 800, Juni 1969

Denis, Jacques: Politique extérieure française et programme commun, in: Cahiers du Communisme, Nr. 11/1972

ders.: Nouvelles perspectives pour la sécurité européenne, in: Cahiers du Communisme, Nr. 2/1971

ders.: La situation actuelle et le désarmement, in: Cahiers du Communisme, Nr. 4/1964

ders.: La situation actuelle et le désarmement (II) - pour une politique de paix française, in: Cahiers du Communisme, Nr. 5/1964

Denis, Jacques et Kanapa, Jean: Pour ou contre l'Europe, Paris 1969

Dormann, Manfred: Faktoren der außenpolitischen Entscheidung, in: Politische Vierteljahresschrift Nr. 2/1971

Drummond, Roscoe: Coblentz, Gaston: Duell am Abgrund - John Foster Dulles und die amerikanische Außenpolitik, Köln/Berlin 1961

Duverger, Maurice: Institutions politiques, Paris 1970, 11. völlig überarbeitete Auflage

Editorial: (des Cahiers du Communisme) L'atome, la guerre et la paix, in: Cahiers du Communisme, Nr. 3/1963

Faucher, Jean André: La Gauche Française sous de Gaulle - 13 mai 58 - 13 mai 68, Paris 1969

Fauvet, Jacques: Von de Gaulle bis de Gaulle, Tübingen 1959/60

ders.: Histoire du Parti Communiste Française, Paris 1965, Band 2

Fetjoe, François: The French Communist Party and the crisis of international communism, Cambridge 1967

ders.: Die kommunistische Partei Frankreichs und der "Polyzentrismus", in: Osteuropa 7/1962

Figueres, Léo: Problèmes actuels de l'unité de la gauche, in: Cahiers du Communisme, Nr. 9/1966

Fischer-Baling, Eugen: Politische und militärische Führung in Deutschland während des 1. Weltkrieges, in: Schicksalsfragen der Gegenwart (Hrsg: Bundesminister für Verteidigung) Band 3, Tübingen 1958

Fochler-Hauke, Gustav: (Hrsg) Der Fischer-Weltalmanach 1966 - Zahlen, Daten, Fakten, Frankfurt/M.1965

Frankel, Joseph: Die außenpolitische Entscheidung, Köln 1965

Fraenkel, Ernst: Strukturen der gegenwärtigen internationalen Paktsysteme, in: Schicksalsfragen der Gegenwart (Hrsg: Bundesminister für Verteidigung), Band 4, Tübingen 1959

Garnier-Thonon, Michel: Jaurès et l'Armée nouvelle, in: Revue Socialiste, Nr. 148, Dezember 1961

Gasteyger, Curt: Internationale Sicherheit und Abrüstung, in: Die Internationale Politik 1958 - 1960 (Hrsg) Cornides, Wilhelm u.a., München/Wien 1971

Goguel, François: Grosser, Alfred: Politik à la française, Gütersloh 1966

Gaulle, Charles de Memoiren der Hoffnung, Die Wiedergeburt 1958 - 1962, Wien/München/Zürich 1971

Grosser, Alfred: La politique extérieure de la V. République, Paris 1965

ders.: La IV. République et sa politique extérieure, Paris 1967

ders.: France and Germany in the Atlantic Community, in: The Atlantic Community (Hrsg) Wilcox, Francis O./Haviland jr.H.Field, New York 1963

ders.: France - Nothing but Opposition, in: Political Opposition in Western Democracies (Hrsg) Dahl, Robert A. New Haven 1966

ders.: Das Parlament in de Gaulles V. Republik, in: Der Politologe Nr.23

Gruber, D. Die Stellung des Regierungschefs in Deutschland und Frankreich, Hamburg 1964

Guyot, Raymond: La première internationale et la lutte contre la guerre, in: Cahiers du Communisme, Nr. 8/9 1964

Hänsch, Klaus: Frankreich - eine politische Landeskunde, Berlin 1967

Hanrieder, Wolfram: Die stabile Krise. Ziele und Entscheidungen der bundesrepublikanischen Außenpolitik 1949 - 1969, Düsseldorf 1971

Haroche, Charles: Désarmement à l'âge thermonucléaire, in: Cahiers du Communisme, Nr. 3/1963

ders.: MLF: un danger majeur, in: Cahiers du Communisme, Nr. 12/1964

ders.: L'atlantisme à l'heure des échéances, in: Cahiers du Communisme, Nr. 6/1969

Hernu, Charles: Soldat - citoyen essai sur la défense et la sécurité de la France, Paris 1975

Herz, John H.: Weltpolitik im Atomzeitalter, Stuttgart 1961

Hinterman, Eric-Georges: Obeservations sur le rapport concernant l'armée, in: Revue Socialiste, Nr. 150, Februar 1962

Höhne, Roland A.: Die innergesellschaftlichen Ursachen der Opposition gegen die Ost- und Deutschlandpolitik der SPD/FDP-Regierung in den Jahren 1969-1972, maschinenschriftl. Manuskript, Berlin 1973

L'Humanité (Hrsg): Premier bilan des conversations engagées entre le parti communiste français et le parti socialiste sur les conditions fondamentals d'un accord politique, Paris 1970

Huntzinger, Jacques: Die außenpolitischen Konzeptionen der Sozialistischen Partei, in: Europa-Archiv 12/1975

IFOP: Les Français et de Gaulle. Présentation et commentaire de Jean Charlot, Paris 1971

Jaurès, Jean: L'Armée Nouvelle, Paris 1915. Neuauflage von Union Générale d'Editions Paris, Reihe 10/18, Mulhouse 1969

Juquin, Pierre: Le PCF et le grandeur français, in: Cahiers du Communisme, Nr. 2/1964

Kaack, Heino: Opposition und Außenpolitik, in: Politische Vierteljahresschrift, Sonderheft 1/1969

Kaisen, Wilhelm: Meine Arbeit, mein Leben, München 1967

Kapferer, Reinhard: Der Mittlere Osten, in: Die Internationale Politik 1958 - 1960, (Hrsg) Cornides, Wilhelm u.a., München/Wien 1971

Kempf, Udo: Vom Vielparteiensystem zur Blockbildung - Das französische Parteiensystem, in: Beilage zur Wochenzeitung "Das Parlament", Nr. 9 vom 3.3.1973

(Autorenkollektiv) Kleines Politisches Wörterbuch, Berlin-Ost 1973

Kohl, Wilfried L.: French Nuclear Diplomacy, Princeton New Yersey 1971

Krippendorf, Ekkehart: Ist Außenpolitik Außenpolitik? in: Politische Vierteljahresschrift 1963

Kulski, W.W.: De Gaulle and the world Foreign Policy of the Fifth French Republic, Syracuse 1966

Lafeber, Walter: America, Russia and the Cold War, New York 1967

Lecanuet, Jean: Servan-Schreiber, Jean-J.: Le projet réformateur-Programme de Gouvernement, Paris 1973

Le Monde (Hrsg): Les forces politiques et les elections de mars 1973, Paris 1973

Ligou, Daniel: Histoire du socialisme en France 1871 - 1961, Paris 1962

Löwenthal, Richard: Die Sowjetunion und der Weltkommunismus unter Chrutschows Führung, in: Die Internationale Politik 1958 - 1960 (Hrsg) Cornides, Wilhelm u.a., München/Wien 1971

Lukacz, John: Konflikte der Weltpolitik, München 1970, dtv-Weltgeschichte des 20. Jahrhunderts, Band 12

Lusset, Félix: Die französische Linke vor und nach den Ereignissen vom Mai und Juni 1968, in: Zeitschrift für Politik, Nr. 1/1969

MacCridis, Roy C.:(Hrsg): Foreign Policy in World Politics, Englewood Cliffs 1967

Mathey, Lucien: Le programme commun qui répond aux intérêts de la nation, in: Cahiers du Communisme, Nr. 3/1969

ders.: Sur l'unité de la gauche française et ses perspectives, in: Cahiers du Communisme, Nr. 5/1967

Meissner, Boris: Das Ostpaktsystem. Dokumente, Berlin 1955

Mendl, Wolf: Deterrence and Persuasion, London 1970

ders.: Perspektiven der heutigen französischen Verteidigungspolitik, in: Europa-Archiv Nr. 2/1968

Messmer, Pierre: Notre politique militaire, in: Revue de Défense Nationale, Mai 1963

Métayer, Pierre: La place de l'armée dans la nation, in: Revue Socialiste, Nr. 149, Januar 1962

ders.: La place de l'armée dans l'organisation de la défense, in: Revue Socialiste, Nr. 131, 1960

Mitterand, François: Ma part de vérité, Paris 1969

ders.: Un socialisme possible, Paris 1970

Moch, Jules: Histoire du réarmement allemand, Paris 1965

ders.: Non à la force de frappe, Paris 1963

ders.: Réflexions sur l'organisation socialiste de la défense du territoire, in: Revue Socialiste, Nr. 150, Februar 1962

ders.: Forces de frappe et défense de la paix, in: Revue Socialiste, Februar 1963

ders.: La politique étrangère - dix ans de fausse grandeur, in: Revue Socialiste Nr. 213, Mai 1968

ders.: Le véritable contre-partie des blocs-antagonistes réside dans le désarmement, in: Le Monde Diplomatique, Nr. 12/1967

Mollet, Guy: 13 mai 1958 - 13 mai 1962, Paris 1962

Noack, Paul: Internationale Politik - Eine Einführung, München 1970, dtv - wissenschaftliche Reihe Nr. 4060

Newhouse, John: De Gaulle and the Anglo-Saxons, New York 1970

Parodi, Maurice: L'économie et la société française de 1945 à 1970, Paris 1971

Philip, André: Les socialistes, Paris 1967

(o. Hrsg) Programme commun de gouvernment du parti communiste et du parti socialiste, Paris 1972

(o. Hrsg) Pour ou contre la force de frappe, Paris 1963

Rauch, Georg von: Geschichte des bolschewistischen Rußlands, Wiesbaden 1965

Raust, André: De Gaulle desintègre l'OTAN, in: Revue Socialiste, Nr. 179, Januar 1965

Ries, J.: Le socialisme et l'armée, in: Revue Socialiste, Nr.180, Februar 1965

Rocard, Michel: PSU, Paris 1971

ders.: Pour une autre politique militaire, in: Le Monde vom 30.9.1970

Rol-Tanguy, Henri: Force de frappe et sécurité de la France, in: L'Humanité vom 27.12.1971

Rosenau, James: Domestic Sources of Foreign Policy, New York 1967

Rovan, Joseph: Frankreich im Nachgaullismus - Die Opposition, in: Frankfurter Hefte, Nr. 11/1971

Savary, Alain: Pour le nouveau parti socialiste, Paris 1970

Schmitt, René: Nous n'avons pas de politique militaire, in: Revue Socialiste, Nr. 149, Januar 1962

Schütze, Walter: Frankreich vor und nach der Lösung des Algerienproblems, in: Die Internationale Politik 1958 - 1960, (Hrsg) Cornides, Wilhelm u.a., München/Wien 1971

ders.: Die französische Atombewaffnung im Spiegel der parlamentarischen Debatten, in: Europa-Archiv, Nr. 9/1961

ders.: Pierrelatte - Schwerpunkt und Symbol der Atompolitik Frankreichs, in: Europa-Archiv 16/1962

ders.: Die Politik de Gaulles und die Neuordnung der NATO, in: Europa-Archiv Nr. 9/1966

ders.: Frankreich und das Problem einer ausgewogenen Truppenverminderung in Ost und West, in: Europa-Archiv, Nr.13/1970

ders.: Der Mahgreb im internationalen Kräftefeld, in: Europa-Archiv, Nr. 11/1971

ders.: Außenpolitik im Wandel von de Gaulle zu Pompidou, in: Europa-Archiv, Nr. 1/1972

ders.: Perspektiven der französischen Wehrpolitik, in: Europa-Archiv, Nr. 22/1972

Serfaty, Simon: France, de Gaulle and Europa, Baltimore 1968

Servan-Schreiber, Jean: Forcer le destin, Paris 1970

Siegler, Heinrich: Politische, wirtschaftliche, militärische Zusammenschlüsse und Pakte der Welt, Bonn/Wien/Zürich 1969, 9. völlig überarbeitete Auflage

Simmons, Harvey G.: French Socialists in search of a role, Ithaca und London 1970

Soustelle, Jacques: Der Traum von Frankreichs Größe - 28 Jahre Gaullismus, Bruchsal 1969

Stehlin, Paul: La force d'illusion, Paris 1973

Timmermann, Heinz: Zögernde Autonomisten - Zum Standort der französischen kommunistischen Partei in der kommunistischen Weltbewegung, in: Osteuropa Nr. 7/1970

Timmermann, Heinz: Die KPF zwischen Volksfront-Strategie und Internationalismus. Zur Problematik der Außenbeziehungen des französischen Kommunismus, in: Europa-Archiv Nr. 22/1970

Ullmann, Marc: Pompidous Angst vor den Deutschen, in: 'Die Zeit', Nr. 49 vom 30.11.1973

Viansson-Ponté, Pierre: Histoire de la République Gaullienne, Paris 1971

Villon, Pierre: De Gaulle et l'intérêt national, in: Cahiers du Communisme, Nr. 11/1965

ders.: Réflexions sur la politique militaire du gaullisme, in: Cahiers du Communisme, Nr. 3/1969

ders.: Programme et défense nationale, in: Cahiers du Communisme, Nr. 2/1972

Waldeck-Rochet: Rapport du Comité Central 1961, in: Cahiers du Communisme, Nr. 6/7 1964

ders.: Rapport général au 18e Congrès du PC, in: Cahiers du Communisme, Nr. 2/3 1967

ders.: Pour la sécurité et la cooperation en Europe, in: Supplément au Bulletin de Propagande et d'Information, Nr. 8, Paris, November/Dezember 1969

Weil-Curiel, André: Défense nationale et socialisme, in: Revue Socialiste, Nr. 128, Dezember 1959

Weisenfeld, Ernst: De Gaulle sieht Europa - Reden und Erklärungen, Frankfurt/M. 1966, Fischer-Taschenbuch, Nr.813

ders.: Pinay stellt die Schicksalsfrage, in: 'Die Welt' vom 15.1.1960

ders.: Nur die Armee zählt, in: 'Die Zeit', Nr. 40 vom 28.9.1973

Wilke, Dieter: Kindermann, Karl G.: Der Ferne Osten, in: Die Internationale Politik 1958 - 1960, (Hrsg) Cornides, Wilhelm u.a., München/Wien 1971

Willard, Claude: Socialisme et Communisme français, Paris 1967

Willis, Roy F.: France, Germany and the New Europe, London 1968

Williams, Philip M.: Crisis and Compromise. Politics in the Fourth Republic, London 1966

ders.: French Politicians and Elections 1951 - 1969, Cambridge 1970

ders. u. Harrison, Martin: Politics and Society in de Gaulles Republic, London 1971

Wolfers, Arnold: Discord and Collaboration, Baltimore 1962

Ziebura, Gilbert: Léon Blum - Theorie und Praxis einer sozialistischen Staatenwelt, Band 1 1871 - 1934, Berlin 1963

ders.: Die deutsch-französischen Beziehungen seit 1945, Stuttgart 1970

ders.: Das französische Regierungssystem Köln/Opladen 1957

ders.: Die V. Republik. Frankreichs neues Regierungssystem, Köln/Opladen 1957

ders.: Theorie und Praxis der V. Republik, in: Die Internationale Politik 1958 - 1960, (Hrsg) Cornides, Wilhelm u.a., München/ Wien 1971

ders.: Ideologische Grundlagen der Außenpolitik de Gaulles, in: Europa-Archiv, Nr. 8/1965

Zürn, Peter: Die republikanische Monarchie - Zur Struktur und Verfassung der V. Republik, Frankfurt/M. und München 1965

B Periodika

Archiv der Gegenwart
L'Année politique
Alerte
Beilage zur Wochenzeitung 'Das Parlament'
Bulletin Intérieur (de la SFIO)
Cahiers du Communisme
Der Politologe
Der Spiegel
Die Welt
Dokumente
Europa-Archiv
L'Express
Le Figaro
Foreign Affairs
L'Humanité
Journal Officiel de la République Française des débats de l'Assemblée Nationale
Journal Officiel de la République Française des débats du Senat
Informationsblätter (der französischen Botschaft in Bonn)
Le Monde
La Nation
Neue Zürcher Zeitung
Osteuropa
Le Populaire
Revue de Défense Nationale
Revue Politique et Parlementaire
Revue Socialiste
Sondages
Süddeutsche Zeitung
Tribune du Socialisme
Wehrwissenschaftliche Rundschau

Inhaltsverzeichnis

Seite

GPSR Compliance

The European Union's (EU) General Product Safety Regulation (GPSR) is a set of rules that requires consumer products to be safe and our obligations to ensure this.

If you have any concerns about our products, you can contact us on ProductSafety@springernature.com

In case Publisher is established outside the EU, the EU authorized representative is:

Springer Nature Customer Service Center GmbH
Europaplatz 3
69115 Heidelberg, Germany

Batch number: 10809468

Printed by Printforce, the Netherlands